管理叢書

Compensation Management: Theory and Practice

實用薪酬管理學

丁志達◎著

序

香餌之下，必有死魚。重賞之下，必有勇夫。

戰國黃石公（三略・上略）

在企業管理中，不得不重視人力資源管理，在人力資源管理中，不得不重視薪酬管理。人力資源的重頭戲在「人才爭奪」。過去三十年，台灣靠高獎金、高分紅，培養無數優秀中高階人才，這套薪資結構至今仍持續影響就業市場。

三十年後的今日，惱人的「薪」事，不僅是員工關切的焦點，也是雇主無可迴避的重要管理議題。薪酬與福利，是職場永恆的話題。從企業觀點思考，富有競爭力的薪酬與福利，不僅僅是用來鼓勵員工士氣的一個有效手段和孜孜追求的美好目標，更是一種必須落實的企業社會責任，是任何一家公司向往「基業長青」保持活力的生命線。在員工的觀點，完善的薪酬與福利，是個人價值的體現，是長期願意付出努力與智慧的「趨動力」，更是奔向提升個人生活品質的必備引擎。薪酬是個複雜的、且往往令人困惑的話題，是企業與員工的橋樑和紐帶，但也是勞資糾紛的「引爆點」。

台灣勞動力市場的生態已一夕丕變，從本土競爭，轉爲必須適應全球遊戲規則（搶才）、少子化帶來的人口紅利消失和老齡化影響。面對只忠於自己的職涯發展的Z世代（1990～2010年代出生）的人，不像嬰兒潮世代（1946～1964年出生）的人對企業忠心耿耿的工作者，Z世代在更高的自主性、更多的就業機會選擇下，開始注重個性化的「待遇」，也有更多自主意願和彈性需求，企業要順應改變才能留住人才。

企業如能設計出一套兼具公平、公正、合理與激勵的薪酬管理體系，必能有效地吸引人才、留住人才、充分發揮人才的價值，爲企業創造出最佳的競爭優勢的重要手段。薪酬管理運用得當，能夠很好地激勵員工，反之則會使企業人才不斷外流。人力資源管理即爲「人與事配合，事

得其人，人盡其才」，但前提是給付員工的報酬要到位。

每種文明都在用詩歌或故事（範例）的形式把傳統和價值觀一代一代傳下去。故事創造的精神形象比其他方式給人的啓迪更大、記憶時間也更長。本書呈現給讀者的就是利用大量生動的個案、圖表，旁徵博引，循序漸進，提煉出：薪酬管理緒論、工作分析、工作評價、薪酬結構設計、績效獎酬機制設計、激勵理論與獎勵制度、變動薪酬體系的應用、獎工制度設計、專業人員薪酬管理、薪酬管理行政作業、員工福利與服務、薪酬管理最佳實務共十二章節，一氣呵成，充分把握薪酬理論與實踐的最新趨勢，讓薪酬管理制度的創新做法，與企業文化的理念完美的結合爲一體。全書從理論出發，實用爲準繩，內容豐富，資料詳實，將知識性與趣味性相結合，通俗易懂，可操作力度強。

本書付梓之際，謹向揚智文化事業葉總經理忠賢先生、閻富萍總編輯暨全體工作同仁敬致衷心的謝忱。

以前，人們工作賺的「錢」，是「勞力」的付出；現在，人們工作賺的「錢」，還多一分「能力」的「被肯定」。限於個人知識與經驗的侷限，書中錯誤和疏漏之處在所難免，懇請方家不吝指教。

丁志達　謹識

目　錄

圖目錄

表目錄

範例目錄

第一章　薪酬管理緒論

- 薪酬管理概述
- 薪酬管理的框架
- 薪酬管理策略
- 現代薪酬管理發展的趨勢
- 結　語

君無財則士不來，君無賞則士不往。

——北宋翰林學士李昉奉詔主纂《太平御覽・撫士上》

故事：雷尼爾效應

曾有一段時間，美國西雅圖的華盛頓大學教授的薪酬比全美教授的平均水準還要低20%左右，可是教授們卻毫無怨言，也不到其他大學去尋找更高報酬的教職。為什麼？許多教授之所以接受華盛頓大學較低的待遇條件，完全是因為留戀學校所在地西雅圖的湖光山色。西雅圖位於太平洋沿岸，大小湖泊星羅棋布，晴天時可看到北美洲最高的雪山—雷尼爾山峰（Mount Rainier），開車出去還可以到聖海倫火山（Mount St. Helens）一遊。

華盛頓大學曾準備修建一座體育館，消息一傳出後，立刻引起教授們的一致反對，校方終於取消了這一項計畫。原因是校方選定的位置在校園華盛頓湖畔，體育館一旦建成，恰好擋住了從教職員餐廳窗户可以欣賞到的美麗湖光。有位教授半開玩笑地說：「華盛頓大學教授的薪酬，80%是貨幣型是支付的，20%是由美好的環境來支付的。」由此可見，美麗的景色也是一種無形的財富，它起到了吸引和留住人才的作用。教授們的這種偏好，後來被華盛頓大學的經濟學教授戲稱為雷尼爾效應（Rainier effect）。

小啓示：從企業管理的角度而言，雷尼爾效應是指管理應以人為本，知道員工的真正需求才能留住人才。當企業能以人性化地對待員工時，他們獲得的激勵感受是物質獎勵所遠遠不能達到的。

資料來源：方翊倫（2015）。《初心——找回工作熱情與動能》。遠流出版，頁207-208。

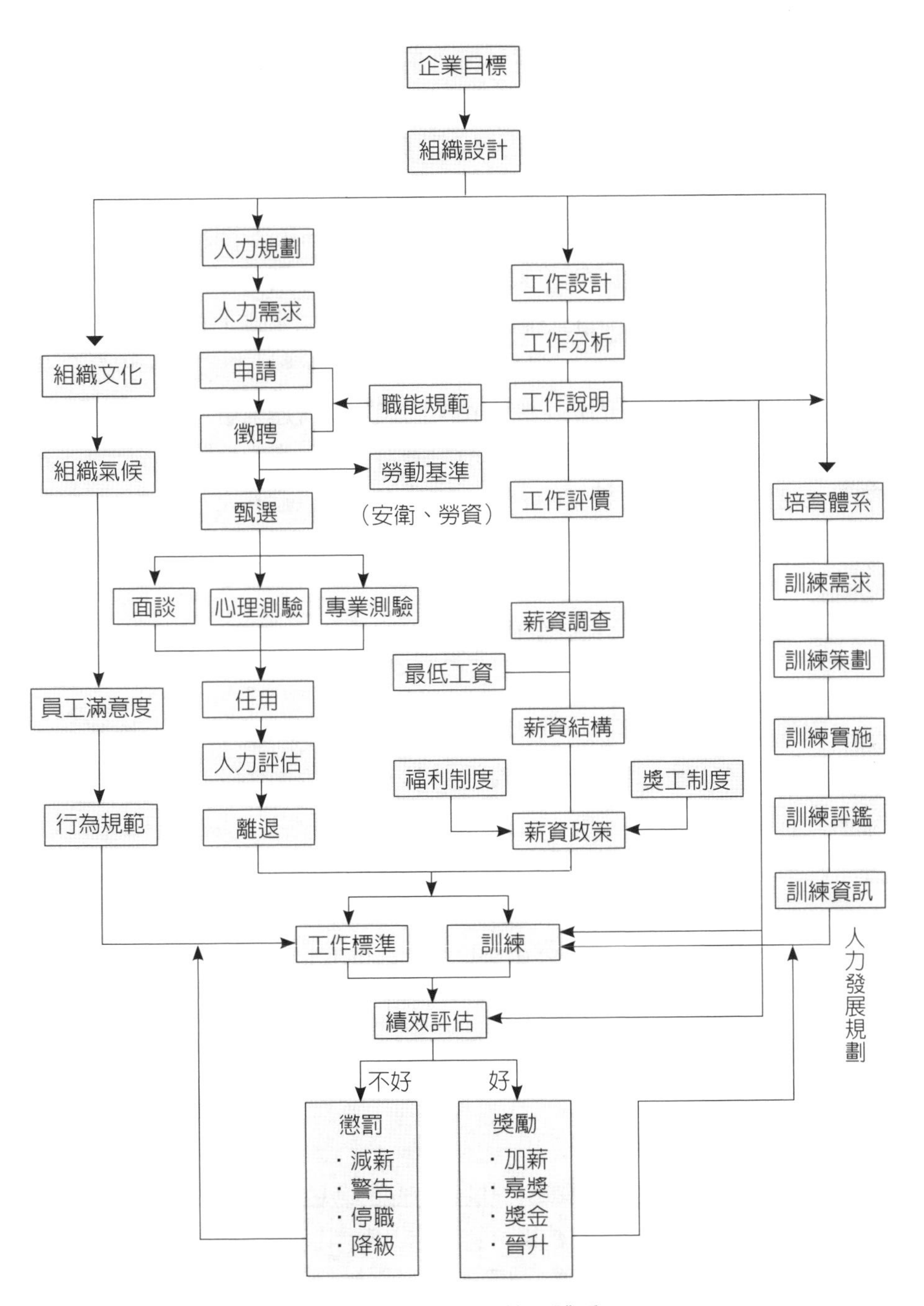

圖1-1　人力資源管理體系

資料來源：《精策人力資源季刊》，第44期（2000/12），頁5。

面對複雜變化的行業環境與激烈的市場競爭，對企業要獲得並保持競爭優勢是嚴峻的挑戰，企業競爭優勢的獲取，很大程度上依賴於對人才的競爭優勢的獲取。如何構築人力資源管理（human resource management）體系，是企業獲取競爭優勢的關鍵所在。

一直以來，薪酬管理（compensation management）問題（包含激勵問題）都是令經濟學家和心理學家大感興趣的課題，同時，它更是勞雇雙方維持勞資和諧或勞資爭議的話題。企業訂定薪酬成本時，必須考慮勞動力供需、支付能力、生產力、工作要求、員工績效、法律規定，以及外界環境等因素外，更重要的是，配合企業的長短期營運策略，使薪酬規劃合乎成本效益觀點，並激勵員工發揮最大潛力，在既定的政策及程序下，薪酬管理是營運資金中可控制的一環，反映出公司組織的人力資源與經營哲學。

第一節　薪酬管理概述

梁蕭統撰《梁昭明太子文集・陶淵明傳》記載：「送一力給其子，書曰：汝旦夕之費，自給爲難，今遣此力，助汝薪水之勞。」薪水即「打柴汲水」之意思。

「薪水」在英文字是salary，由拉丁文的salarium（salt money）演化過來的。牛津英文字典對薪資（salary）解釋爲：「Money allowed to Roman soldiers for the purchase of salt, hence, their pay.」因爲在古羅馬帝國時代，鹽（salt）是極其珍貴的產品，發給士兵的薪餉就是salt，salt變成爲薪水的代名詞，並進而由salt變成salary。

一、報酬的定義

報酬（reward）是由組織所提供和分配的各種獎酬所組成的，是組織聘僱員工從事工作所產生的結果，它的定義範圍很廣泛，如薪資、福利、獎勵及工作環境等都是報酬的一環，也是員工對組織做出貢獻的回報。

美國管理學者斯蒂芬・羅賓斯（Stephen P. Robbins）將報酬分爲內在

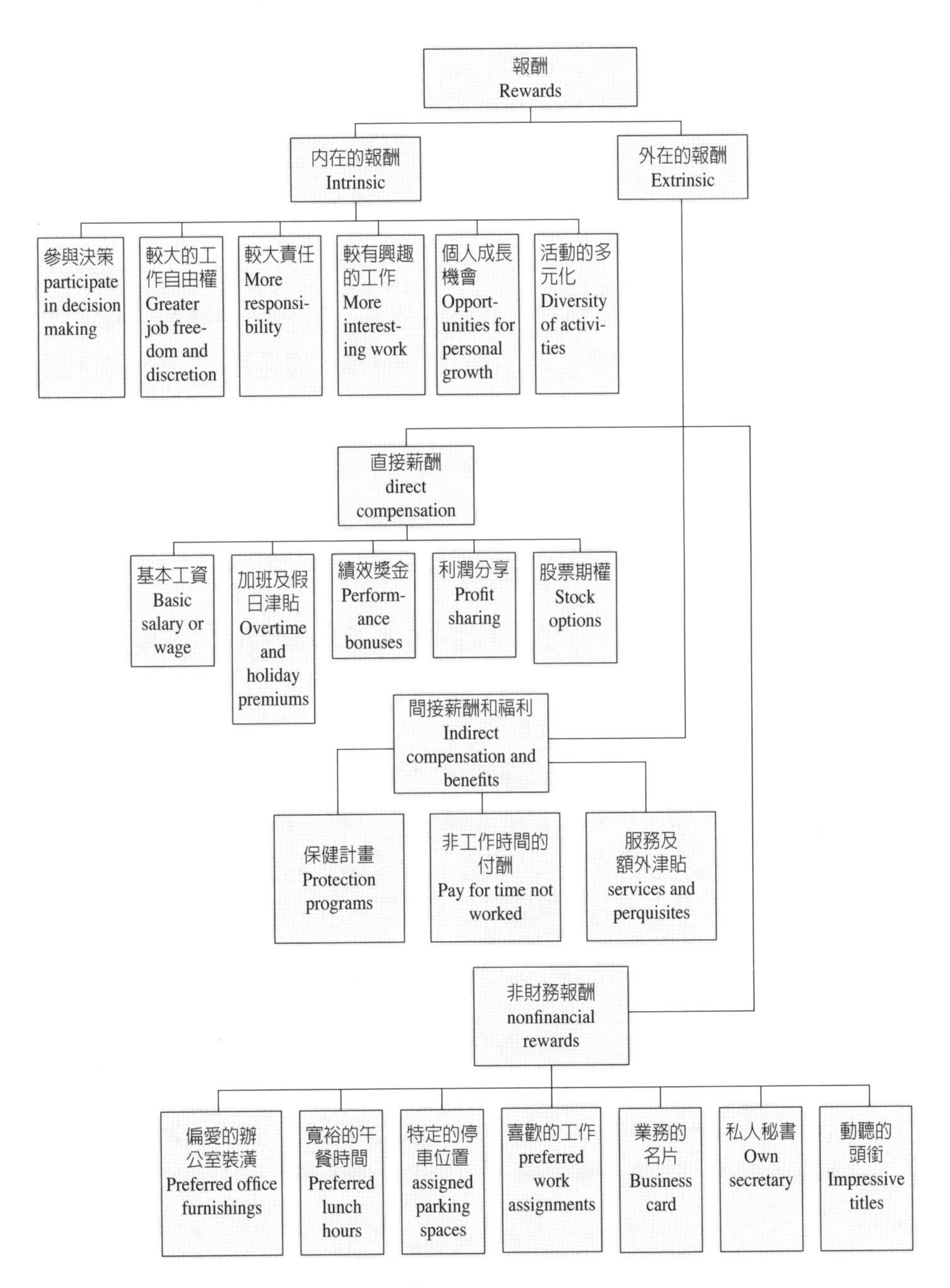

圖1-2　整體報酬的結構

資料來源：張德主編（2001）。《人力資源開發與管理》。清華大學出版社，頁217。

報酬（intrinsic reward）與外在報酬（extrinsic reward）。內在報酬（組織行爲觀點）是個人參與工作所獲得的滿足感；外在報酬（人力資源觀點）是組織給予員工的一種有形的獎勵，可分爲財務性薪酬及非財務性薪酬二類。

(一)財務性薪酬

薪資是待遇的一種，精神激勵（心理滿足）也是待遇的一種。待遇，待者對待也，遇者禮遇也，對待是精神感受，禮遇是物質的報酬。財務性薪酬概略劃分爲直接薪酬和間接薪酬。

◆直接薪酬

直接薪酬，係指企業直接給予員工現金的獎賞。員工因工作或努力而獲得的直接酬勞，可歸納下列幾種型態：

1.基本薪資（底薪）：作爲員工加入企業最起碼的就業安定給付，通常是指固定給付的金額，但在不同的工作環境、工作時段下工作的員工，其基本薪資會有所差別。

2.浮動（活）獎金：它係企業對在管理上或某個方面對做出突出貢獻員工的獎勵。例如業務績效獎金（行銷人員）、生產力提高獎金（生產人員、製造工程人員）、節省成本獎金（生產／物料／採購／行政人員）、工程績效獎金（工程人員）、提案獎金、分紅、效率獎金、年節獎金、年終獎金、目標盈餘獎金、考績獎金等均屬之。

3.津貼（allowance）：對勞動者在特殊條件下的額外勞動消耗或費用支出給予補償的一種工資形式，例如超時津貼、職務津貼、主管津貼、福利性津貼（交通津貼、伙食津貼）、危險津貼、地域加給等。它有利於吸引勞動者到工作環境髒、苦、險、累的職位上工作。

4.其他給付：諸如股票認股權、高階主管特別獎金、佣金等。

範例1-1

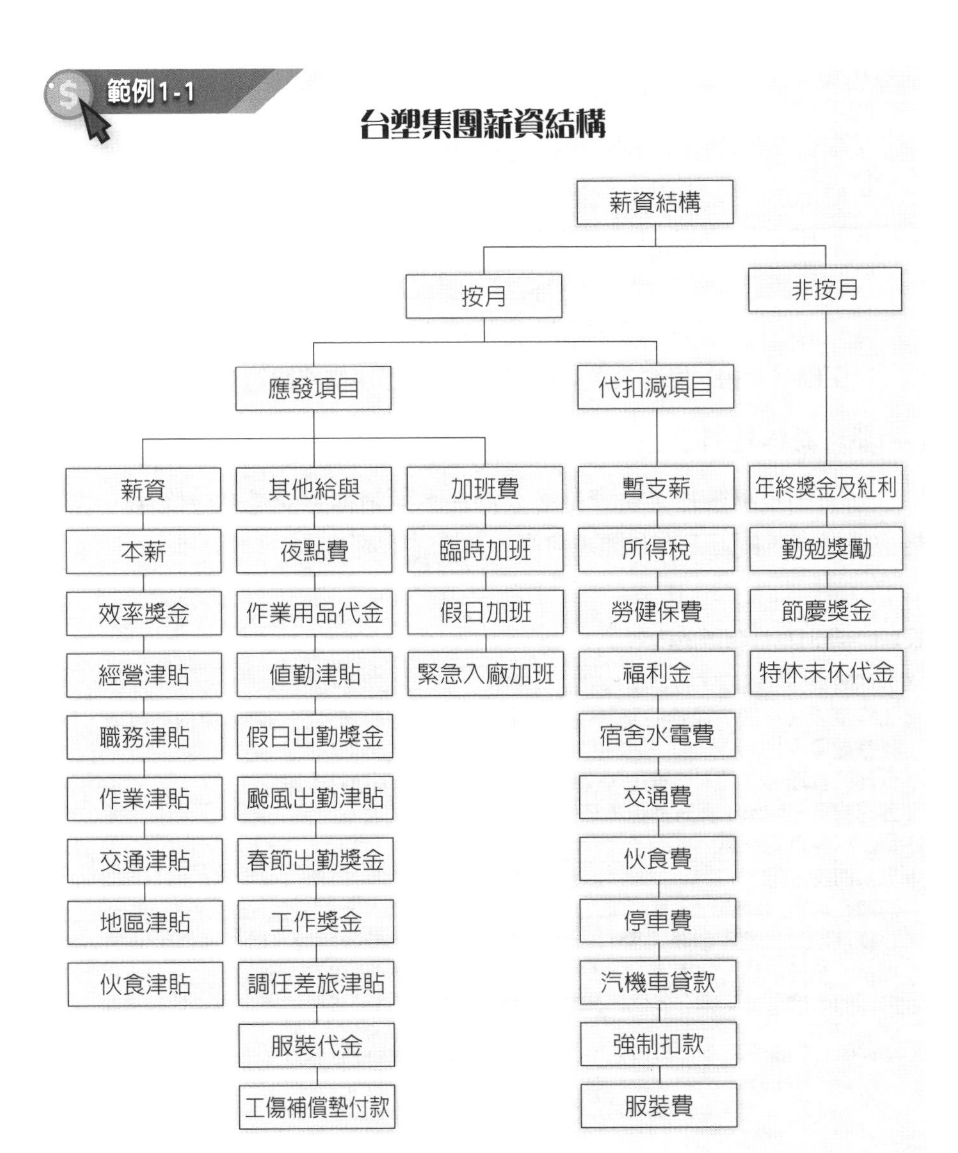

資料來源：黃德海（2015）。《臺灣經營之神王永慶的管理聖經》。遠流出版，頁523。

◆間接薪酬

間接薪酬，是指企業提供財務資源給員工而不是直接劃撥給其本人帳戶中，屬於公司給予的福利或服務性質的報酬，但很容易用財務性現金

估算出來。

1.保險：例如勞工保險、全民健康保險、勞工退休金提繳、員工與眷屬參加的團體保險（壽險、醫療保險、意外保險）等。

2.福利方案：例如生育、急難、旅遊、健診、婚喪、慶生等。

3.訓練補助：例如學習外國語言、第二專長訓練等。

4.其他項目：例如有薪休假、提供宿舍（含家具、水電）、停車位、員工儲蓄計畫、優惠貸款（利率）計畫、優惠價格購買公司產品等。

(二)非財務性薪酬

薪資不是萬靈丹，薪資是必要條件，而精神感受是充分條件，唯有兩者都得到，員工工作意願才會高，效率才會好。

表1-1　非財務性報酬的內容

1.公司的信譽（給員工或家屬無形的榮譽感）。
2.工作環境（空調、通勤的便利性、停車場、自己選用辦公室的裝潢材料與色調、軟硬體設備等）。
3.公司的管理制度（人性管理、彈性工作時間、出勤不用打卡等）。
4.公司的管理哲學，良好的組織氣候。
5.員工對組織的歸屬感。
6.就業的安全感。
7.升遷、培養訓練的機會。
8.職務之地位，擔任職務之權力、影響力及其可能享受的特權（例如地位象徵、職務加給、油費補貼、配車等）、充分授權與提供助理（秘書）人員的協助。
9.公司的前景、員工對公司的信賴度、主管領導統御方式及其被員工接受的程度等。

資料來源：丁志達主講（2019）。「如何制定靈活多樣的薪酬體系」講義。陽明海運公司編印。

薪酬管理應善用下列三種心理（精神面）的報酬：

1.社會報酬：創造一種歸屬感、友誼和公平性，當員工感覺到充分融入企業文化（我們都是一家人，We are family）而且從事的工作有趣就是員工最好的回饋。

2.心理回饋：讓員工產生覺得他的才能受到肯定，發揮潛力，而且被公司所器重。

3.精神報酬：讓員工產生一種感覺，其工作很有意義，則不論個人財務報酬的多寡，都能夠激勵員工全力以赴，投入工作。

善用財務性與非財務性薪酬，企業可以激發員工最大的潛力，提升組織的經營績效，永續經營（EMBA世界經理文摘編輯部，1999：15-16）。

二、制定薪酬制度應考慮面向

薪酬，是企業對員工所做的貢獻，包括他們實現的績效、付出的努力、時間、學識、技能、經驗與創造所付給的相應的回報。企業爲了激勵員工行爲，必須提供一種有效的報酬制度，但要考慮到所有員工都是擁有不同需要、價值觀、期望和目標的獨立個體的事實（俗諺：一種米養百種人）。

範例1-2

德州儀器（TI）的整體報酬體系

<table>
<tr><td rowspan="4">外部報酬
Extrinsic
Rewards</td><td rowspan="3">財務報酬
Reward Extrinsic
&
整體薪資（Total Compensation）</td><td>固定報酬
Fix Pay</td><td>具競爭力的薪資、福利與保障年終獎金</td></tr>
<tr><td>變動報酬
Variable Pay</td><td>季團隊績效獎金、年度分紅（Profit Sharing）、員工優惠認股方案（Employee Stock Purchasing Plan）等。ESPP以15%折扣購買美國華爾街股市的TI股票</td></tr>
<tr><td>留才報酬
Reward for Potential</td><td>股票認股權（Stock Option）是激勵優秀人才、累積個人財富的工具</td></tr>
<tr><td colspan="2">非財務報酬
Reward Extrinsic Non-pecuniary</td><td>包括地位象徵、技術幕僚、獎章、企業文化、人性化的工作環境等</td></tr>
<tr><td rowspan="3">內部報酬
Intrinsic
Rewards</td><td colspan="2">工作本身報酬
Reward Intrinsic Task</td><td>工作性質與責任與個人性格符合程度</td></tr>
<tr><td colspan="2">專業權力報酬
Reward Intrinsic Potency</td><td>自我能力的肯定與勝任感</td></tr>
<tr><td colspan="2">使命報酬
Reward Intrinsic Mission</td><td>為遠大理想奮鬥的使命感</td></tr>
</table>

資料來源：德州儀器工業公司／引自：丁志達主講（2019）。「薪酬規劃與管理實務班」講義。台灣科學工業園區科學工業同業公會編印。

報酬不光是員工一種謀生與讓人們獲得物質及休閒需要的手段，它還要能滿足員工的自尊與自我需要。如果一家企業的報酬系統被認爲不適當的話，則具高潛力的求職者會拒絕接受該公司的僱用；在職的員工也可能會選擇離開這個組織。即使員工繼續留在這個組織中，但心懷不滿的員工，可能開始採取沒有生產力的行動，例如：較低的工作積極性和合作性。

表1-2　制定薪酬制度應考慮面向

1.報酬必須能滿足所有員工的基礎需要。例如：薪資要適足，福利要合理，假期和假日要適當。 2.必須要和同樣領域的競爭同業所提供的報酬進行比較。例如：公司提供的薪資必須要和競爭公司同等職務所提供的薪資相匹配，福利計畫也應相當。 3.同等職位的員工報酬應要公平且平等地分配和獲得。例如：執行相同職務的員工，需擁有相同的報酬選擇，且應參與他們所能獲得報酬的決策。當員工被要求完成一項任務或專案時，他們亦應被給予決定報酬的機會（額外的支付或休假）。 4.報酬制度必須是多方面的，因為每位員工需求都不同，報酬的範圍需要被提供，且報酬必須考量不同的面向（薪資、發給時間、認同、升遷等）。 5.當組織朝向著重工作團隊、顧客滿意度和授權時，員工就需要獲得不同的報酬。例如：以團隊所設計的獎賞，或以技術層次為基礎的報酬制度。 6.報酬制度必須符合法律規定。設計薪酬制度或政策時，需要注意有關的勞動法規，可以以此為「底線」，只有超出底線給付，才能聘僱到合適的人才。 7.報酬制度必須反映成本效益。例如：分紅制度和利潤分配應與組織的盈餘緊密掛鉤，這才能保障組織因不景氣或生意不佳時的人事成本支出的控制。

資料來源：丁志達主講（2018）。「績效導向的薪酬結構設計和管理」講義。美商鄧白氏公司編印。

第二節　薪酬管理的框架

一、設計建立薪酬管理體系的步驟

設計和建立薪酬管理體系，必須經過一系列步驟：工作分析、工作（職位）評價、薪資調查、獎勵、績效評估及專案管理，才能達到預期的結果。

目標
有效的薪酬方案

有效的薪酬方案							
工作分析	職位評價	薪酬調查	職位定價	福利	獎勵	績效考核	專案管理
確定職責和技能	建立內部公平性	確定市場薪酬和慣例	制定薪酬結構	設計整體保障和服務方案	制定與工作業績掛鉤方案	獎勵職位業績	保證持續運用

理念和制約	
激勵	法規
行為的基礎	法律／法規的要求

圖1-3　開發薪酬方案的框架

資料來源：高成男（2000）。《西方銀行薪酬管理》（*Compensation Management in Banks*）。北京：企業管理出版社，頁15。

1.激勵：薪酬管理本質是一種激勵管理，包括工作動機及學習動機兩部分。它是薪酬管理方案的心理支撐和理念基礎，從而提供員工的工作熱情，爲企業作爲更大的貢獻。

2.法規：合法性是企業薪酬制度必須遵守政府勞工政策與法律的制約。理解和熟悉薪酬管理的相關法規，對保證制定的薪酬管理方案和符合法律規定的薪酬給付底線十分重要。

3.工作分析：工作（職位）分析是建立直接薪酬給付公平的基礎。工作分析二項副產品：工作說明書與工作規範。工作說明書是職責、責任和工作條件的描述，是評估企業各個工作的基礎；工作規範是員工必須具備的、可以接受的最低任職資格的書面文件，它確定了員工必要的學歷、工作經驗、特殊技能和身體條件，也是用來聘用員工的甄選和任職的依據。

4.工作評價：工作（職位）評價用來確定企業內的一個特定工作對於其他職位的價值，是建立薪資給付內部公平性，以確定每項工作對於企業的相對價值的等級，使企業內能建立一個公平、客觀的薪資結構。

5.薪酬調查：透過薪酬調查，企業可以瞭解勞動力市場的人力供需狀況，掌控聘僱各類型人才的價碼（行情），從而制定企業的薪酬政策，有效控制人事成本、聘僱新人與留才。

6.工作定價：工作（職位）定價是確定企業內部各個工作（職位）的貨幣價值，以確保所有職位之間的薪酬公平性。工作評價確立職位框架，工作定價確定薪酬給付水平。

7.福利：福利是員工的間接報酬。建立完善的福利措施，不僅能滿意員工工作及生活上的需求，是企業對於社會所付給的一種責任。企業與勞動力市場上的其他企業相比，如果福利方案沒有競爭力，企業將會發現其吸引、留住和激勵員工的努力將受到很大的阻礙。

8.獎勵：管理既是科學又是藝術，就是一個不斷激勵員工的過程。獎勵是給予個人、團體、組織的精神或物質方面的激勵，以表彰他們在某個領域的卓越表現。

9.績效考核：績效考核是對員工履行其工作職責好壞程度的階段性評定。任何薪酬給付體系都應該堅持「按勞付酬、多勞多得、少勞少得」的原則。職位定價用來實現「按勞付酬」，績效考核用來給付「多勞多得」的服務。

10.專案管理：薪酬方案既是一個發展的步驟，又是一個運作的過程。作爲一種發展的行爲，管理是與制定政策、確立步驟、建立薪酬方案、運作規則等相關的實施階段有關。許多必要的規則是隨著薪酬方案的實施而逐步確立的（高成男編著，2000：14-23）。

二、基本工資的法令規範

工資（wage）一向被認爲是最重要的勞動條件。工資對勞工而言，是收入，收入愈高愈好；對雇主而言，是成本，成本愈低愈好。《勞動基準法》第2條第三款對「工資」用詞的定義爲：「勞工因工作而獲得之報酬；包括工資、薪金及按計時、計日、計月、計件以現金或實物等方式給付之獎金、津貼及其他任何名義之經常性給予均屬之」。

基本工資訂定之目的是基於勞資關係上的不對等和社會經濟情勢，

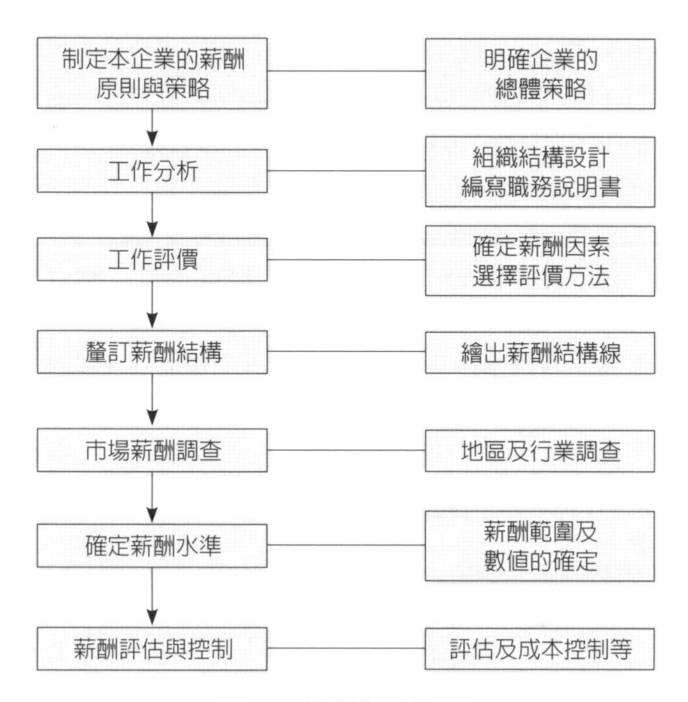

圖1-4　薪酬管理流程圖

資料來源：李劍、葉向峰（2004）。《員工考核與薪酬管理》（*Performance & Pay Management*）。北京：企業管理出版社，頁395。

恐將造成不公平的過低工資，透過政府審議機制，設定工資之最低標準，可維持低所得弱勢勞工最低生活水準及購買能力，對工資在基本工資數額邊緣的弱勢勞工，尤其重要。工資的決定，依《勞動基準法》第21條第一項規定：「工資由勞雇雙方議定之。但不得低於基本工資。」而基本工資係由中央主管機關設定基本工資審議委員會擬定後，報請行政院核定之。

基本工資原始涵意，旨在保障勞工基本工資生活並維持其購買力，足敷其基本生活開銷所需的最低收入。另，基本工資係指勞工在「正常工作時間」內所得之報酬，不包括延長工作時間之工資與休息日、休假日及例假工作加給之工資，以保障勞工在正常工作時間內工作，即可獲得維持基本生活之工資所得。

基本工資的調整實乃是一種社會性的移轉手段，藉此達到財富重分配的消極作用。理論上，提高基本工資不是自由市場有效的工具，難以解決低薪的問題。但政府強制提高基本工資的做法，係以政府的公權力干預勞動條件的手段，以保障勞動者的基本權益，且具有激勵國民就業與減少邊際勞工（marginal labor）失業的效果。

基本工資是由行政院核定公布，從法規的角度而言，與基本工資相關的規定有：《勞動基準法》、《勞動基準法施行細則》與《基本工資審議辦法》三種。

依據《基本工資審議辦法》第4條之規定，基本工資審議委員會爲審議基本工資，應蒐集下列資料並研究之。

表1-3　民國45～112年基本工資調整金額一覽表

紀元：中華民國　　幣值：新台幣／元

基本工資（月薪）部分					
年度	基本工資	年度	基本工資	年度	基本工資
45	300	80	11,040	102	19,070
53	450	81	12,365	103	19,273
57	600	82	13,350	104	20,008
67	2,400	83	14,010	106	21,009
69	3,300	84	14,880	107	22,000
72	5,700	85	15,360	108	23,100
75	6,900	86	15,840	109	23,800
77	8,130	96	17,280	110	24,000
78	8,820	100	17,880	111	25,250
79	9,750	101	18,780	112	26,400
時薪部分					
年度	時薪	年度	時薪	年度	時薪
81	51.5	100	98	107	140
82	55.5	101	103	108	150
83	58.5	102	109	109	158
84	62	103	115	110	160
85	64	104	120	111	168
86	66	105	126	112	176
96	95	106	133	—	—

資料來源：勞動部網址勞動條件及就業平等司，https://www.mol.gov.tw/topic/3067/5990/13171/19154/；製表：丁志達。

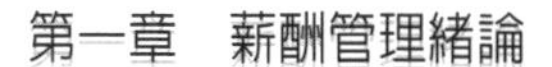

1.國家經濟發展狀況。
2.躉售物價指數（指批發貨品中代表性財貨的價格所形成的物價指數）。
3.消費者物價指數（CPI）。
4.國民所得與平均每人所得。
5.各業勞動生產力及就業狀況。
6.各業勞工工資。
7.家庭收支調查統計。

按照古典經濟學家大衛・李嘉圖（David Ricardo）的理論，勞動市場的自然價格就是平均工資，會隨這市場供需不斷變動，他認爲政府調高最低工資會造成失業率增加。不過，2021年10月，以「對勞動經濟學的實證貢獻」獲得諾貝爾經濟學得獎的大衛・卡德（David Card）認爲最低工資提高，對受僱人數沒有影響，這個結論與先前其他人的研究相反。他主要是針對1992年美國紐澤西州調高最低工資，而鄰近的賓州維持現狀，結果紐澤西州不但未造成失業，反而提高了該州的就業人數。正如卡德所說，基本工資與失業率的因果關係，還必須考慮發生重大事件對原本就業市場所造成的結構性衝擊。

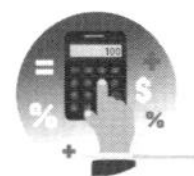

第三節　薪酬管理策略

企業的薪酬結構是否具有競爭優勢，是吸引、激勵及留住人才的關鍵。企業依據所處的產業環境及競爭態勢，進而建立適合自己企業的薪酬策略（compensation strategy），更是人力資源管理非常重要的策略性思維。最成功的企業策略是遠見，而不是計畫。

一、薪酬策略的目標

薪資水準與薪資組合的設計會影響企業的績效，其中薪資水準直接影響員工的招募和留任，而薪資組合則爲重要的激勵因素。薪酬體系體現

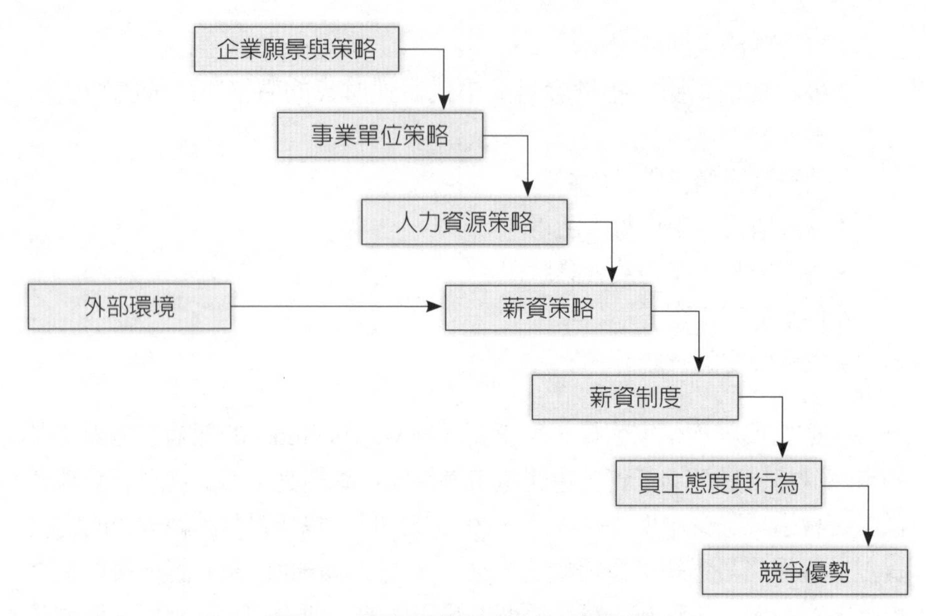

圖1-5　薪資策略與企業策略關係圖

資料來源：編譯自Milkovich & Newman (2017). *Compensation* (12th ed.) , p. 44. NY: McGraw-Hill. 引自韓志翔等著（2020）。《人力資源管理：基礎與應用—有效薪資設計與薪資管理》。華泰文化，頁276。

是組織內部的一整套全新的價值觀和實踐方法，明晰的薪酬策略是薪酬管理的起步。

薪酬策略主要回答的是：企業的薪酬目標是什麼，如何實現內部的相對公平性、如何確保外部的競爭力、倡導什麼樣的薪酬文化、薪酬模式及薪酬管理程序的原則是什麼等。

薪酬策略有三種目標：鼓勵留住最佳人才（前段20%），均衡中間部分員工的流入流出（中間60%），鼓勵剩餘的員工自動離去（後段20%）。

在薪酬系統設計時，必須考量內外在環境的變遷因素，用以建立符合企業文化的薪酬政策，以配合企業長期的策略發展。制定企業薪酬政策要具備明確的目標，而目標必須切中肯綮，且具有下列的特點：

(一)維持對內的公平性

內部公平性，係指在同一家企業內各相關職務應該根據職務價值高低決定薪酬待遇，而相同職務價值的工作則應獲致相同的薪酬（同工同酬）。有了明確之薪酬制度才能讓主管有所遵循，不會因人而異，或是憑主管自己之喜好而給予不同之待遇，而影響員工之士氣。

(二)具有對外的競爭力

外部公平性，係指員工薪酬應與外部勞動力市場相比較，使其符合就業市場上的一般水準。在企業有限的資源下，若能妥善運用薪酬制度，則可避免外界挖角之壓力，並吸引、留住組織的核心人才，防止人才外流及增加人事成本負擔。

(三)提升績效

薪酬制度能與員工績效相結合，以達提高員工工作效率與激勵之目的。對於表現優異的員工能給予肯定，但對績效不佳者亦能適時反應，以避免坐地分贓之憾。

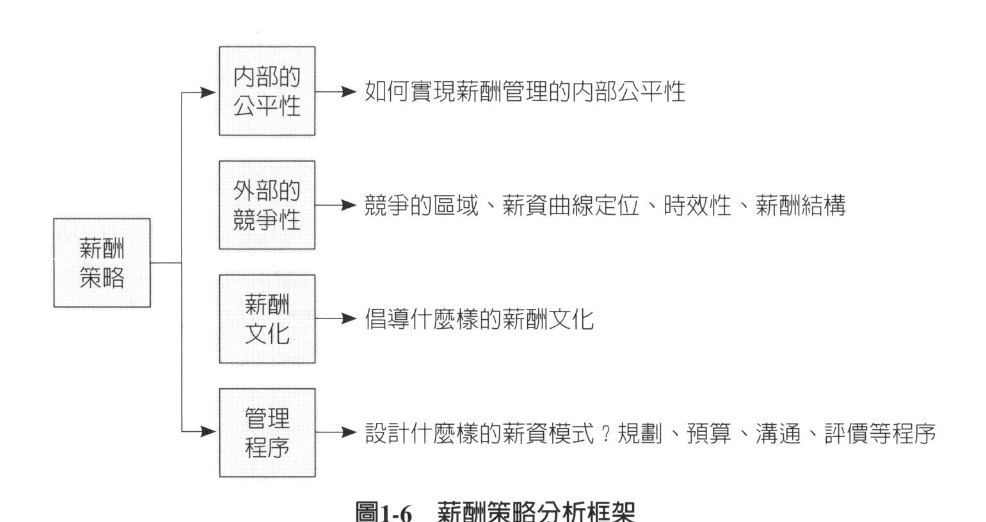

圖1-6　薪酬策略分析框架

資料來源：秦楊勇（2007）。《平衡計分卡與薪酬管理》。中國經濟出版社，頁92。

表1-4　整體獎酬策略與企業發展階段的關係

企業發展階段	階段別	人力資源管理重點	經營策略	風險水準	薪資策略	短期激勵	長期激勵	基本工資	福利
	初創階段	創新、關鍵人才加入、創業衝勁	風險投資	高	注重個人激勵	股票	股票認股權	低於市場水準	低於市場水準
	發展階段	招聘、培訓	以投資促進發展	中	個人、集體獎勵並重	現金	股票認股權	與市場水準持平	低於市場水準
	成熟階段	協調、溝通、資源管理技巧	保持利潤、保護市場	低	個人、集體的相互運用	分紅現金	購買股票	高於市場水準	高於市場水準
	衰退階段	減員管理、強調成本控制	收穫利潤及產業轉換	中－高	獎勵成本控制	/	/	低於市場水準	低於市場水準

資料來源：根據Randall S. Schuler & Vandra L. Hubero (1993). *Personel and Human Resource Management* (West Publishing Company), p. 377和Wayne F. Cascio (1995). *Managing Human Resources* (McGraw-Hill), p. 352有關資料整理。引自陳黎明（2001）。《經理人必備：薪資管理》。北京：煤炭工業出版社，頁288。

(四)具市場及工作改變之彈性

薪酬制度應富有彈性，超出規則的特殊情況應該有補救的措施，以利隨時反映就業市場及工作之改變，降低生產成本，控制營運成本。要達到吸引人才，薪酬應該釐定在合理和具有吸引力的水準；若要留住員工，薪酬水準的釐定更要顧及員工賴以維持生活水準的基本要求。

除了薪酬目標外，薪酬策略選擇與業務策略具有相關性。例如採取成長型策略的企業的薪酬，往往強調對業務增長的獎勵；採取收縮型策略的企業，在薪資定位時更加強調成本的控制。薪資策略最終要記載、落實到企業的薪酬管理制度之中（秦楊勇，2007：90-93）。

二、薪酬策略的內容

薪酬策略是企業根據勞動力市場的薪酬水平、經營者的經營理念、企業的獲利率、行業背景、員工素質等因素而訂出企業內部薪酬制度所要

採用的策略。它提供了一般薪酬行政作業可依循的法則。

薪酬策略所包含的範圍較爲寬廣，重點應考慮以下各個因素：

1.競爭地位：企業所支付薪酬，要比同業提供的相稱職位的平均薪酬高？薪酬低？還是中等？這便是薪酬方面的競爭力的考量。

2.薪資水準：企業有否薪資全距（salary range）之規定？同職位的員工薪資是否同工同酬？或者同職位員工之薪資隨著員工的能力、年資、企業的需要、員工的議價而有所不同？

3.薪酬決定：薪酬的決定是否基於對其他企業相稱職位之薪資調查？薪酬之決定是否來自工作（職位）評價？薪酬之決定是否取決於薪資調查？

4.薪資調升：員工的調薪係源於通貨膨脹？工作績效？服務年資？或三者兼而有之？

5.起薪點：僱用新進員工薪資的給付標準，與就業市場同一資格條件的給薪點相比較，是偏高？偏低？或中等？

6.薪酬變動：薪酬策略是否指出有關晉升、輪調或降級而引起個別員工薪酬之變動。

7.其他事項：薪酬策略包括特別休假、節日、病假、喪假、婚假、陪產假、停薪留職（年資中斷）、加班、臨時工作差遣、臨時職務、試用期間與加薪等薪資支付之規定（張德主編，2001：244-245）。

表1-5　制定策略性獎酬之步驟

1.根據員工創造的相對價值，進行員工分類及薪酬給付。 2.瞭解並掌握員工對於整體薪酬的偏好。 3.為適當類別員工提供具有吸引力的非現金獎酬。 4.根據績效來確定差異化薪酬，使有限的獎酬資源投入獲得最大化的回報。 5.定期評估和更新整體薪酬策略。

資料來源：PwC Taiwan資誠（2015）。「員工獎酬策略與工具運用探討——從加薪四法談起」講義，頁46。高科技產業薪資協進會編印。

表1-6　薪酬政策準則

1.基本薪酬政策應當說明薪酬方案的目的，以及企業希望在勞動力市場上所處的競爭力位置。 2.本薪（底薪）應說明薪酬等級、薪酬範圍、最低／最高起始薪酬、最高薪酬允許的例外情況及應達成的相應條件。 3.額外補貼應說明加班薪酬、假日薪酬以及班次薪酬級差。 4.加薪應說明所採用績效考核體系的類型、加薪的確定方法、加薪的週期等。 5.提拔（晉升）應明確提拔的涵義、提拔的條件以及提高薪酬的時間。 6.調動應說明薪酬是否會受到相應影響，以及受到影響的程度。 7.職位描述應明確使用的格式、使用的原因、作出更改的條件等。 8.職位（工作）評價應說明體系的目的、使用的方法、職位評價委員會的構成、待評價職位的處理方法等。 9.薪資調查應說明結構調整的目的、週期、內容及用法。 10.獎勵薪酬政策應明確管理目標、薪酬支付辦法、標準的修改等。 11.薪資水準調整應說明結構調整的條件、生活費用的調整辦法等。 12福利政策應說明所提供福利的範圍、資格要求及預算等。

資料來源：高成男編著（2000）。《西方銀行薪酬管理》，頁276-277。企業管理雜誌社。

三、制定薪資政策準則

政策常常定義爲行爲的基本指南，其本質是爲決策提供導向並說明企業的意圖。每家企業都必須有自己清楚的、連貫的薪酬理念（例如薪酬必須以業績爲主）的薪資政策（salary policy）。薪資政策的擬定，爲薪酬管理制度規劃的第一步驟，據此，才能制定合理、公平、適用的薪酬制度。

薪資管理政策

一、訂定依據：

本政策依本公司《管理制度規章制定方針》第○○條規定訂定之，並自○○年○○月○○日起生效。

二、目的：

達成薪資管理所追求的提升高生產力之目標，維持公司內部的公

平性，以及公司對外的競爭性，並確保公司內薪資程序與實施的一致性。

三、定義：

1.職位分類系統

職位分類系統是以工作評估為基礎，並由人力資源處每年重審一次。所有的職位都需有工作分析及工作說明。新的或變動大的職位都要在三個星期內完成工作評估。

2.薪資結構與薪資級距

(1)薪資結構由薪資調查結果以及公司薪酬政策決定，並由人力資源處每年重審一次。

(2)具該等級職位所要求最起碼的專業知識、教育、經驗、工作表現的人員，付給該薪資級距之最低額。

(3)每一等級薪資級距的最上限代表的是付給該等級職位的最高額。

(4)每一等級薪資級距的最下限代表的是付給該等級職位的最低額。

3.年度績效調薪制度

年度績效調薪是基於所有人員的工作表現分布，目前薪資在薪資級距上的落點，並考慮公司績效調薪的年度預算，由人力資源處加以設計，經由總經理核准後，再分配調薪預算給各處長運用。

四、政策說明：

1.核准單位

(1)薪資調整的年度預算：公司薪資調整的年度預算，應由人力資源處處長規劃及管控，由財務長同意，並經總經理核准。

(2)職等分級系統／薪資結構／薪資級距／年度績效調薪制度：以上各項每年需由人力資源處訂定，並經總經理核准。

(3)人員薪資調整：人員薪資調整應由各部門經理或處長提案或審查，並經人力資源處處長批准。職等為十三或十三以上

者，必須由財務長同意，再經總經理批准。

2.新進人員的起薪

一般來講，新進人員的起薪當從適當薪資級距的最低限開始。如果該雇員有過同樣或類似的良好工作經驗，起薪當在薪資級距的最低限與第一個四分位之間，但絕不可超過薪資級距的中點以上。

3.新進人員的薪資調整

職等為十級以下新進人員的薪資調整，是在該員工進入公司之後的六個月，之後的調整是在每年的1月1日。職等十級及十級以上員工的薪資調整，是在每年的1月1日。除了新進人員在職六個月後做績效調薪的審查之外，其餘不滿一年的服務績效調薪，必須採用比例計算的方法，以求對其他受雇者的公平。

4.薪資支出投資

個別員工的薪資以及員工薪資的總成本，從公司長期經營利益來講必須是一項穩健的投資。

5.薪資調整

所有的薪資調整必須由當時的工作考核，以及工作說明書來支持。調整後的薪資，必須在該職等的薪資級距內，除非薪資結構修改，最高限增加，否則，已取得薪資級距內最高限者不得再加薪。

6.績效調薪

績效調薪端視員工的工作表現是否優良。績效調薪必須考慮該員最近工作表現的考核結果，以及當時該員的薪資在該職等薪資級距內的落點。工作評量結果為「不滿意」者，不得績效調薪。要竭盡所能去避免把年資調薪，以及激勵未實現的改進調薪偽裝成績效調薪。

資料來源：台灣國際標準電子公司。

企業制定薪資政策時，必須考慮到市場定位、薪資組合、工作價值的基礎、獎勵重點、企業結構、經營管理。在薪資管理週期中，針對薪資定位，通常有下列四種薪資政策的選擇。

(一)領先（主位）政策

領先政策是指在一個薪酬年度的所有階段，薪資水準都高於人才競爭市場，它有助於人才的招募與聘用。

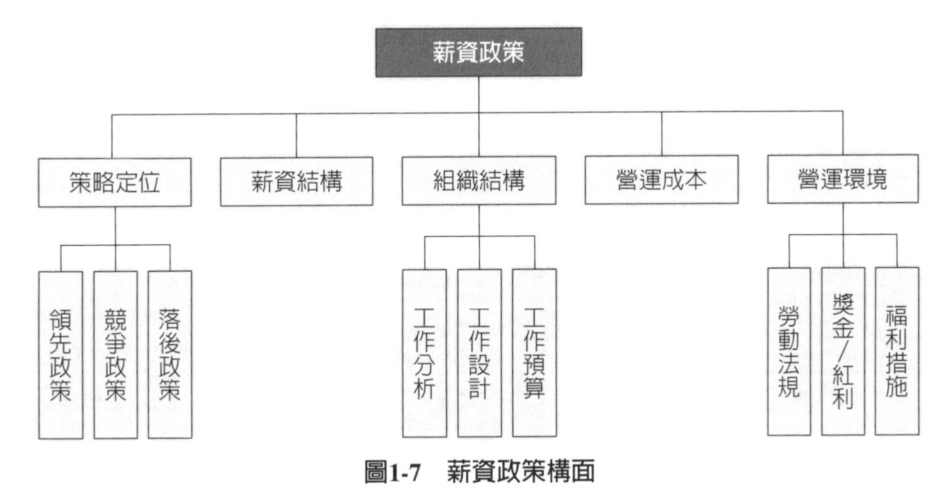

圖1-7　薪資政策構面

資料來源：丁志達主講（2018）。「薪酬福利規劃與管理實務訓練班」講義。台灣科學工業園區科學工業同業公會中區辦事處編印。

表1-7　領先政策考慮的因素

1.由於在產品成本中，薪資部分所占成本很少。 2.由於其管理或生產效率特高，而可使單位產品的人工成本降低。 3.由於有些產品有獨占性，工資高，售價亦高，將高工資的成本轉嫁給消費者。 4.為了保證有充分的職位應聘人員。 5.高工資能從外部勞動力市場吸引到更多合適人才。 6.避免被挖角，減少人員流動率，提高士氣。 7.提高員工的工作情緒與工作效率。 8.提高員工的生活品質。 9.減少勞資糾紛。

資料來源：丁志達主講（2019）。「薪酬福利規劃與管理實務訓練班」講義。台灣科學工業園區科學工業同業公會編印。

(二)競爭（中位）政策

競爭政策使組織的整體薪資水準與競爭對手的平均水準保持一致，但是在薪資週期的起始階段它可能高於市場，在隨後的階段則可能低於市場。這種政策使薪資水準與市場相仿，通常很容易維持具有競爭力的地位。

(三)落後（隨位）政策

落後政策在薪酬管理週期中自始至終都在人才競爭市場的水準之下。它反映出的組織可能無法達到人才競爭市場薪酬的平均水準，或者可能反映出組織對獎金和其他類型的獎勵的重視高於基本薪酬。

表1-8　落後政策考慮的因素

1.某種職位的應聘人員就業市場「供過於求」。
2.企業營利能力降低。
3.由於員工在該企業穩定，收入也穩定，工資雖較低亦不願離職他就。
4.由於在薪資之外尚有可觀分紅、入股、福利與津貼的收入。
5.由於企業人事管理制度健全，員工相處和諧，認為在該企業內工作，精神上很愉快。
6.由於產品技術層面較低，為了維持生存競爭，而無法阻止員工的高流動率。

資料來源：黃俊傑著（2000）。《薪資管理》，頁64-66。行政院勞工委員會職業訓練局出版。

(四)彈性政策（領先、競爭和落後政策的相結合）

爲避免「一視同仁」的給薪政策，應考量職務別，依據職位層級的貢獻度和重要性，制定不同標準的薪酬給付內容。例如，對於某些職位有充分的人員應聘或不要求工作經驗的低階工作，宜採取落後政策；對於難於招聘到的職務的中階職位，應開出至少與市場均價水平相當的價格的競爭政策；對於中高階職位的在職員工，應支付高於市場價值的薪酬，以保持他們對自己從事的職務工作感到滿意，並作爲對他們忠於企業長期奉獻的一種表彰的領先政策。

薪資政策系統，應該同時考慮外部競爭力、內部一致性和員工貢獻

度。給薪水準屬於領先者，基於企業獲利能力高或人力成本所占比例低，得以率先釐定及形象所需人力素質；居於競爭者，可保有規則性之人力新陳代謝，儘管資深人力資源可能流向主位所在，但亦有新生人力資源隨時遞補而上，因此不慮人才之供需失調；居於落後者，跟進勞動市場的薪給水準而不落後太遠，以保有維持營運的基本人力。

企業只有制定一套有效的薪酬給付系統，才能吸引和留住優秀人才，也才能眞正激勵員工的工作積極性，從而提高企業整體績效，保證企業可持續穩定地發展。例如，微軟（Microsoft）通常的底薪採取落後於競爭者的策略，然而遠高於競爭者的激勵制度，卻創造高度的留才誘因，其激勵制度以績效獎金與股票選擇權爲主，其價值遠超過許多採用相同激勵制度的企業。相較之下，惠普（Hewlett-Packard, HP）則著重運用高底薪、功績制，以及分紅的政策來留才（吳聽鸝，2004：26-27）。

四、薪酬管理的影響因素

影響薪酬給付的因素很多，企業在著手實施時，應根據實際情況的需要，通盤考慮做出適當的選擇原則。例如：外在環境因素（包括法規、勞動市場、工會等）、組織內在因素（包括財務能力、預算控制、薪資政策、工作價值）、個人因素（年資、績效、教育程度、發展潛力）等。

影響薪資制度和薪資水準的因素，有下列幾種：

1.職位的相對價值：該職位的責任大小、工作複雜度、任職資格要求的高低、工作環境是否危險等要件。它由工作分析和工作評價來確定各職位的薪點（定價）。
2.任職者的技術水平：在此職位上工作的經驗、知識和技能的先進性，由此決定薪酬的技術檔次。
3.市場價格：由勞動力市場的供需關係決定，企業的薪資水準應該大於或等於就業市場的平均水準。
4.企業效益和支付能力：企業效益增長速度大於或等於工資增長速度。
5.部門績效：確定工資時加入部門績效考核係數，鼓勵團隊精神。

領先（主位）政策

公司的平均薪資定位在高於市場平均薪資的某一個位置上。

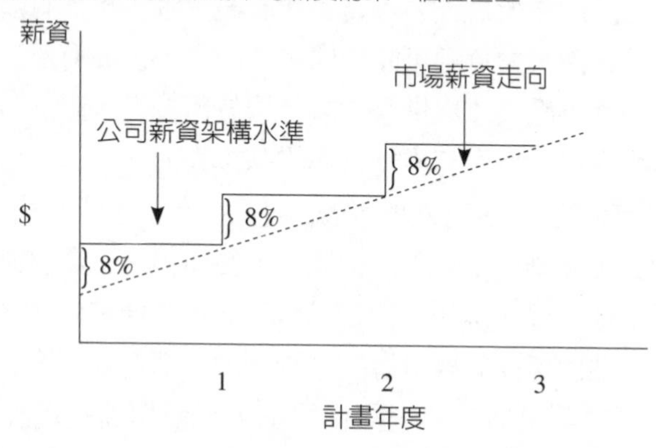

競爭（中位）政策

公司的平均薪資與市場平均薪資，就一個年度總額來說幾乎是一致的。

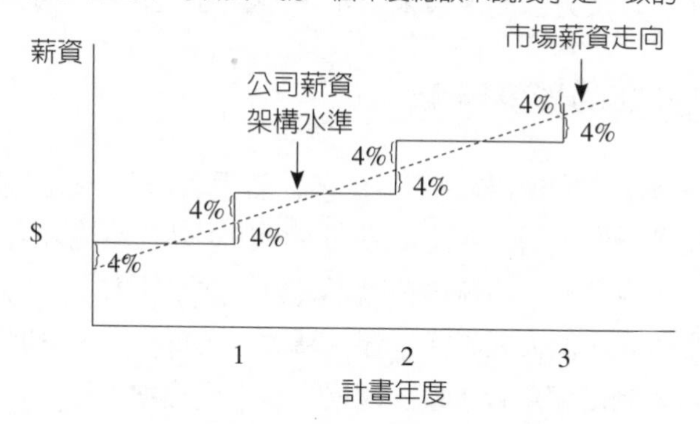

落後（隨位）政策

公司的平均薪資訂在比市場平均薪資水準較低的位置上。

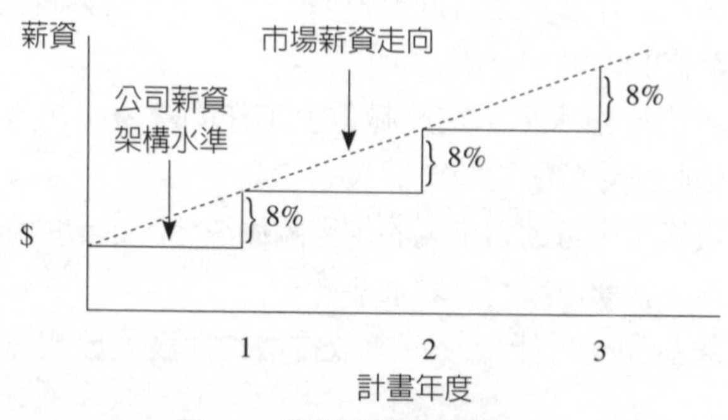

圖1-8　薪資政策的選擇

資料來源：羅業勤（1992）。《薪資管理》。自印，頁1-8、1-9。

6.勞資協商談判結果：談判中考慮通貨膨脹率（物價指數），總體（宏觀）經濟狀況，以決定工資增長幅度。

7.法律的規定：企業應遵守政府制定的最低工資標準，它會影響企業整體上的工資水準（張德主編，2001：242）。

薪酬策略在未來的組織文化、企業策略和人力資源策略將占有多重新角色。企業如何建構全面回報（total rewards）策略，均衡人力資本策略投入的同時，完善薪酬制度，成就人力資本管理最佳實踐。

第四節　現代薪酬管理發展的趨勢

二十一世紀的薪酬邊界正在逐漸擴大，企業提供的不僅僅是薪資和福利的基礎薪酬管理，還要滿足員工的職業規劃需求，同時塑造企業整體願景，以及雇主品牌價值的整體薪酬框架。在這樣的需求下，極大地提高了企業的薪酬管理複雜程度。

依據法國里昂商學院人資與組織創新中心聯席主任唐秋勇發布了《2020全球薪酬福利趨勢》研究報告提到，規模化發展的企業可以提供具備競爭性的薪酬待遇、成熟的平台和強有力的雇主品牌等；而一些具備潛力與高速增長性的企業則拋出了薪酬或股票認股權激勵、職業發展空間等籌碼加入人才爭奪戰局。薪酬管理正是推動全球人力資源管理變革的重大力量之一（中國薪酬管理趨勢峰會《2020全球薪酬福利趨勢》，https://kknews.cc/career/99a3rkl.html）。

一、趨勢一：全面薪酬

公司給員工支付的薪酬應包括內在薪酬和外在薪酬兩類，兩者的組合，被稱之為全面薪酬。全面的薪酬既不是純粹的貨幣形式的報酬，也不是單一的工資，它還包含著精神方面的激勵，例如：優越的工作條件、良好的工作氛圍、培訓機會、晉升機會等，這些方面也應該很好地融入到薪酬體系中去。

表1-9　創建一個靈活多樣的薪酬方案

方案	說明
基本工資	員工的工資。
附加工資	從加班工資到股票認股權等一次性報酬。
福利工資	傳統的福利和醫療保險和養老金。
工作用品補貼	員工不必自己在外購買而由企業本身提供的各種物質，諸如制服、手機等。
額外津貼	起到槓桿作用，用於激勵員工潛力的薪酬。
晉升機會	企業內的提拔機會。
發展機會	企業提供的所有與工作相關的學習和深造機會。
心理收入	員工從工作本身和工作場所中得到的精神滿足。
生活品質	平衡工作和生活（上下班便利措施、彈性工時、托兒看護等）。
私人因素	需要憑想像力去滿足的個人需求（例如帶寵物上班）。

資料來源：劉吉、張國華主編（2002）。約翰・特魯普曼（John E. Tropman）著。《薪酬方案：如何制定員工激勵機制》。上海交通大學出版社，頁28。

二、趨勢二：「以人為本」的薪酬管理方案

人本思想的薪酬管理方案鼓勵員工參與和積極貢獻，強調勞資之間的利潤分享。例如：改變以工作量測定爲基礎的付酬機制爲技能和業績付酬機制；加大員工薪酬方案中獎勵和福利的比例，使之超出正常工資數額；員工工資的浮動部分視員工對企業效益貢獻而定等。

三、趨勢三：薪酬調查和薪酬訊息的日益重視

近年來，薪酬調查受到企業的廣泛關注。透過薪酬調查，企業可以瞭解勞動力市場的需求狀況，掌握各種類型人才的價格行情，從而制定正確的薪酬策略，有效地控制企業的人力成本。

四、趨勢四：扁平寬幅型薪酬結構

扁平寬幅型薪酬結構（Broadbanding Pay Structure）是指對多個薪酬等級以及薪酬變動範圍進行重新組合，從而變成只有相對較少的薪酬等級

以及相應較寬的薪酬變動範圍，有利於企業引導員工將注意力從職位晉升或薪酬等級的晉升轉移到個人發展和能力的提高方面，給予了績效優秀者比較大的薪酬調升空間。

五、趨勢五：薪酬設計的差異化

企業依據不同的員工群體，提供調薪、特殊津貼、立即性獎金等差異化獎酬方案，主要差異化目標對象爲具備關鍵技能員工、重要工作角色與高潛力員工。例如：銷售人員薪酬制度（包括銷售人員提成辦法）、技術人員薪酬制度、經理人員（包括高階管理者）薪酬制度等。如何透過差異化確保關鍵績優人才獲得合理的激勵，成爲越來越多企業的薪酬與留才策略重點。

六、趨勢六：員工激勵長期化、薪酬股權化

企業爲了留住關鍵的人才和技術、穩定員工隊伍，在薪酬方面表現爲越來越重視對核心技術人員和管理專家的長期激勵。企業透過與這部分員工進行某種股票認股權安排，實現對他們的長期激勵。

七、趨勢七：薪酬制度的透明化

薪酬透明化建立在公平、公正和公開的基礎之上，薪酬透明並非要揭露薪酬個人資料，而是要跟員工溝通企業薪酬管理的理念與管理原則爲何，以引導員工聚焦，並展現企業期待的績效行爲。企業必須要能說出清晰明確、具指導性的原則，並且持續的與員工溝通，方能讓薪酬發揮應有的效果。

八、趨勢八：彈性福利制度

在未來的薪酬制度中「選擇」將成爲一個時髦用語。企業採用選擇性福利，即讓員工在規定的範圍內選擇自己喜歡的福利組合，即員工可以從企業所提供的一份列有各種福利項目的「菜單」中自由選擇其

所需要的福利。高薪根本鎖不住企業想要留的人，金錢刺激不是唯一留才可行的手段。（〈薪酬管理發展的新趨勢〉，https://kknews.cc/zh-tw/finance/9xznkmb.html）

根據韋萊韜悅（Willis Towers Watson）2017亞太區員工福利趨勢調查，結果顯示近七成（69%）台灣雇主未來在員工福利計畫上的重點策略是增加員工健康及福祉計畫（health and well-being），以及審視並改善福利計畫設計以優化福利支出管理，同樣占69%。

2020年全球新型冠狀病毒肺炎（COVID-19）疫情改變了人們過去習以為常的生活與工作方式，也重塑了企業的商業模式。根據勤業眾信（Deloitte）在2020年的研究表示，在後疫情時代員工在職場上面臨著許多問題，來源主要有工作壓力、人際關係、企業文化等因素，其中職場心理健康更是組織缺乏效能的隱性殺手、同時也是企業必須正視的企業管理問題。

表1-10　現在和未來薪酬系統的特徵

現在的薪酬系統	未來的薪酬系統
由管理人員單方設計	由管理人員同員工代表集體設計
設置關於招聘和留才目標	同經營戰略連結的較寬的目標
強調產出的水準	強調總體績效的水準
強調激勵薪酬系統，系統同個體相連接	強調群體或作為團隊一部分的公司範圍的個體
強調任務與業務。個體技能限制在單一類型的操作	強調勝任力與靈活性，獎勵取得多技能資格
強調個體工作分離，區分工作識別性，具體的有工作描述	強調整體的工作系統，較寬的工作框架
許多級別（多個企業結構層級）	較少的級別（單個企業範圍的結構）
特別強調加薪同每年的團體協商掛鉤	更強調薪酬同每年企業的業績和更多的技能獲得掛鉤
固定的附加福利項目	靈活的附加福利，自助式方式
不同群體有不同的工作條件	所有群體有共同條件
在不同的群體中運用不同的工作評估計畫	整個公司用一個工作評估計畫

資料來源：David Grayson (1987). Work Research Unit Working Paper, Department of Employment／引自：理查德・索普（Richard Thorpe）、吉爾・霍曼（Gill Homan）著，姜紅玲譯（2003）。《企業薪酬體系設計與實施》（*Strategic Reward Systems*）。北京：電子工業出版社，頁26。

結　語

「公平合理」的薪酬制度，可穩定人心；「具競爭力」的薪酬制度，可吸引、留任優秀人才；「配合績效目標」的薪酬制度，可激勵員工潛能、提高生產力；「符合整體營運與財務負擔」的薪酬制度，將使員工努力貢獻所獲得的報酬與公司的整體經營績效相結合。兼具公平、合理、激勵、財務負擔以及市場競爭性的薪酬制度，是企業在規劃、執行薪酬管理成功的不二法門。

薪酬管理要達到合理化、公開化，需要有前瞻性、全盤性規劃；制度化的作業；可靠的薪酬參考資訊；勞資之間需要彼此承諾、合作、溝通。每家企業的薪資水平、薪酬組合需要與其業務、策略配合（營利能力、企業文化、產業別、發展機會），所以不能盲目跟風，與別人比較。

表1-11　自助式整體薪酬體系

	薪酬類別	薪酬要素	要素解釋
經濟性薪酬	基本薪酬	1.基本工資	員工完成工作而獲得的基本現金報酬
	激勵薪酬	2.一次性獎金	依據員工或公司的績效獲得的半年／年度獎金等
		3.個人激勵薪酬	員工因在某些項目上做出優異貢獻，或因個人績效超過公司規定標準而獲得的一次性獎金之外的額外獎賞
		4.收益及利潤分享	由於所在團隊的績效超越了公司規定的成本或財務指標，員工因此獲得公司收益的一部分
		5.員工持股計畫	員工購買企業股票而擁有企業部分產權所帶來的收入
		6.股票分享計畫	公司在特定的時間內，給予員工一定的公司股票
	福利	7.法定保障福利	法定的社會保障項目，即養老保險、醫療保險、失業保險、工傷保險、住房公積金等（大陸地區）；勞工保險、全民健康保險、勞工退休金等（台灣地區）
		8.退休及養老計畫	提供除法定福利之外的一些退休與養老計畫
		9.醫療福利保險	公司提供的員工生病或傷害的醫療、手術或醫藥保險

（續）表1-11　自助式整體薪酬體系

	薪酬類別	薪酬要素	要素解釋
經濟性薪酬	福利	10.安全健康保險	公司提供的員工人壽保險、意外死亡與傷殘保險、職業病療養等
		11.財產保險	公司提供的有關員工個人及家庭的財產保險（如汽車、房子、火災等）
		12.個人特殊保險	公司提供的一些針對個別員工的保險（如牙病、眼病保險等）
非經濟性薪酬	附加薪酬	13.工作補貼	因工作需要公司所提供的設施設備（如制服、電腦等）
		14.外部額外津貼	因員工在外工作，公司提供的交通津貼、出差補貼、戶外活動津貼等
		15.個人特殊津貼	針對某些員工所提供的特殊補貼（如在辦公室增加醫療設備、特殊裝潢、搭乘頭等艙等）
	工作因素報酬	16.工作條件	良好的工作條件和環境（如安全舒適的工作場所、體育設施、娛樂設施等）
		17.工作挑戰	工作對自己的能力有很大的挑戰性，並獲得成長
		18.工作責任	能夠感受到自己肩負著重要的職責
		19.工作認可	出色完成工作能夠得到即時的認可
		20.工作興趣	工作內容和個人興趣相符合
		21.工作保障	穩定、有保障的職位和回報
		22.工作自主	能夠自主地開展工作
	個人發展報酬	23.職位晉升	因工作出色而晉升並帶來薪酬的增加
		24.技能提升	正式或非正式的培訓，以掌握新的知識、技能
	特殊假期報酬	25.非工作時間報酬	產假、病假、事假、婚假、喪假等國家法定員工依法取得缺勤收入的福利待遇
		26.公休及法定節假日	一年中享有帶薪假期及依法享有的包含春節、國慶等的節日假
	生活質量報酬	27.生活質量	公司關心員工工作與個人家庭生活之間的關係，使員工享受工作和生活的樂趣（如提供托兒所、養老院、有固定休假等）；能夠滿足員工的一些特殊個人需求（如提供個人低利貸款、借用公司設施、戴MP3工作等）

資料來源：楊旭華（2005）。〈就像超市購物一樣：自助式整體薪酬體系〉。《人力資源》，總第206期，頁56-57。

第二章 工作分析

- 工作分析概述
- 工作分析的內容
- 工作分析方法
- 工作分析步驟
- 工作說明書編寫
- 工作規範編寫
- 結　語

人各有能有不能，能典禮者，不可令其理財；能理財者，不可使之典禮。一人之身，而責之以百官之所能備，雖聖哲亦有所不能。

——漢朝劉安《淮南子》

寓言：工作誰來做？

從前，有隻小母雞，牠擁有一片麥田。

「誰要幫我收割這些麥子啊？」牠問到。

「我不行，」小豬答道。「我不知道怎麼做。」

「我不行，」小牛答道。「我笨手笨腳的。」

「我不行，」小狗答道。「我忙別的事呢！」

小母雞只好自己來。

「誰要幫我把這些麥子磨成麵粉啊？」牠問到。

「我不行，」小豬答道。「這也是一門我不懂的學問。」

「我不行，」小牛答道。「你自己做會來得更快。」

「我不行，」小狗答道。「我很樂意，但是我還有更緊急的事要辦，以後再說吧！」

小母雞只好自己來。

「誰要幫我做麵包？」小母雞問到。

「我不行，」小豬答道。「沒有人教過我。」

「我不行，」小牛答道。「你比我有經驗，你自己做要比我快上一倍。」

「我不行，」小狗答道。「我下午有其他的計畫，但是下次我會幫你。」

小母雞只好自己來。

這天傍晚，當客人紛紛前來參加這盛大的餐會時，小母雞除了準備了麵包以外，沒有其他的東西可招待。因為牠一直忙著做那些原可由別人

代勞的工作，以至於忘了準備主菜、甜點，甚至忘了擺出牠的銀餐具。

小啓示：工作分析是確定工作任務，並明確完成該工作的人員應具備的技能、知識、能力和經驗。企業透過工作設計與工作分析，得以將組織內的人力做最妥善的配置，以提升企業競爭優勢。

資料來源：丁志達整理。

人力資源管理之良窳已是組織競爭的決勝武器，找到優良的人才並且留住他們，需要很多部門共同配合，而工作（職位）分析（job analysis），便是一個有效留才的開始。

工作分析是全面瞭解組織工作，蒐集、分析和綜合有關工作資訊的基礎性管理活動，透過對工作規範、工作內容、任職資格和目標等進行分析和研究，制定工作說明書（job description）和工作規範（job specification）等書面文件，用以指導組織的各項工作，又是工作評價確保組織內每一職位相對價值的基本依據，是建立薪酬制度的前置作業不可或缺的步驟。

第一節 工作分析概述

企業目標的達成必須透過組織運作，組織規劃與設計是企業遂行各項企業活動的第一項要務。組織規劃與設計後呈現出結構性的組織架構，在組織架構中，無論是功能分工、地區分工、抑或是矩陣式結構型態，必然產生各別工作，而每一職位的設置，其工作職掌、工作內容，甚至工作條件就必須加以規範。此項規範，在專業領域的工作程序就包含了工作設計（job design）與工作分析。

企業組織的一個基本原則，是讓工作者去適應工作，而不是讓工作去遷就工作者，先建立職務，然後針對這項職務，再指派及訓練人員。

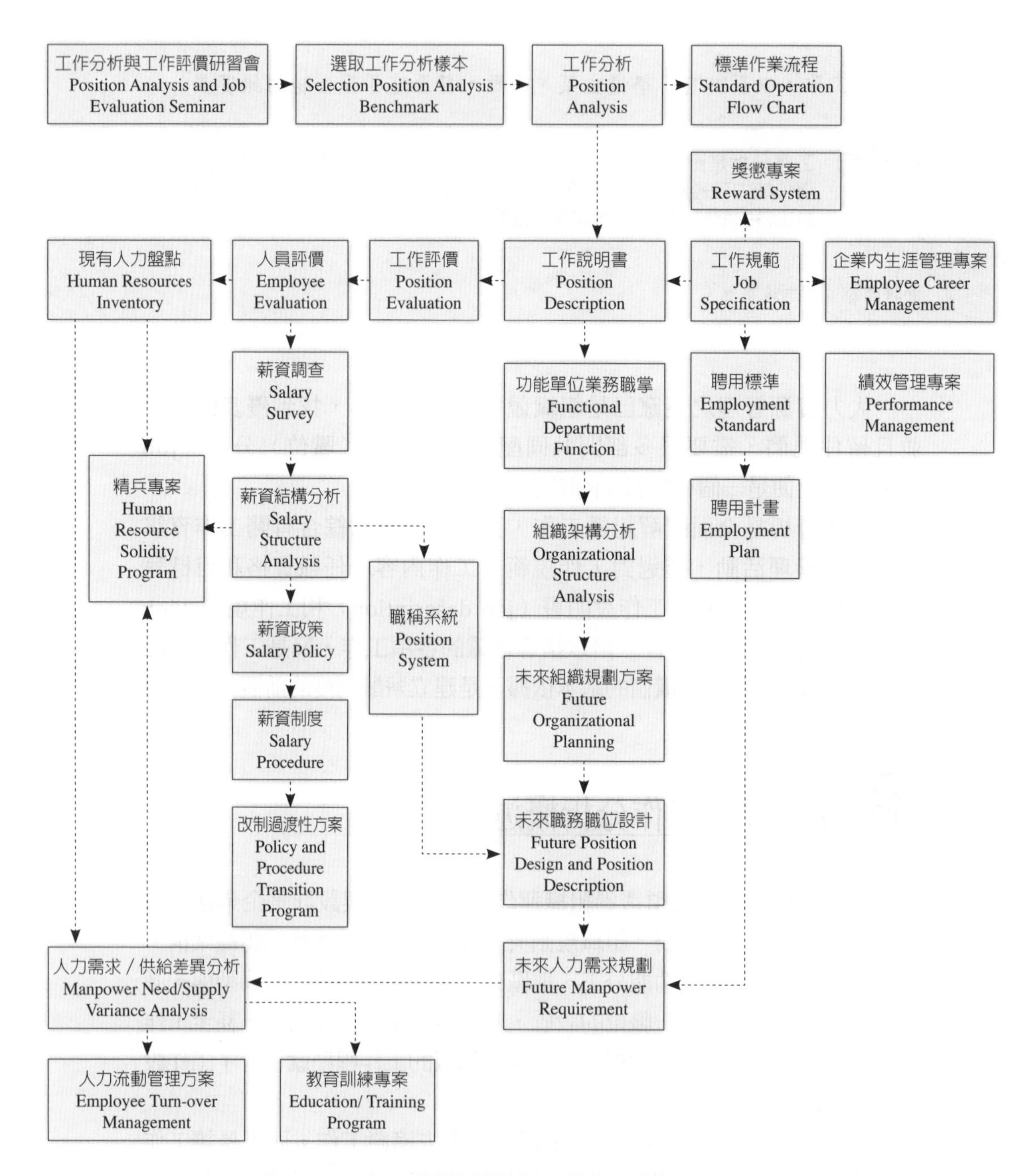

圖2-1　人力資源管理制度建立流程

資料來源：精策管理顧問股份有限公司。

表2-1　工作設計的內涵

特徵	內涵
技術多樣化	有機會運用不同的技術
任務明確化	有機會從事整個專案
工作的知識性	有機會顯示知識對工作的作用
工作的經驗性	有機會顯示經驗對工作的作用
自主性	在一定範圍內有權獨自處理事務
工作責任感	對自己的行為能承擔責任
回饋性	能獲取有關業績的資訊

資料來源：胡零、劉智勇譯（2002）。約翰・特魯普曼（John E. Tropman）著。《薪酬方案：如何制定員工激勵機制》，頁155。上海交通大學出版社。

一、工作分析的目的

無論是工作設計、工作分析，還是工作說明與工作規範，都是圍繞著「工作」來進行。工作分析是蒐集薪酬決策所需的資訊，以提供工作的資訊來進行人力資源管理功能的決策。工作描述、任職資格、工作成果的計量與激勵以及員工的職涯發展問題，都是工作分析所關注的焦點。

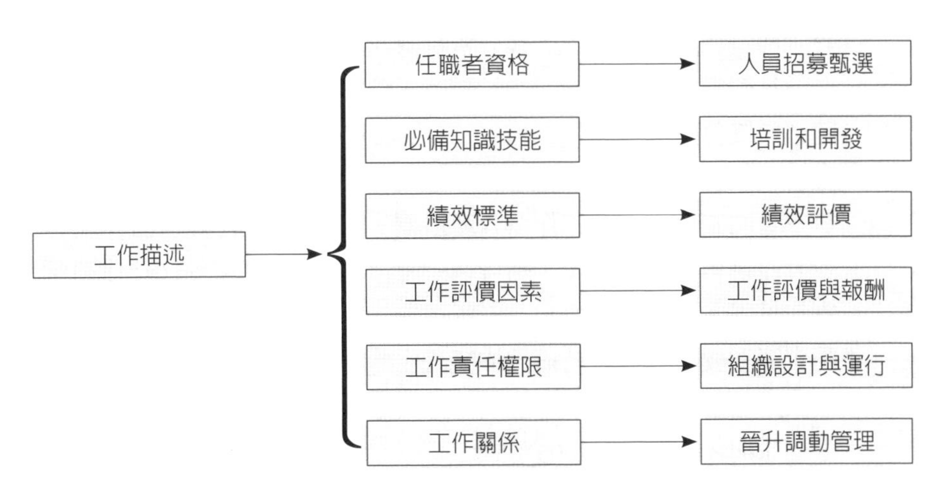

圖2-2　工作描述的應用

資料來源：傅亞和主編（2005）《工作分析》，頁39。復旦大學出版社出版。

工作分析的執行階段，包括：工作分析資訊的來源、蒐集工作的有關資訊、制定工作分析文件及相關人員確認資訊的準確性等。

在工作分析之後，會得到下列相關的資訊：

1.人力規劃與組織研究：藉由工作分析對各部門、職位之工作職責進行確認和劃分，以奠定日後營運之順暢，同時在組織不斷發展中，工作分析還可以輔助預測變革後的工作績效，幫助員工或管理者因應變革後的新工作項目。

2.工作評價與分類的依據：工作評價的先決條件，就是要做工作分析，作爲企業經營與人力規劃的基礎。工作分析提供某個特定工作需要的所有條件、職務內容、各層級組織工作之間的關係，以指出某一部門應該包含什麼類型的工作。

3.人員招募、甄選、任用與配置：工作分析在描述專業知識、技能標準，以及相關工作經驗的要求，可作爲任用某一職位新進員工的考量標準，達到人才選用之適用性，並對招募遴選制度加以調整、補充。

4.員工培訓的基礎：工作分析的內容會列出這個職位所需要具備的資格、承擔的責任，在協助辦理培訓工作上有相當大的價值。

5.員工職涯發展的規劃：工作分析具有預測的效果，幫助員工有機會在進行縱向的升遷或橫向的輪調時，瞭解其角色、定位與未來發展路徑與條件。

6.影響績效評估的效果：藉由各職位工作分析的過程與結果，使部屬與主管明確知道彼此工作內容與目標，作爲績效考核依據的標準，並且設定各項加權比重，結合績效考核制度與企業經營總目標，落實在員工個人調薪之中。

7.薪資調查與建立薪資結構：依據工作內容及考核標準，建立公平性與激勵性之薪資制度，以體現「多貢獻多得，少貢獻少得」的獎酬分配原則（衛南陽，2005：5-8）。

工作分析是人力資源管理的基礎工具，可爲人力資源管理的各個環節（組織設計、工作評量、招募任用、培訓需求、績效考核等）提供各種

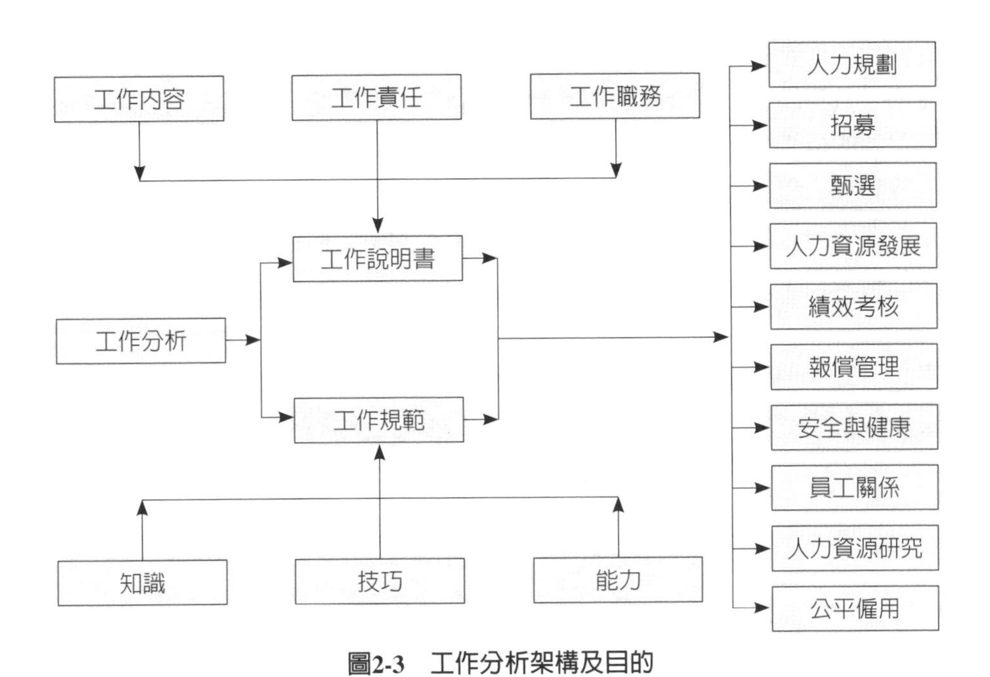

圖2-3　工作分析架構及目的

資料來源：R. Wayne Mondy & Robert M. Noe (1996). *Human Resourec Management* (6 th), p94. 引自羅彥棻、許旭緯編著（2019）。《人力資源管理》（第三版），頁2-14。全華圖書出版。

所需的客觀基本資料，且有利於個人職涯發展規劃及個人目標設定。未經周密規劃和缺乏明確合適的工作分析，可能會增加時間和人力上的成本。

二、工作分析常用術語

工作分析是個尋找事實的過程，如果分析者知道要尋找什麼，就會很容易認出與此工作相關的事實，而質化（以文字呈現）人力盤點最適合用以實現工作分析的前置作業。

工作分析的有些基本的核心資料是必須取得的，尤其是工作的責任和義務；其次是薪資管理流程後續階段所需資料，包括工作說明、工作評價、相關的人才競爭市場調查情況，以及建立薪資標準的情況等。其他管理流程可能會要求提供特定資料，例如組織重整與法律的一致性；第三是

有關此工作責任和權力範圍的量化及質化資料，例如：組織層級、預算自主權、負責的設施或設備的資產價值、負責的業務量、直接或間接向任職者呈報的員工人數、培訓和資歷的最低要求（數量和類別）、職位的決策層級和獨立程度、職位對營運結果的影響性。在工作分析過程中，正確使用相關術語（名詞）至關重要。因採用不同的術語描述，其產生的工作說明的結果相應變化差異很大。

表2-2　工作分析常用術語

術語	說明
任務（task）	員工在某一有限的時間內，為了達成某一特定的目的所進行的一項活動。例如打印一封信件就是一項具體而明確的任務。
職責（duty）	一個人承擔的一項或多項任務組成的活動。例如進行員工滿意度調查是人資人員的一項職責，包括設計調查問卷、發放問卷、回收問卷並進行整理，把調查結果通知有關人員等。
職位（position）	同一個組織中同一種職務的數量。一項工作可以只有一個職位，也可能有多個職位。例如辦公室主任、電工等分別是一個職務，一個職務可以有多個職位，也就是說，可以有多個人同時做相同的工作。
職務（job）	為個人規定的一組任務及相應的職責。例如生產計畫員、生產調度員等。
職業（occupation）	組織中相似工作組成的集合。例如政府機構、學校、企業都有管理財務類的工作。
職位功能（job function）	在職者所必須從事的詳細工作項目。
職能（competency）	表現優異之在職者的行為特徵。
職位需求（job requirements）	在職者為發揮其職位功能而必須（曾經）參與的培訓（開發／訓練）之活動，以獲取相關的知能。
工作分析（job analysis）	對某一特定工作經由觀察、面談與調查而區分鑑別的作業，以及提出該職位工作顯著活動與要求技術、環境等適時的報告作業，並且是對職位任務所包含的對工作以及對工作者達成績效所要求的技術、知識、才能與責任的通盤認定，以及與其他職位的不同之處。
工作說明書（job description）	工作分析結果之資訊的整理內容。包括職稱、報告的隸屬關係、授權程度及主要的工作項目。
工作規範（job specification）	列舉出勝任各項工作所需具備的技術、知識與能力的最低要求。

資料來源：丁志達主講（2019）。「獎勵性薪資設計暨規劃實戰課」講義。天地人學堂編印。

第二節　工作分析的內容

工作分析的功用在於提供人力資源管理的基礎，其所蒐集的資訊可運用在力資源管理功能。工作分析的內容，包括一般資料分析、工作規範分析、工作環境分析、任職條件分析等四大項。

一、一般資料分析

一般資料分析，分爲三個面向：

1.工作名稱：工作名稱標準化，按照有關工作分類、命名的規定或通行的命名方法和習慣確定工作名稱。
2.工作代碼：各項工作按照統一的代碼體系編碼。
3.工作地點：各項工作的所在地區。

表2-3　工作分析的5個「W」

何人（who）	有關委派任職者職責或核准任職者行為的相關職位確認，以及該任職者受管理的程度。
何事（what）	有關任職者須履行的特定任務、職責和責任。
為何（why）	有關預期的最終結果和職位影響的範圍與程度。
何處（where）	有關職位在整體工作流程中的位置。
何時（when）	有關履行各類任務、職責和責任的頻率，如每日、每週、每月、每季或每年。

資料來源：惠悅企業管理顧問公司。

二、工作規範分析

工作規範分析，分爲下列四項：

1.工作任務分析：明確、規範的工作行爲。例如工作的中心任務、工作內容、工作的獨立性和多樣化程度、完成工作的方法和步驟、使

用的設備和材料等。

2.工作責任分析：透過對工作相對重要性的瞭解、配備相應權限、保證責任和權力對應，一般以定量（以數位化符號為基礎）去測量的方式來確定責任和權力。

3.督導與組織關係分析：瞭解工作的合作關係和隸屬關係，包括直屬上級、直屬部屬、該工作規範哪些工作，受哪些工作規範、在哪些工作範圍內升遷或調換、合作關係等。

4.工作量分析：工作量分析的目的，在於確定標準工作量，例如勞動定額（在一定的生產技術，組織條件下為生產一定量的產品或完成一定的工作所規定的勞動消耗量的標準）、工作量基準、工作循環週期等。

三、工作環境分析

工作環境分析的目的，分為下列四項：

1.工作的物理環境：包括工作環境的濕度、溫度、照明度、噪音、震動、異味、粉末、空間、油漬、工作人員和這些因素接觸的時間等。

2.工作的安全環境：包括工作危險性、勞動安全衛生條件、易罹患的職業病、患病率、危害程度等。

3.社會環境：包括工作群體的人數、完成工作要求的人際效應的數量、各部門之間的關係、工作地點內外的各項設施、社會風俗習慣等。

4.聘用條件：包括工作時數、工資結構、支付工資方法、福利待遇、該工作在組織中的正式位置、晉升的機會、工作的季節性、進修的機會等。

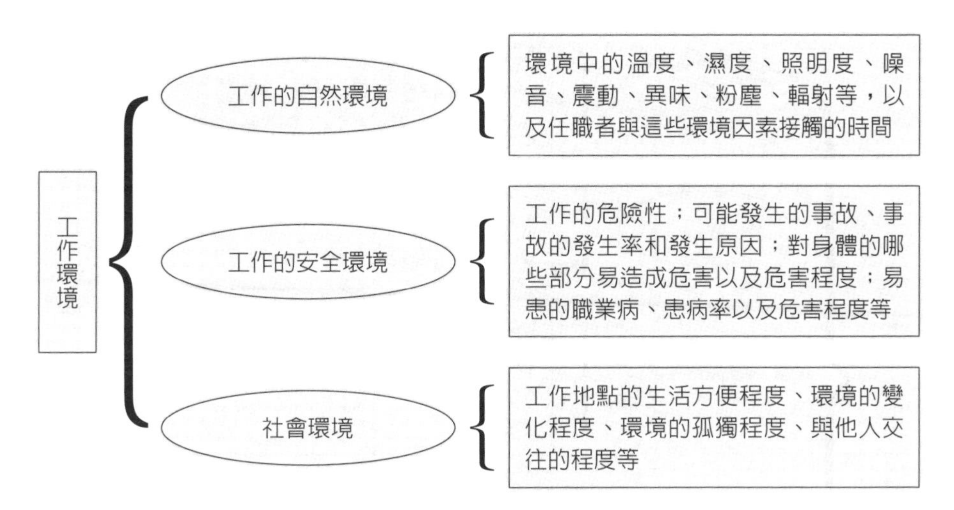

圖2-4　工作環境分析的內容

資料來源：宋湛編著（2008）。《人力資源管理文案》，頁115。首都經濟貿易大學出版社出版。

四、任職條件分析

任職條件分析，分為下列四項：

1.教育培訓情況：包括學歷、經歷、培訓、資格等。

2.必備知識：包括對操作的機器設備、材料性能、工藝過程、操作規程及操作方法、工具的選擇和使用、安全技術、企業管理知識、持有的執照等。

3.經驗：完成工作任務所必須的操作能力和實際經驗。包括過去從事同類工作的工資和業績等；從事該項工作所需的決策力、創造力、組織力、適應性、注意力、判斷力、智力以及操作熟練程度等。

4.心理素質：完成工作要求的職業性向。包括體能性向（行走、跑步、爬行、跳躍、站立、旋轉、平衡、拉力、推力、視力、聽力等）、氣質性向（耐心、細心、沉著、勤奮、誠實、主動性、責任感、支配性、情緒穩定性等）。

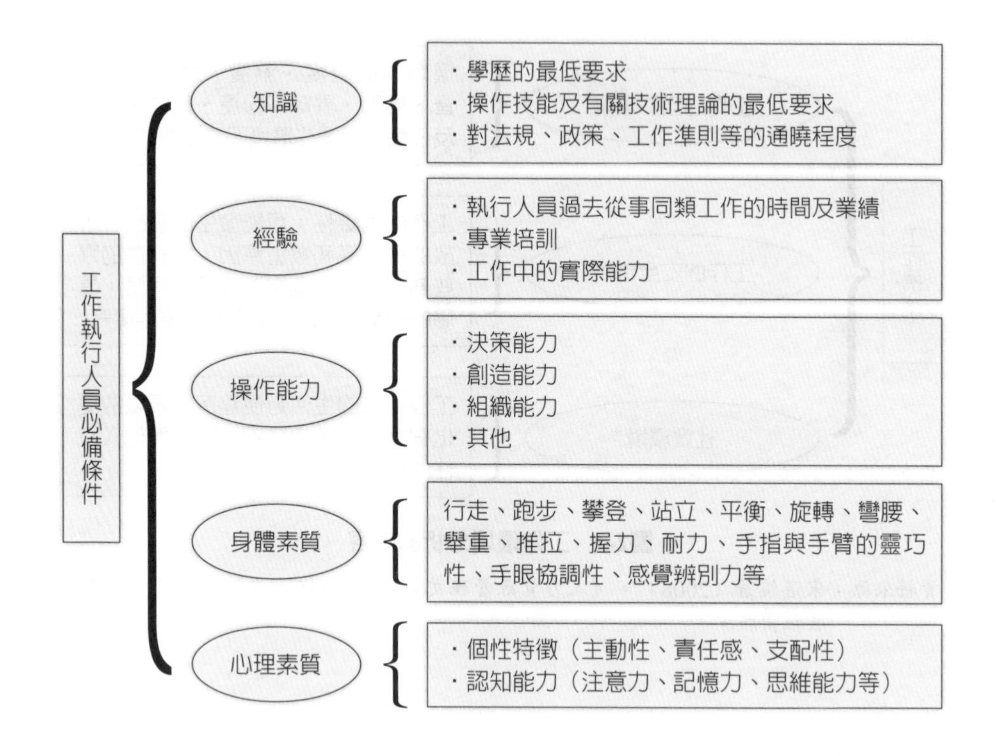

圖2-5　任職資格分析的內容

資料來源：宋湛編著（2008）。《人力資源管理文案》，頁115。首都經濟貿易大學出版社出版。

第三節　工作分析方法

工作分析資訊的蒐集，應盡量採用最直接的來源、最新的資料，盡量拓寬資訊來源的管道，確保資訊的代表性、客觀性、公正性和透明性。蒐集工作分析的方法，一般有觀察法（observation method）、訪談法（interview method）、問卷法（questionnaire method）、工作日誌法（work diary）、特殊事件法（critical incident method）、實作法（experimental method）、綜合法（combination method）等類別。

一、觀察法

實地觀察工作的技術及工作流程之方法。當工作分析員實際分析時，觀察特定對象的實際工作動作和工作方式，並以文字或圖表、圖像等形式記錄下來，用來取得整體作業週期的執行作業。

觀察法的主要益處是可以理解職位工作難度，或完成工作應具備的條件，常能發現問卷或訪談中所不能發現的工作（職位）特性。

二、訪談法

訪談法是與任職者（個人或小組）及其直屬主管進行事先規劃的面談，來蒐集工作資訊數據的方法。包括：解釋工作分析目的、詢問既定的問題和適當後續提問、作詳細記錄、標記出需要後續提問的問題，並檢視面談過程以確保充分瞭解此工作。除了蒐集資料，面對面的直接訪談也提供解釋流程的機會，向員工說明重要事項，以及建立其對薪資管理方案的信心。在訪談法中，員工通常會展示出問卷中不會提及的，或從工作本身不易觀察到的內容。

三、問卷法

問卷法（調查表法）是透過問卷的填寫，從任職者或其主管獲得工作（職位）資料，是最簡單、最快捷、最經濟的方式。問卷調查表的設計，要保證所需要的資訊涵蓋每項工作，可以從中獲取準確的工作說明（描述）與工作規範，是一份既有結構性又有開放性問題的調查表。問卷的內容，包括：職責範圍、決策權力、操作的設備、接受管理的種類、學歷和經驗要求、身體要求以及其他重要問題（例如問一些特定與工作有關的問題）。

工作問卷表填寫後，由直屬主管審核、查證所填寫內容的正確性，必要時加以變更或修改，然後就可以撰寫工作說明書與工作規範。

表2-4　一般員工的工作分析面談提綱

部門名稱：			填表日期：　年　月　日
面談人		面談對象	
面談時間		面談地點	
崗位目標	・這個工作崗位的工作目標是什麼？ ・這個崗位最終要取得怎樣的結果？ ・從公司角度來看，這個崗位具有哪些重要意義？ ・公司為什麼要設置這一工作崗位？ ・為這項工作投入經費會有多少收益？		
工作意義	・工作的意義何在？ ・計算用於這個崗位的一年經費，比如：經營預算、銷售額、用於員工本身的開銷。 ・此崗位主管能否為部門或公司節省大筆開支？且能否保持崗位的業績？		
崗位地位	・公司上級對這個崗位的作用評價如何？ ・你認為在公司中這個崗位的位置如何？ ・這個崗位直接為哪個部門或個人效力？ ・哪些職位與這個崗位同屬一個部門？		
內外關係	・這個崗位最頻繁的對內聯繫有哪些？ ・這個崗位最頻繁的對外聯繫有哪些？ ・這個崗位是你在公司的委員會／機構／部門／兼職？ ・這個崗位需要出差嗎？去何處？因何故？		
崗位要求	・這個崗位的基本要求是什麼？ ・這個崗位需要哪些專業技術，按重要程度列出，並舉出工作中的實例來說明。 ・這個崗位如何掌握技術知識，需要脫產培訓還是在職培訓？ ・公司是否有其他渠道提供類似的技術知識？你能否有機會接受這些知識？		
上下級關係	・這個崗位的行為和決策受哪個部門或人控制？ ・你依據怎樣的原則、規章制度、先例和人事制度辦事？ ・你是否經常會見上司？ ・你與上司討論什麼問題？ ・你有下屬嗎？若有，有多少？是誰？		
工作中的問題	・工作中需要解決的關鍵問題是什麼？涉及哪些方面？ ・你認為工作中最大的挑戰是什麼？ ・工作中，你最滿意和最不滿意的地方是什麼？ ・工作中，你最關注或最謹慎的問題是什麼？ ・在處理這些棘手或重要問題時，以什麼為依據？ ・你的上司採用什麼方式進行指導？ ・你是否經常請求上司的幫助，或者上司是否經常檢查或知道你的工作？ ・你對哪類問題有自主權？		

（續）表2-4　一般員工的工作分析面談提綱

	・哪類問題你需要提交上級處理？ ・解決問題時，你如何依據政策或先例？ ・你面臨的問題是否各不相同？具體有哪些不同？ ・你在工作中遇到的問題，在多大程度上是可測的？ ・處理問題時有無指導或先例可參照？ ・以先例為依據和對先例進行分析解釋是不是解決問題的唯一途徑？ ・你能否有機會採取全新的方法解決問題？ ・你是否能解決交給上司的問題，或者說你是否知道該如何解決這些問題？ ・著手解決問題之前對問題所作的分析工作是由你本人還是你的上司來完成？
工作成果	・你在工作中最重視取得什麼重要成果？ ・你用什麼標準衡量自己工作的結果？ ・你由上司來確定任務還是由他（她）來組織完成任務？ ・上司對事情的成敗是否有決定性作用？
製表人：	審核人：

資料來源：宋湛編著（2008）。《人力資源管理文案》。首都經濟貿易大學出版社出版，頁94-95。

工作分析調查表

一、基本資料	1.職務名稱：微生物檢驗師	2.職務擔任人 姓名：　蘇○○
	3.所屬單位：ASD	4.單位主管 職稱／姓名：　經理／楊○○
	5.部門：Microbiology Laboratory	6.部門主管 職稱／姓名：　經理／楊○○
	7.你的所屬單位（組）從事同一工作的員工人數：3人	
二、工作的一般說明	1.你所屬的工作部門的一般目標（目的）是什麼？ 品質管制	
	2.你工作小組（組）的一般目標是什麼？ 微生物檢驗，水，N_2，Environmental，確效及監控	
	3.你所擔任職務的一般目標是什麼？ 微生物檢驗，水系統確效，環境監控	

<table>
<tr><td rowspan="34">三、職責/工作活動說明</td><td>1.你每天的主要工作項目與職責有哪些？（請說明並依重要性排列及評估所占時間比例%）</td></tr>
<tr><td>例：(1)資料蒐集與分析 30%　(2)協助主管調度人力 15%</td></tr>
<tr><td>取樣：1 hour</td></tr>
<tr><td>實驗：5-6 hour</td></tr>
<tr><td>Notebook writing</td></tr>
<tr><td></td></tr>
<tr><td>2.你每天的非例行性（但經常發生）工作（例如：每週一次或以上者屬之）有哪些？並請說明多久一次？（依重要性排列並評估各項所占時間比例%）</td></tr>
<tr><td>例：(1)向直屬主管做異常報告 每週一次 10% (2)工作進度查檢 每月一次 5%</td></tr>
<tr><td>Medium Validation</td></tr>
<tr><td>Method Development</td></tr>
<tr><td>Bacteria Identify</td></tr>
<tr><td></td></tr>
<tr><td>3.你還有哪些非固定、非經常性的職責與工作活動並請說明？</td></tr>
<tr><td></td></tr>
<tr><td></td></tr>
<tr><td></td></tr>
<tr><td>4.你的主要工作問題或需求來源為何（部門、組、人員）？</td></tr>
<tr><td>VA, Production, Utility</td></tr>
<tr><td>5.你的主要工作指示來自何人？例：部門主管、直屬主管……（請列出職稱／姓名）</td></tr>
<tr><td>經理／楊○○</td></tr>
<tr><td>6.工作指令的性質（口頭、書面）？</td></tr>
<tr><td>口頭，書面，皆有</td></tr>
<tr><td>7.對分派或負責的工作如何執行？</td></tr>
<tr><td>視重要性</td></tr>
<tr><td>8.工作完畢後移交何處？</td></tr>
<tr><td>VA, QA</td></tr>
<tr><td>9.對你的工作標準、完工時間、數量等作決定的是誰（職稱／姓名）？</td></tr>
<tr><td>經理／楊○○，自己</td></tr>
<tr><td>10.工作發生困難時你通常去找誰（職稱／姓名）？</td></tr>
<tr><td>經理／楊○○，VA Group</td></tr>
<tr><td>11.你的工作需不需要你對何人（職稱／姓名）下命令？</td></tr>
<tr><td>無</td></tr>
<tr><td>12.你有無對何人（職稱／姓名）負督導之責？</td></tr>
<tr><td>無</td></tr>
</table>

	13.你有無直接統御何人（職稱／姓名）？			
	無			
四、工具與設備	請列舉你所使用的機器或設備？並請勾選使用頻率。	一直使用（80%以上）	經常使用（50%-80%以上）	有時候使用（50%以下）
	1. Bioloical Safety Cabinets	√		
	2. Endotoxim Device	√		
	3. Incubator	√		
	4. Microscope	√		
五、工作條件	1.你認為目前所擔任職位應具備之最低學歷資格為何？			
	大專			
	2.你認為目前所擔任職位需要額外的特殊訓練（在一般學校教育不容易學到）有哪些？			
	確效			
	3.為了能順利而滿意的進行工作，哪些專業技術是必需的？			
	無菌操作，菌株辨認			
	4.在從事此一工作中，會需要運用哪些能力？例：溝通、協調、分析、規劃……			
	無菌操作，菌種鑑定			
	5.你從事目前的工作需要多長的工作經驗才能勝任？例：1年以下、1-3年、3-5年……			
	3個月以上			
	6.合乎上述條件的新進員工需要多久才能進入狀況？例：半年以下、半年-1年、1-2年……			
	1個月			
六、溝通	除直屬主管及部門同事外，你尚需與哪些人接觸？（註明與你接觸的人的職稱、所屬部門、接觸的性質，如對象太多，請儘量加以歸類）			
	QA，數據有OOS產生			
	VA，系統確效			
	Production，生產			
	Utility，維護			
七、直屬主管填列	學歷	本工作所需最低教育程度為何？		
	經歷、訓練	從事此一工作的新進人員必須具備哪些工作經驗或訓練，其工作表現才能符合要求？		
		所需經驗、訓練的時間要多久？		

<table>
<tr><td rowspan="3">七、直屬主管填列</td><td rowspan="3">人格特質</td><td colspan="2">擔任本工作新進人員除具備上述學經歷外，尚需具備哪些人格特質，其工作表現與工作績效才能達到平均水準？例：積極主動、責任感、擅溝通、耐心、合群……</td></tr>
<tr><td colspan="2"></td></tr>
<tr><td colspan="2"></td></tr>
<tr><td rowspan="2">簽署</td><td colspan="2">職務擔任人：</td><td>直屬主管：</td></tr>
<tr><td colspan="2">日期：</td><td>日期：</td></tr>
</table>

註：1.本表請以目前實際狀況填寫，於一週內填寫完畢送交工作小組轉交顧問，以作為製作工作說明書參考。

2.填表人如有工作項目與其他工作同仁重疊時，請向直屬主管提出並討論之。

3.填寫此表如有疑問，請向工作小組尋求協助。

資料來源：精策管理顧問公司。

四、工作日誌法

日常工作紀錄通常被用來研究日常性工作或重複性工作的職位，需要詳細的記錄和檢驗（約一個月內的紀錄，以保證資訊的可靠性與完整性）。由於此一方法會要求任職者記錄工作時間，因此比其他方式更容易干擾任職者的工作。另外，組織圖、作業流程圖、負責編制的報表等，亦是提供資訊的重要參考。

五、特殊事件法

特殊事件法是記錄工作中特別有效或無效的員工行爲，當記錄數量足夠時，即可提供相當資訊。

六、實作法

實作法是觀察任職者的工作內容，對研究重複性工作爲主的職位非常有用，藉由短期的觀察便能完全瞭解該職位。如果研究者的觀察不會影響任職者的工作，第一手的觀察資料將可幫助確認員工工作（職位）的價

值。利用實作法時，需要花費較多的費用、人力以及培養專門技術人員，它主要使用在勞力性的工作分析較爲適合。

七、綜合法

綜合法是以上所說明的各種方法中，任何兩種以上方法合併（混合）使用而蒐集資訊的方法。因爲任何工作資訊蒐集方法都有其優缺點，所以合併使用時，它可彌補單一工作資訊蒐集的缺陷，由此獲得的資訊將更加完整，更加有效。

不論使用上述何種方法蒐集資料，在進行工作分析的過程中，最重要的是設計工作分析表及訓練工作分析人員。實務上，工作分析人員常由人力資源部門人員和部門主管共同擔任，而工作分析表格的設計，則必須根據企業的組織型態、工作評價的對象和工作的性質而做不同目的的設計。

第四節　工作分析步驟

工作分析過程分爲：工作分析準備、工作分析設計、工作調查、工作資訊分析、編制工作說明書等步驟。透過工作分析，提供有關工作的全面資訊，以便對組織進行有效的管理。

表2-5　工作分析的步驟

步驟	說明
一	確定工作分析的用途，以決定所需資料的型態與蒐集資料的方法。
二	審查相關的背景資料，如組織圖（顯示整個組織之分工情況，所分析的工作與其他工作之關聯性）、流程圖（提供比從組織圖所能得到更為詳盡的工作流程）及現有的工作說明書，以確定所分析工作在組織中的定位。
三	選擇具代表性的職位來分析。
四	根據工作活動、所要求的員工行為、工作環境以及執行此項工作所必需的人員特質與能力等所蒐集到的資料，實際地分析工作。
五	重新檢視現職工作的資訊。由工作現職者與其直屬主管加以確認，確保資訊的正確性與完整性。
六	發展工作說明書與工作規範。

資料來源：丁志達主講（2018）。「薪酬福利規劃與管理實務訓練班」講義。台灣科學工業園區科學工業同業公會中區辦事處編印。

一、工作分析準備

工作分析準備，分為下列四項：

1.獲得管理層的支持：企業在進行工作分析之前，一定要取得最高管理階層的支持，用人單位才會樂於配合，人力資源部門的推動才不費力。人力資源部門人員在和管理階層溝通時，應該讓他們瞭解工作分析將可以使他們更加清楚知道部屬在做些什麼，而且讓他們知道公司的用人費用的確是花得很恰當與合理。

2.取得員工的認同：員工對工作分析的認同是相當重要的。如果公司的管理階層沒有做好溝通的工作，告訴員工工作分析的目的及過程，可能會導致負面影響，因為很多員工會對為什麼要做工作分析感到疑惑與誤解。

3.確認工作分析目的：確定取得的工作分析資料到底其用途要做些什麼、要解決什麼管理問題。

4.建立工作小組：分配進行工作分析活動的責任和權限，以確保分析活動的順利進行。由企業內部相關人員或委託管理顧問公司協助建立。

二、工作分析設計

決定要分析哪些標竿職位（選定容易與競爭行業比較的職位），以保證分析結果的品質，確定工作分析項目和工作調查的方法。

1.制定工作分析規範：包括工作分析的規範用語、工作分析項目標準書。

2.選擇訊息來源：包括任職者、管理者、客戶、工作分析人員以及有關工作分析手冊。

3.選擇工作分析人員：工作分析人員一般由顧問公司的專業工作分析人員擔任，也可以由公司人員中培訓後擔任。工作分析人員應具備一定的經驗和學歷，保證調查分析活動的獨立性。

三、工作調查

工作調查分為下列五項工作來進行：

1.準備工作調查提綱：包括工作調查日程安排、調查問卷格式與調查問卷。

2.確定工作調查方法：在多種工作調查方法中，選擇對本次工作調查適合的調查方法。

3.蒐集有關工作的特徵及所需的各種訊息數據：包括需要任職人員就調查項目做出如實的填寫或回答；訊息要齊全、準確，不能殘缺、模糊，採用某一調查方法不能將工作資訊蒐集齊全時，應及時用其他方法補充。

4.蒐集任職人員必需的特徵資訊數據：對各種工作特徵和任職人員特徵的重要性和發生頻率，做出排列或等級評估。

5.工作調查要點：工作調查前要做充分的準備（召開說明會、座談會等，使公司的所有涉及工作調查關係人員瞭解工作調查的方法、步驟，以利實施時的配合）、對調查員進行培訓（讓全體人員達成對工作分析的共識）、突出工作調查重點（必須事先對本次工作調查的重點加以確定）。

四、工作資訊分析

將工作分析所得的資料予以整理記錄。

1.審核蒐集到的各種工作資訊。

2.分析、發現有關工作和任職者的關鍵成分。

3.歸納、總結出工作分析的必要資料和要素（知識、經驗、操作能力、身體素質和心理素質等）。

五、編制工作說明書

將工作分析結果以書面的形式表達，形成工作說明書，按照統一的規格和要求進行編制。

工作分析是否能夠達到最佳的效果，誤差的防止是十分重要的。防止誤差要注意到選擇適當的工作與樣本（該職位擔當者衆，且具關鍵性地位與價值）、問卷調查的內涵要夠清楚、易理解。在工作環境變遷下，可能需要再重做一次工作分析（常昭鳴，2005：64）。

第五節　工作說明書編寫

透過工作分析程序所得到的資訊，可作成兩種書面記錄，一爲工作說明書，說明工作之性質、職責及資格條件等，以「工作」爲主角；一爲工作規範，則是由工作說明書衍生而來，著重在工作所需的「個人」特性與行爲，包含工作所需之技能、體力及能力（職能）等條件，這些皆是人力資源管理的基礎。

範例2-2

工作說明書的功能

類別	說明
一、公司管理制度	
組織及分權	由明確個人的工作職責與職權開始，進而明確每個部門的工作職責與職權，使組織內各部門的工作職責與職權更清楚。
員工任免	工作說明書中的工作規範部分，詳列了職位擔任者應具備的資歷與條件。因此，在人員的招聘或調派上有一個客觀而具體的任用標準。
目標管理	根據每一個職位設立的目標及其所負的職責，得以因應全公司的整體發展目標，訂定每一個職位的年度工作目標。

績效管理	每一個職位設立時的基本職責，即是賦予此職位去完成組織內一定功能之運作，若是這些基本職責無法順利完成，勢必會影響到組織內的運作或該功能無法完成。因此，每一職位所賦予的基本職責完成之狀況，也是每一職位在進行個人年度績效考核時的考核基準之一；而這些職責已全部列在崗位說明書中。
教育訓練	每份工作說明書在明確職責後，即可確切瞭解每個職位所需要的工作能力與技巧，並列入工作規範之中。因此，根據這份資料即可瞭解員工教育訓練需求，並可據此排定其訓練計畫。
薪資制度	工作說明書是實施工作評價的主要依據。以客觀的評價因素，依據每個職位所具備的職責，衡量每個職位在組織內相對的重要度與貢獻度，進而訂定薪資制度，給予每個職位相對合理報酬。
降低管理成本	在進行工作說明書建立的過程中，也可提供公司一個好機會，重新檢核作業流程，一來可節省作業時間，提升工作效益；二來也可藉此機會檢核人員配置是否合理。
二、主管管理作為	
部門工作規劃	藉著工作說明書之建立，主管可以明確計畫與分配部門內的職位類別與每一個職位所應承擔之職責，使得分工合理且有效率，甚至可因應未來發展。
領導統御	在明確規劃部門內的職責與部門應達成的整體功能時，主管即可透過溝通以整合所領導部門之運作。
控制監督	由於每一個職位職責明確，因此主管能很確切控制監督部屬的工作進展與成果。
績效管理	工作說明書中所列的主要職責，即是每一個職位在公司整體運作中應完成的使命。因此，這也成為員工個人工作表現評估的重要指標之一。
人力資源調整運用	由於工作說明書的建立，使主管明確的掌握部門內整體工作分配的狀況。因此，在因應人員變動、調度，或是因應公司內外部的變化與調整時，主管即握有一份基礎資料，可以立即加以調整規劃，以確定部門整體功能的達成與發展。
三、員工個人工作	
工作說明書的建立，可以使每一個員工明確瞭解自己在組織內所扮演的角色、所承擔的職責，與應該具備的知識能力。如此可使員工在工作時方向更明確，將時間及精力能充分且集中運用在自己所應完成的功能與使命，從而發揮與發展自己的才能。	

資料來源：《安徽省煙草專賣局：崗位研究、職能開發、目標管理及績效考核制度規劃專案企畫書》。松誼企業管理諮詢公司編印。

一、工作說明書的用途

工作說明書可以提供工作評價所需之情報，又可提供薪資結構建立一個合理的基礎。工作說明書的主要用途，在以有系統地記錄一些工作資料，以便比較各項工作。

1.工作說明書可作爲工作評價的基礎，又可提供日後工作重新評價的參考。
2.作爲人力資源規劃的基礎，預測從事某項特定工作者，需要接受多少培訓課程。
3.職位空缺需招考新人遞補時，可將工作說明書送請人力資源部門作爲撰寫招募廣告、遴選及配置在最適當的工作職位依據。
4.讓新進人員熟悉他的工作，並培訓新進人員。
5.從工作說明書上可輕易得知員工的工作職責，使每一個人更瞭解他們目前從事的工作。
6.澄清各工作之間的關係，以避免發生責任重疊和無人負責的現象。
7.利用工作說明書設定績效目標，並作爲員工績效考核之基準。
8.利用工作說明書擬定員工未來職涯發展之用。
9.爲各部門內各階層設定升遷途徑，使他們事先瞭解職務工作內容。
10.工作說明書可提供新接任主管之參考，俾利於瞭解職掌管轄範圍。
11.工作說明書可作爲薪資調查時的參考資料。
12.從工作說明書可預測將來企業所需技術、知識，俾利於長期人力資源開發。
13.工作說明書有助於作爲組織重整規劃之參考與改善工作流程。
14.工作說明書可作爲懲戒怠惰者之依據。

規範工作說明書的描述方式和用語，關係到工作說明書的品質。標準的工作說明書格式應是「動詞＋賓語＋結果」。以動詞開頭，例如「編製」會計報表；賓語表示該項任務的對象及工作任務的內容，例如保管「印章」等。

表2-6　工作說明書常用的動詞

職別	管理職責	業務職責
決策層	主持、制定、指導、監督、協調、委派、考核、交辦	審核、審批、簽署、核轉
管理層	組織、擬定、提交、制訂、安排、布置、提出	編制、開展、考察、分析、研究、處理、解決、推廣
執行層	策劃、設計、提出、參與、協辦、代理	編制、蒐集、整理、調查、統計、記錄、維護、遵守、維修、辦理、呈報、接待、核算、登記、送達
範例	準備、監督和控制（動詞—做什麼）部門年度預算（對象—對什麼、對誰），以保證開支符合業務計畫要求（結果—什麼結果）。	

資料來源：丁志達主講（2019）。「薪酬福利規劃與管理實務訓練班」講義。台灣科學工業園區科學工業同業公會編印。

二、工作說明書記載的資料

工作描述必須具體、精確、完整、言之有物，並具有可讀性。工作說明書內容，應包括下列資料：

1.職位名稱：職位名稱是用於區別不同性質的職位，使人一看即知該份工作說明書所描述者爲何種工作。

2.工作摘要：工作摘要係對各職位工作內容、性質、任務處理方法的簡要描述，其目的在於說明該職位的工作內容，使有關人員透過此等說明，對於該職位目的的工作能有綜合性、概括性的瞭解。工作摘要的撰寫應力求簡單與清晰，切忌含糊籠統或文字冗長，必須能以簡潔文字描述出該工作的內容性質與處理方法。

3.職責說明：它係就工作摘要所描述的工作內容做更詳盡的說明。它可以描述或採用列舉等方式，詳細說明每一職位職務的性質、任務、作業程序與方法，所負責任、決策方式，俾使有關人員對該職位之職責能有細密而精確的瞭解與認識。用語應力求簡單、明晰而完整。工作分析人員尤應妥善整理，務必使職責說明可以表明該工作（職位）的職責全貌。

工作說明應妥善使用動詞，準確地表達各個職位的具體工作內容。工作說明書必須避免使用模稜兩可的詞彙，否則，它對設計有效的薪酬管理體系將毫無意義。

在書寫工作說明書時，在第一頁底部最好加上這麼一句話：「上面所描述的職責，只是本工作的主要功能，並非本工作所有職責的詳細內容。」在實務上，工作說明書是無法包括某項工作的所有職責，它只是記載其主要功能，這樣便足以適切地評估該工作，偶發性的職責很少填入工作說明書內。有了上述的那句文字，就可以防止員工拒絕填寫工作說明書。

工作說明書

人資部門經理（31- IC 設計）

直屬主管：台灣區資深人資經理　　職別代碼：8(13)

責任制：是　　保險級碼：

管理職：是　　薪資等級：

打字速度：每分鐘 25 字 或需快達至每分鐘 40 字

教育程度：大學畢業 並具 5~8 年相關工作經驗

摘要：

負責人力資源組織架構之系統管理及程序運作，以確保其有所適、其有所行，並在台灣區資深人資經理的帶領下發揮公司價值觀。

職位任務&責任：

1.直接報告給台灣區資深人資經理。

2.蒐集資料及維護檔案，管理員工之人事 、薪酬、福利等報告及其他由主管指派之任務。

3.執行人力資源管理系統，包含人員變動及缺勤紀錄等管理、薪資程序管理（包括個人薪資所得之報稅單）。

4.協助推動薪酬評價工具、福利政策與規劃之推動和實行。

5.薪酬評價方法之設計與實施，從公開管道去蒐集資訊及導入有關工資議題之問卷

調查，留意觀察特定產業的工資薪水之趨勢。
6.密切注意勞動法規及法令條文的更新變動，以確保公司之政策規定與計畫方案能確切符合當地政府法規要求。
7.管理和監督員工之福利，例如：全民健保、勞工保險、退休方案、團體保險及定期健康檢查。
8.負責新進員工之報到手續（包括新進人員訓練）。
9.協助研發部之替代役的申請程序。
10.提供受聘員工所需之工作證明文件，並協助出入境簽證與工作證之文件申請服務。
11.掌管一般行政工作，例如：辦公用品與設施，以及工作環境之衛生安全管理。
12.完成其他由主管所交辦之事項。

其他條件：

1.熟悉人力資源部門的運作。
2.曾任國際企業 IC/半導體公司至少 3～5 年做過人員招募、實行薪酬福利之推動、個薪所得稅範疇之工作經驗。
3.熟悉會計事務所之外稽查核、國際安規以及公家機關之接洽。
4.清楚人資系統之組織架構。
5.英語說寫能力精通者優先考量。
6.優秀的組織條理能力，可做到迅速有效之專案管理。
7.擅於溝通表達。
8.具有製造、倉管、經銷、財務等經驗者佳。

電腦技能：懂得使用微軟之文書軟體Word、Excel、PowerPoint；及Oracle 系統，熟ERP 系統的亦可，但非必要條件。

溝通技巧：可清楚地以書信與文字做溝通表達。

視力要求：可看近距離、色彩辨別、立體視覺及可視焦調整。

設備使用：會用到電腦、電話、傳真、影印機和一般辦公用具設備。

體能需求：需用到手與手臂、站立、坐著與屈身彎腰、交談表達與聆聽。

環境因素：於此所敘的工作環境情況，為受聘員工在執行此職位任務時主要會面臨的情況。可為身障之職員提供合宜宿舍。

工作環境的噪音程度通常為輕微的情形。

撰寫： 審查： 覆核：

承辦人員／日期 部門主管／日期 經理／日期

資料來源：黃文琪譯。引自：丁志達主講（2019）。「薪酬福利規劃與管理實務訓練班」講義。臺灣科學工業園區工業同業公會編印。

第六節　工作規範編寫

工作規範是說明員工在執行工作上所需具備的知識、技術、能力和其他特徵的清單，是屬於工作分析的另一項產品，一般放在工作說明書的後半部，其主要內容記載著工作行爲中被認爲非常重要的個人特質，針對「什麼樣的人適合做此工作」而寫，也是人員招募甄選的基礎，用來判斷某位求職者是否符合需求內容（以工作所需的知識、技術、能力）爲主。

一、工作規範的定義

工作規範通常應確定完成一項特定工作所需的最低資格，而不是要確定理想的資格。工作規範一方面在分析各職位工作內容與其他職位工作內容的對等關係外，一方面亦在規定擔任是項職位所需的知識、技能與人格特質（personality trait）。英國任用部出版的一本訓練名詞字彙，對工作規範所下的定義爲：「一個工作所牽涉到的體力及智力活動，以及必要時與工作有關的社會及實體環境事務的詳細說明。」工作規範通常是以行爲方式來表達，諸如工作人員所做的工作，從事該項工作時所使用的知識、所做的判斷，以及做判斷時所考量的因素。

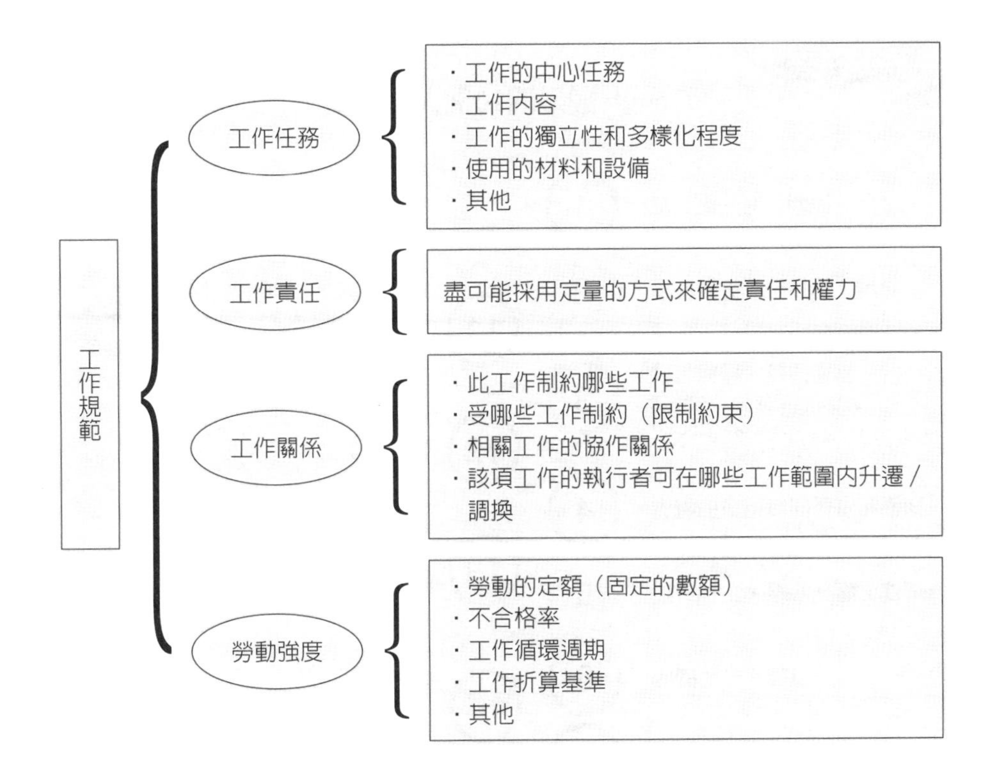

圖2-6　工作規範分析的內容

資料來源：宋湛編著（2008）。《人力資源管理文案》，頁111。首都經濟貿易大學出版社出版。

二、工作規範的撰寫原則

工作規範是由工作說明衍生而來，著重在工作所需的個人特質，是工作所包含技術和體力需求的主要說明，與強調工作內容、性質之工作說明書有所不同。良好的工作規範格式設計，要特別注意到每一個特殊因素，例如教育、經驗和工作環境等。工作規範雖然沒有標準的格式或規定的標題，但是依工作的類別而有所不同是必要的。例如：靠勞力的或靠腦力工作的，依組織型態之不同而異。

範例2-4

Google最愛的20個人格特質

1. 樂觀，有一點天真。
2. 謙虛，相信自己完成的事。
3. 喜歡搜尋、喜歡飆網。（這是一定要的啦，不然怎麼可能去Google上班呢！）
4. 珍惜和優秀同儕相處的機會。
5. 專注。專一心思，全神貫注。
6. 良善、光明的心。
7. 衆人皆醉我獨醒，反其道而行。
8. 喜歡挑戰。（即使是Google的廚師也要有能挑戰做各國口味菜色的勇氣）
9. 興趣廣泛，最好要喜歡一種運動，要喜歡美食。
10. 要有「看那是我們完成的」團隊精神，而不是「看我做的」。
11. 堅持「認真」地想做「對」的事。（即使佩吉和布林被許多人嘲笑搜尋引擎只是「用過即丟，把人潮帶到別人網站」的產品，但是他們還是堅持把這件事情做到好）
12. 靈感＋努力＋汗水。
13. 隨時學習，擁有好奇心。（布林說，Google Print就是他一種純然的好奇心使然，想把所有珍貴的絕版書放在網路上，滿足所有人的好奇心）
14. 不怕嘗試失敗。（Beta版，放在網路上，隨時可以拿下來）
15. 對工作一直保有熱忱。
16. 要能說服對方接受你的觀點。
17. 發展、懷抱願景，而不是只為賺錢。
18. 透明單純感，共享價值觀。（Google有葡萄酒，但沒有啤酒和烈酒的廣告）
19. 愛自由，贊成開放軟體。
20. 不怕嘗試失敗。（佩吉和布林都開hybrid引擎的車，同時以公司補助5,000美元來鼓勵員工購買hybrid的汽車）

資料來源：龐文眞（2006）。〈Google如何找人〉。《數位時代雙週》，第29期（2006/05/01-05/15），頁52。

工作規範的撰寫原則可歸納為：必須簡明扼要、避免累贅、偶然發生之職務應註明、設備與設計等應予識別，用處亦需描述清楚、職稱需統一、依據工作事實所得的結論需要置於陳述之後、主觀裁定之敘述必須與事實吻合，以及應交予實際執行者認可，以確保無誤。

三、工作規範撰寫的內容

在撰寫工作規範內容上，通常列入工作所需條件的項目，約有下列數項：

1.技能：如教育、經驗、智力運用、工作知識等。
2.責任：如對於他人的安全、他人的工作、使用的設備、材料或生產物料的種類、其他責任等。
3.體能：如站立、坐著、攀登、推舉、行走、身高、體重的要求等。
4.工作情況：如工作危險、工作傷害等。

工作規範是任職者為完成某種特殊的工作所必須具備的知識、技能以及其他特殊職能的說明。在編制工作規範時，要明確指出哪些工作技能對於完成這一職位的工作是重要的，而不能僅僅要求求職者有過在某職位上做了幾年的工作經歷，或擁有一個冠冕堂皇的頭銜。編寫工作規範時，其所列出的任何資格條件必須與工作有關（即確實的任用資格），而不是主觀判斷的隨意結果。

結　語

工作分析被譽為人力資源管理系統的「基石」，是理解工作本身任務、責任的最佳方法，但隨著知識經濟時代的到來和經濟全球化趨勢的發展，組織架構和流程需要不斷地適應內外界環境的變化而進行優化，甚至變革。工作分析在未來並不會消失，而是會適應組織的變遷，繼續在人力資源管理活動中發揮其獨特的基礎性作用。

工作分析結果後，便根據這些結果所訂的標準與評量因子來找尋職

缺所需要的人選，包括：知識、技能、能力、體能方面的活動、特殊的環境條件、員工有興趣的領域、決策、溝通、操作設備的能力、資訊處理的能力，以及誠信、可靠等人格特質。一家企業如果不重視工作分析，所謂人力資源管理就是無源之水，無本之木。

第三章　工作評價

- 工作評價概念
- 工作評價：定性法
- 工作評價：定量法
- 工作評價方法的選擇
- 薪資給付制度類型
- 結　語

騰蛇無足而飛，梧鼠五技而窮。

——《荀子・勸學》

故事：一個鐘點的服務

聽說人類最古老的行業之一：應召女郎。這個行業正如許多以鐘點費計價的行業如企管顧問、心理醫師等。應召女郎是一種顧問，發揮她在誘惑與提供歡愉這方面的專業知識與經驗，這項專業技能與知識正是顧客所需要的，並且願意付出費用的。

她需要一定的條件，不是工程師或老師那種能力，不過，至少需要一種表演的能力，或者是情境塑造的能力（職能）。這份職業通常需要蕾絲內衣、長絲襪與吊襪帶及容易脫、穿的衣服，當然，也許更重要的是要讓客户覺得提供服務者真正打從心底的喜歡與他做愛，絕不是應付，敷衍了事，這才值得客户花上兩百美元買她一個鐘點的服務。

這個行業也有許多風險，例如人老珠黄，很快過氣的風險，被警察逮到的風險，遇上剝削或以毒品控制旗下女人的老鴇的風險，當然，更有碰到所謂「奧客」暴力相向或喜歡使用鞭子、手銬類的助興器具的客户風險，此外，更重要的是這個行業的「形象」欠佳，所以在這種情況下，當然價碼相對高昂，這也算是一種經濟學上所說的風險溢價吧！

小啓示：工作評價是根據工作之責任、繁簡難易、所需技能（如體能、教育程度、智能）、作業環境（溫度、濕度、汙染、危險性）詳加比較衡量，決定各項工作的相對價值、評定等級，以確定這項工作（職業）價值所得到的報酬依據。

資料來源：栗筱雯譯（2004）。珍妮特・安吉爾（Jeannette L. Angell）著。《女教授應召實錄》；引自江上雲（2005）。〈黑巷底裡的幽暗人生〉。《財訊雜誌》（2005/08），頁298-299。

建立一套以職責爲基礎的工作（職位）評價（job evaluation）制度，以及反映多元專業、連結市場行情的薪資結構，是現代企業身處於激烈競爭環境中，刻不容緩的最佳實務做法。

工作評價的前提是工作分析，工作分析的產出是工作說明書中職責及任職資格等描述，都是工作評估的重要依據。工作評價產出的職等，則是薪酬架構設計的前提。在工作評價過程中，可能需要將某個工作與其他工作進行比照，或者將某個工作與預先確定的標準進行比對，是薪酬制度設計的關鍵步驟。

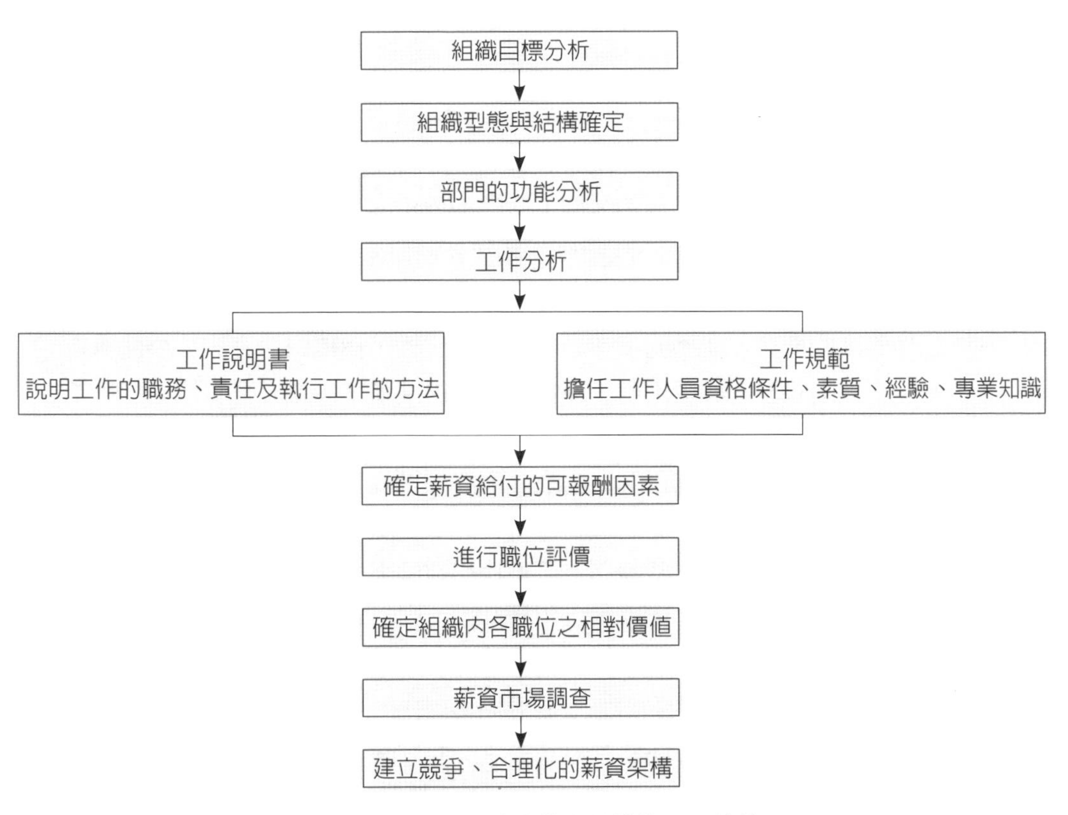

圖3-1　職位評價在建立薪資結構的過程地位

資料來源：丁志達主講（2019）。「薪酬福利規劃與管理實務訓練班」講義。台灣科學工業園區科學工業同業公會編印。

第一節　工作評價概念

工作評價是以工作分析的結果爲基礎，透過一些方法（例如工時研究、勞動心理、生理衛生、人機工程和環境監測等）來確定企業內部不同工作之間的相對價值。早在十九世紀末葉，弗雷德里克．泰勒（Frederick W. Taylor）倡導科學管理時，已開始採用工作評價，但至第二次世界大戰時，企業界的使用率才逐漸地增加。工作評價要研究的是組織內的各種「工作」，而非研究「個人」。

一、工作評價的目的

工作評價著重在解決薪酬的對內公平性問題，目的在決定工作之間的相對價值，比較組織內部各個工作的相對重要性，得出工作等級序列、爲進行薪資調查建立統一的工作評價標準，消除不同企業間，由於職位名稱不同，或即使職位名稱相同，但實際工作要求和工作內容不同所導致的工作難度的差異，使不同工作之間具有可比性，爲確保薪資的公平性奠定基礎、促進管理者與員工對工作與薪資獲得共識。

工作評價是工作分析的自然結果，同時又以工作說明書爲依據。爲了達到評估工作價值的目的（薪酬計算的標準），在進行工作評價之前，應先對該項工作進行詳細的職務分析，以取得職務內容的有關資訊，然後組成評價委員會，從這些職務資訊中找出報酬因素，例如：職務責任、職務條件、職務所需要的技能與努力程度等，據此評估每項職務的相對價值，並給予適當分數，在得到每項工作的價值分數後，即可根據一定比例計算出各職務應有的薪資水準。例如沃爾瑪（Walmart Inc.）即是以知識、問題解決技能、責任要求爲基礎設計的報酬因素。

由於工作評價所決定的薪資是根據各職務的相對評分換算而來的，只要評估過程能夠做到公正與客觀，應能達到薪資內部公平的目標。

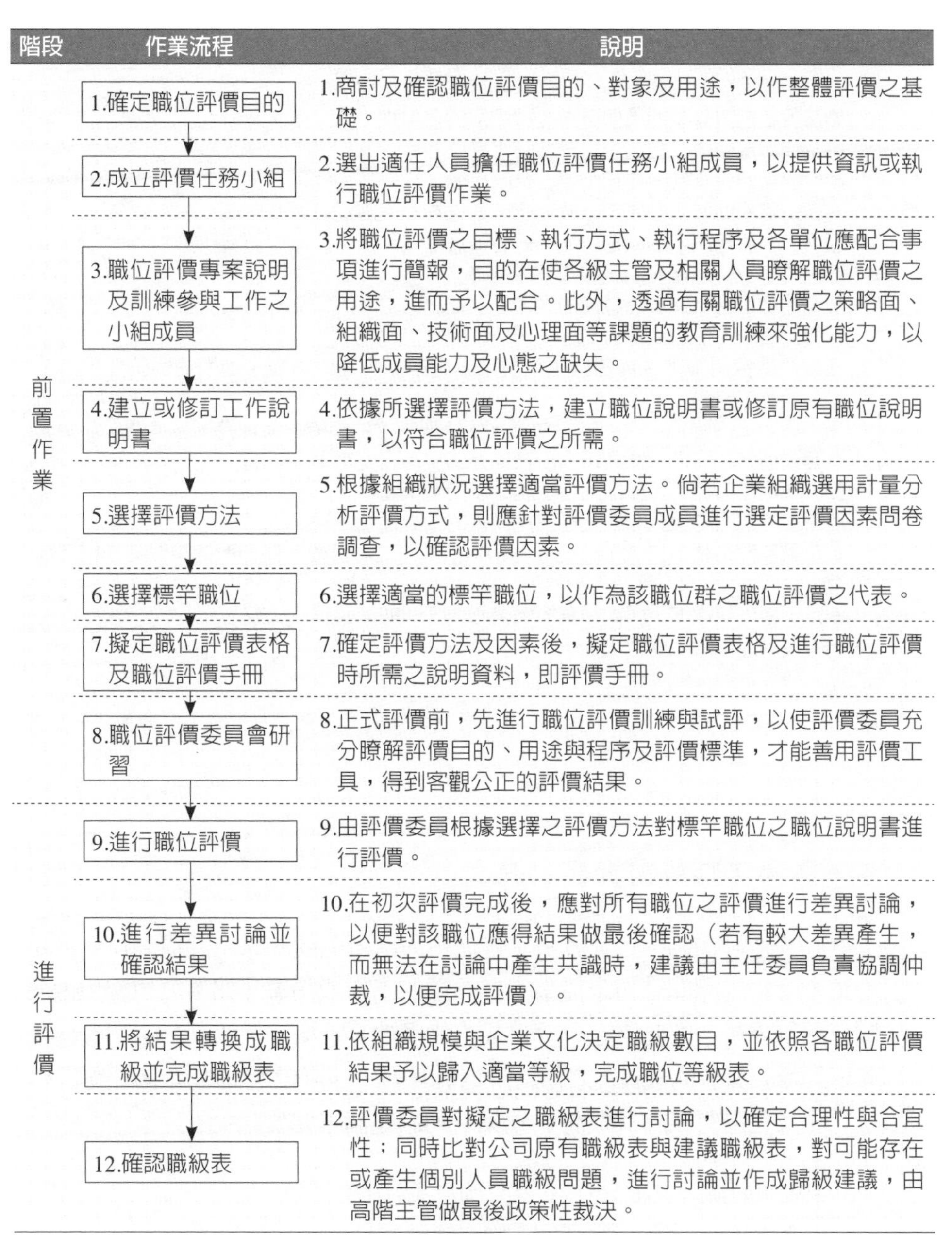

階段	作業流程	說明
前置作業	1.確定職位評價目的	1.商討及確認職位評價目的、對象及用途，以作整體評價之基礎。
	2.成立評價任務小組	2.選出適任人員擔任職位評價任務小組成員，以提供資訊或執行職位評價作業。
	3.職位評價專案說明及訓練參與工作之小組成員	3.將職位評價之目標、執行方式、執行程序及各單位應配合事項進行簡報，目的在使各級主管及相關人員瞭解職位評價之用途，進而予以配合。此外，透過有關職位評價之策略面、組織面、技術面及心理面等課題的教育訓練來強化能力，以降低成員能力及心態之缺失。
	4.建立或修訂工作說明書	4.依據所選擇評價方法，建立職位說明書或修訂原有職位說明書，以符合職位評價之所需。
	5.選擇評價方法	5.根據組織狀況選擇適當評價方法。倘若企業組織選用計量分析評價方式，則應針對評價委員成員進行選定評價因素問卷調查，以確認評價因素。
	6.選擇標竿職位	6.選擇適當的標竿職位，以作為該職位群之職位評價之代表。
	7.擬定職位評價表格及職位評價手冊	7.確定評價方法及因素後，擬定職位評價表格及進行職位評價時所需之說明資料，即評價手冊。
	8.職位評價委員會研習	8.正式評價前，先進行職位評價訓練與試評，以使評價委員充分瞭解評價目的、用途與程序及評價標準，才能善用評價工具，得到客觀公正的評價結果。
進行評價	9.進行職位評價	9.由評價委員根據選擇之評價方法對標竿職位之職位說明書進行評價。
	10.進行差異討論並確認結果	10.在初次評價完成後，應對所有職位之評價進行差異討論，以便對該職位應得結果做最後確認（若有較大差異產生，而無法在討論中產生共識時，建議由主任委員負責協調仲裁，以便完成評價）。
	11.將結果轉換成職級並完成職級表	11.依組織規模與企業文化決定職級數目，並依照各職位評價結果予以歸入適當等級，完成職位等級表。
	12.確認職級表	12.評價委員對擬定之職級表進行討論，以確定合理性與合宜性；同時比對公司原有職級表與建議職級表，對可能存在或產生個別人員職級問題，進行討論並作成歸級建議，由高階主管做最後政策性裁決。

圖3-2　工作評價作業流程圖

資料來源：常昭鳴編著（2005）。《PHR人資基礎工程——創新與變革時代的職位說明書與職位評價》，頁140。博頡策略顧問公司出版。

表3-1　工作評價的目的

·確定組織目前的職務架構，並劃分其責任與管理權限。 ·衡量各職位對公司的價值，並維持內部的公平性。 ·將各項職務間建立有次序、符合公平性的關係。 ·確保核薪的合理性，並在市場上具競爭力。 ·將各項職務的價值發展成一個階層，並根據此階層建立薪資結構。 ·使員工對於組織內的職務功能與薪資關係達成共識，以減少勞資糾紛。 ·作為建立及管理薪資制度和政策的基礎。 ·釐清各職位的職責及應具備的條件，以作為考選、訓練和升遷之依據。 ·作為評估新職位的依據。 ·在工作價值明確下，評定獎工制度之基礎更為合理、可靠，進而使員工能爭取工作，願意付出心力。 ·在一個組織內建立一般的工資標準，使之與鄰近地區的企業保持同等待遇，並使其具有預期的相對性，從而符合所在地區的平均薪資水準。 ·在一個組織內建立工作間的合理差距及相對價值。 ·使新增的部門能與原有的工作保持適當的相對性。 ·確定各部門每種職位或工作之間的相對價值，並和其他不同部門的類似工作相互聯繫。 ·制定一種比較標準，與同業其他機構相同工作的待遇做一比較。 ·一種控制人工成本的方法。 ·減少勞資糾紛、促進勞資合作。

資料來源：丁志達主講（2020）。「薪資管理與設計實務講座班」講義。財團法人中華工商研究院編印。

二、蒐集工作評價資訊來源

在工作評價前，企業會決定是使用內部所組建的職位評價委員會或是聘請企管諮詢顧問公司來從事工作評價的工作或指導。如果公司採用內部職位評價委員，則要決定成員組成的代表性，組織一個較具公信力的內部職位評價委員會的成員，將幫助降低員工對工作評價過程的焦慮和懷疑。

企業在進行工作評價時，蒐集下列的幾個主要資訊：

1.蒐集有關工作資訊，主要來源於工作說明書。

2.遴選職位評價人員，組成職位評價委員會。

3.根據專家設計工作評價方案框架，經由職位評價委員會討論確認後執行。

4.當所有工作評價結束後，將結果綜合在一起評論，以確保評估結果的合理性和一致性。

三、工作評價制度在管理上的價值

企業爲使工作評價順利推動，常需建立一套制度或作業流程以資配合，方可收事半功倍的效果。工作評價制度在管理上的價值，分爲以下幾項說明：

1.工作評價方案可顯示出企業中各工作之間的關係，員工才能接受他的工作與薪資。
2.依據工作評價方案所建立的制度，使新的工作可以適當地安插進來，因而可建立了一套健全而易理解的標準，使新的工作與制度中原有的舊工作銜接起來。
3.工作評價方案是根據事實與原則建立的，使能被管理階層及員工接受。這些原則與公正的方法，才能向員工證明企業所用的計算薪資方法是公平的。
4.工作評價方案把薪資制度與個人劃分開來，被評價的是工作而不是執行工作的員工本人。任何工作都先規定好一定的薪資，無論是誰，只要做這份工作，便可領到事先訂好的薪給。
5.工作評價制度讓員工瞭解那些職務是他們必須履行的，根據每個因素來衡量該工作的價值，不是預設立場的。
6.有了工作評價制度後，管理階層對各部門的功能、部門之間的關係，以及部門內各課（組）別之間的關係會有更多的瞭解。工作評價也使部門的權限與責任得以廓清。
7.有了工作評價制度後，員工工作的重疊與不必要的活動可以降到最低的程度，以利重新調整部門內的工作情況，重新分派職責，提高工作效率。

在不斷變化的工作環境中，一個適當的工作評價體系是相當重要的。工作分析資料的運用是在人力計畫方面；工作規範是招聘和任用的標準，同時也是培訓和開發的依據；績效考核係根據員工完成工作說明書中規定的職責的程度評估，這是績效評價公平的基準；工作評價是決定報酬內部公平的首要方法。工作評價資訊對員工的職涯規劃（勞動關係）也很重要，當考慮對員工進行晉升、調動或降職的人事問題時，透過工作評價獲得的資訊，常能導致更爲客觀的人力資源管理決策。

四、與員工溝通的要領

任何組織實施工作評價之目的，並不在減低成本，而是希望作爲公平支付薪資的基礎。在實施工作評價之前，必須先建立正確的工作評價觀念，有計畫地向主管與員工在公開場合宣導，促進彼此之間觀念的溝通。只有得到管理階層與員工的同意與瞭解，才能取得眞誠的合作。

溝通的目的，是讓員工接受評價過程和最終評價結果，這需要公開、誠實和準備足夠的訊息，讓員工去理解將要發生什麼和將怎樣影響他們的所得（收入）。

表3-2　實施工作評價前與員工溝通要項

- 解釋將現存制度改為預定實施制度的必要性。
- 強調評價計畫的本質是將單位裡的工作彼此比較而不是在評估員工。
- 向員工詳細講解評價過程和每一步驟的行為方式。
- 告訴員工負責計畫的委員會名單，以及從哪裡可以獲得更多的有關職位評價計畫資料。
- 表明職位評價計畫的目的，是建立適當的薪資結構而與工作人數無關。
- 強調不因實施職位評價計畫而解僱員工。
- 各項工作設立了等級後，會將各等級納入薪資給付（薪給）等級中，並為薪給等級設定工資率，消除了以人為標準的工資給付。
- 說明新的薪給等級是在何時開始實施，而且所有的員工從哪一天開始便要依據新的薪給等級制度給付工資。
- 職位評價後，應當升級的員工會立即晉升，當然有些工作很可能評價後，等級比目前的要低，這些員工的薪資不會減少，但是要將他們歸入「紅圈」的員工，凍結薪資。

資料來源：丁志達主講（2019）。「薪酬福利規劃與管理實務訓練班」講義。台灣科學工業園區科學工業同業公會編印。

企業在進行工作評價時，應注意到下列幾點：

1.工作評價所評價的是職位本身，而不是用於評核員工在這個工作中的績效。
2.在工作評價之前，工作評價委員會的成員應充分理解所評價工作的資訊。
3.各職位的工作評價結果應進行比較，在評價初期，先進行標竿職位評價，即在不同的管理層級各選一種職位（工作）先進行評價，然後以此做標準進行評估。

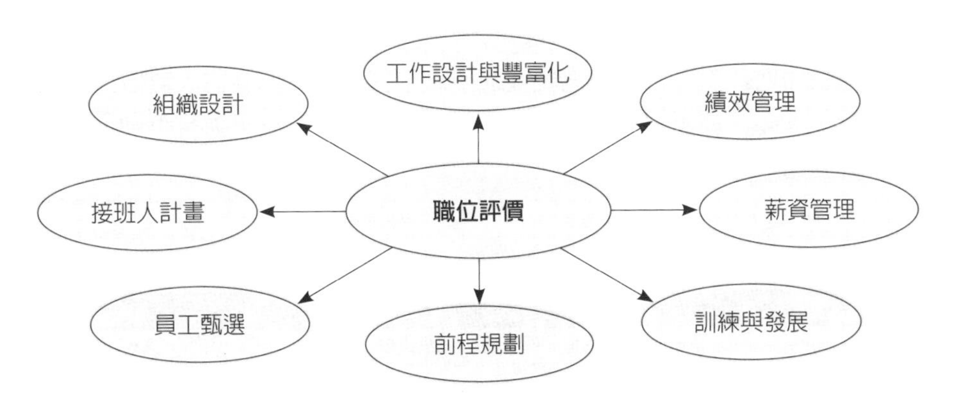

圖3-3　工作評價制度的應用

資料來源：「職位評價與薪資管理研討會」講義。美商惠悅企業管理顧問公司台灣分公司編印。

第二節　工作評價：定性法

工作評價之對象爲「工作」，係對工作「質」與「量」的衡量，因工作之價值捉摸不定，故必須有一套客觀標準方法爲衡量工具。工作評價計畫，通常由下列四種基本的變化所組合：排列法（ranking method）、工作分類法（job classification method）、因素比較法（factor comparison

method）和因素點數法（point-factor method）。排列法與工作分類法通常稱爲定性法（非量化法），主觀、隨意性大，因爲它沒有將工作價值之間的區別予以定量化，通常是規模較小的中小型企業在使用。

一、排列法

排列法（工作評等法）爲最早、最單純的工作評價方法。選定某項特定總體因素（例如工作困難度），將公司內的所有工作，按其重要性的大小、工作的困難度或價值的高低依序排列。例如：經理層爲一個級別，主任層在另一個級別上，就形成了一套工作評價系統了。

工作評價委員透過交替法決定工作排列排序。在做排列法評價工作時，應全面地評價該工作的重要性或價值，首先由每個評估人員做出各自的判斷，然後在評價委員會議上，將所有成員的評估結果進行平均，最後列出排列順序。

表3-3　排列法實施步驟

步驟	做法
取得工作資料	第一個步驟是工作分析。準備每個工作的工說明書，以作為排列的基礎。
選擇評估者及決定評估的工作	對組織內所有的工作均予以一一排列通常不切實際，而是按部門或集群處理（例如直接操作員、事務員）。
選定報酬因素	在排列法中，普遍採用一個特殊因素作為比較基礎。但不管選擇何種因素，此一因素須仔細加以定義，以便評估工作得以一致。
進行評估排列	最簡單方法依序排列法，各發給評估者一套索引卡，每張卡片均說明工作性質，然後由評估者按高低排序；另一些評估者可能採用交替排列法做更正確的排列。其方式是先選出得分最高的卡片，再選出最低分的卡片，然後再選出次高者及次低者。例如有10個不同職位評價時，在使用這種方法時，評估人員首先確定出最重要的職位標示為「1」（最高順序號碼），然後確定最不重要的職位標示為「10」（最低順序號碼），接下來評估人員確定第二個最重要的職位和第二個最不重要的職位，分別標示為「2」和「9」，餘則類推，直到排列順序完成。
集合評估人員	由評估者分別評估，最後再綜合其評估情形，取得折衷方案。

資料來源：吳秉恩主講。「工作評價與薪資管理」講義。中華企業管理發展中心編印（編號：1873）。

排列法只產生這些工作的順序，並沒有指出各個工作之間的相對困難度。例如一個第四等級的工作，並不必然會比一個第二等級的工作困難高兩倍。所以，排列法是最少被採用的工作評價方法（不客觀）。

排列法最容易操作，而且易於說明，花費時間較少。然其缺點在於評估人員太依賴於「猜估」（例如猜測整體的工作難度）。且對於決定相對價值並無衡量的基礎，只排出工作價值高低，而無法表達出相對價值差異倍數程序。

二、工作分類法

工作分類（工作分級）系統的核心，首先確定許多職位等級或類型，然後對每類（級）工作進行一系列描述（定義）。描述必須十分具體，包括：工作的困難度與多樣性、接受及施予監督的程度、運用判斷能力的程度、需要創造力的程度、人際工作關係的特性與目的、職權範圍與影響、所需資格條件等，同時也必須相當廣泛，以涵蓋各種不同的職位。根據這些報酬因素，編寫出等級說明書。接著職位評估委員須檢視所有工作說明書，然後將各類項工作歸入各個集群或等級。

表3-4　工作分類法設立的步驟

1.讓所有的員工知道這項即將實施的計畫。 2.更新企業的組織結構。 3.確定各部門的職責。 4.決定職位的數量多寡（標竿職位）。 5.為每一個職位準備一份「工作調查問卷」。 6.撰寫「工作說明書」。 7.為各等級（報酬因素）下定義，並說明每一等級所需要的技術水準。 8.讓負責分等的委員會查閱每一份工作說明書，把各個工作說明書與等級定義作一個比較，以決定適合的職等。 9.為每個職等訂定薪資標準。 10.將這項評估的結果通知人力資源部門、各主管及各從業人員，以實施新的薪酬制度。

資料來源：丁志達主講（2009）。「薪資規劃與管理實務研習班」講義。財團法人中國生產力中心編印。

設計工作分類法時，企業需要的等級數量，則要根據各個被評價工作的技能、責任、職責及其他資格條件的範圍而定，通常等級在九至十五類最適宜，少於九個等級，就可能表明沒有充分工作之間的區別，多於十五類，又似乎表明工作之間的區別又多了許多人爲的因素在內。

工作分類法主要優點在於將工作加以歸入集群，可避免逐一工作評估之麻煩。其缺點在於編寫集群或等級說明書，就整個工作予以評價不太容易，並不一定精確，而且在進行時需要相當多的判斷力。現行美國公部門實施「政府績效成果法」（government performance and results act），大幅簡化現行工作分類制，賦予各機關彈性以訂定職位分類及薪給制度。

表3-5　工作分類法注意事項

1.工作（職務）說明書上的有關內容是進行職位分類的基本依據。一個職位不能同屬於兩個職系，只能劃歸於一個職系。（單一性原則）
2.當一個職位的工作性質分別和兩個以上的職系有關時，以歸屬程度高的那一職系爲準，來確定其應歸屬的職系。（程度原則）
3.當一個職位的工作性質分別和兩個以上職系有關、且歸屬程度又相當時，以占時間較多的職系爲準，來確定該職位的類別。（時間原則）
4.當一個職位的工作性質分別和兩個以上職系有關、歸屬程度相當且時間也相等時，則以主管單位的認定爲準，來確定其應歸屬的職系。（選擇原則）
5.對易混亂的職位，可按業務工作相近的職位劃分爲技術類、行政類、業務類的職門系列。（分門別類原則）
6.將職門內的職位，根據業務工作性質基本相同的標準職位劃分爲職組系列。
7.將職組內的職務再根據業務工作性質相同的標準劃分爲職系系列。
8.對於具體的職系的名稱、包含職務的範圍可以查閱有關職務分類辭典。
9.根據職位的繁簡難易程度、責任的輕重、所需人員任職資格的條件來區分。

資料來源：丁志達主講（2019）。「薪酬福利規劃與管理實務訓練班」講義。台灣科學工業園區科學工業同業公會編印。

第三節　工作評價：定量法

因素比較法與因素點數法通常稱爲定量法，相對定性法而言，更爲科學、客觀化，因爲它將一個職位與另一個職位進行定量區分。

一、因素比較法

因素比較法是由尤金・班吉（Eugene Benge）和愛德華・海（Edward N. Hay）於1926年修正評分法，爲費城捷運公司發展的工作評價。它首先確定職位的因素，然後在同樣的因素上對各個職位進行比較。此方法是以金額爲計算單位，可將各種毫無關係的工作加以比較評價，較富伸縮性，其適用的範圍較廣。

因素比較法必須先選出適當的評價因素爲評價標準，然後將標竿工作依其在評價因素上的相對重要性予以排列，並將現行薪資比率分配於選定的因素上，最後再按照因素比較結果分配薪資的多寡。例如，海式諮詢公司（Hay Associates）採用的工作比較法，注重三項報酬因素：技術訣竅、解決問題的能力和所擔負的義務。有時，在相應危險程度的評價中，也會考慮第四個因素——工作條件。

(一)工作評價前置作業

進行工作評價前置作業，包括：確定工作評價目的、工作評價專案提報與說明，以及成立職位評價委員會、選定標竿工作等項。

(二)選定評價因素

評價因素的選定，可從工作智能、技能、體力、責任與工作環境等工作特性要素來考量。對於直接職務與間接職務工作屬性之差異，作不同層面的分析，繼而在產業特性、經營者理念、組織結構、企業文化作爲工作價值衡量依據之下，分別選出直接人員與間接人員之評價因素。

(三)撰寫評價因素的定義

評價因素選定後，應於明確清楚的定義，以供評價人員後續評價工作上有一致的評價標準，避免認知上的差異或混淆，以減少評價人員之爭議。

(四)撰寫評價手冊

當完成前述評價因素後，即可將之彙整撰寫成工作評價手冊，以供

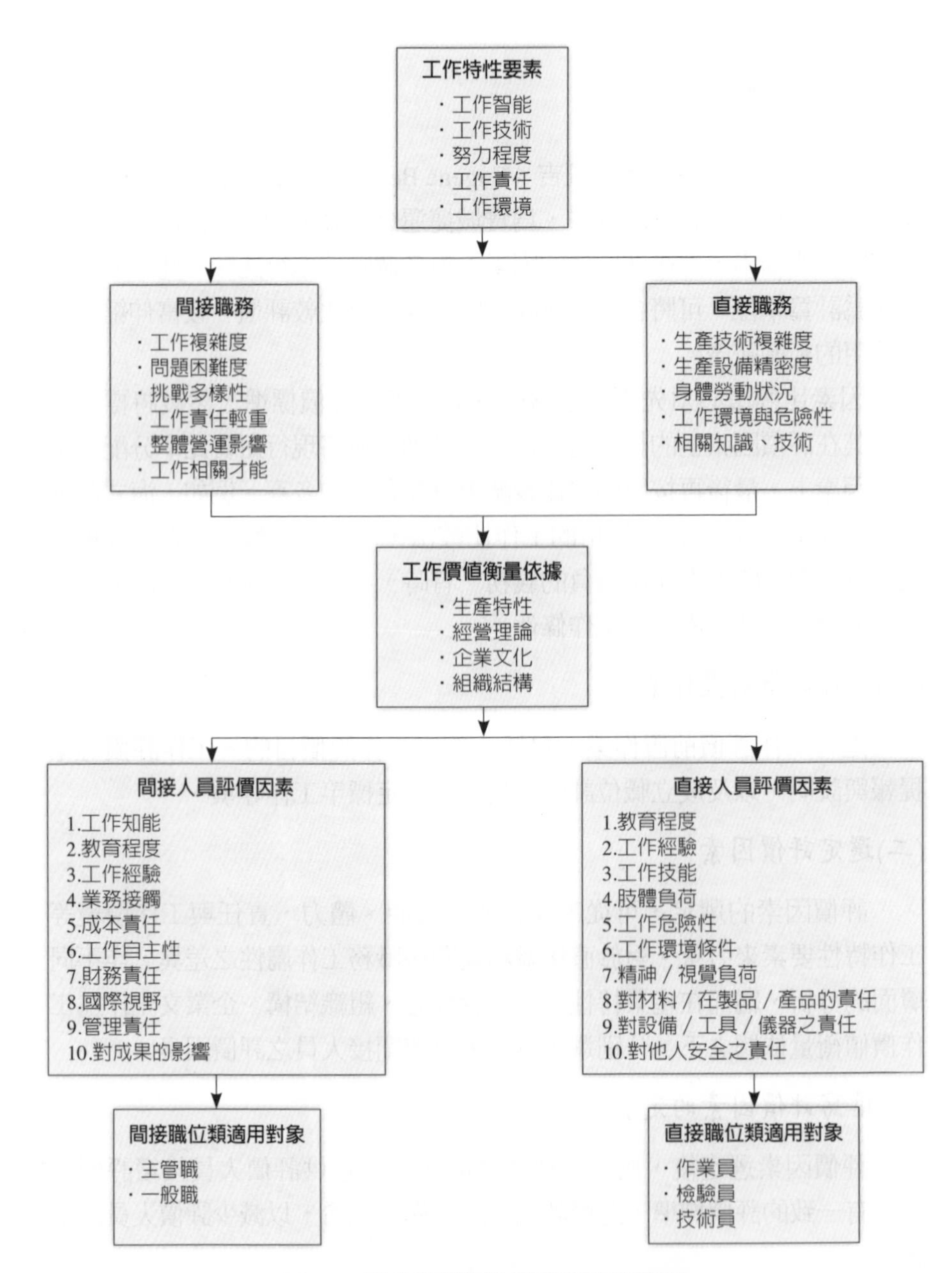

圖3-4　職位評價因素選定程序示意圖

資料來源：常昭鳴（2010）。《PHR人資基礎工程：創新與變革時代的職位說明書與職位評價》，頁157。博頡策略顧問公司出版。

評價委員於評估時據以參考之資料。評價手冊中應包含評價因素、定義、標竿工作說明書、記載評價排列結果等相關表格。

(五)評價委員個別進行評價排列

評價委員於熟讀工作評價手冊後，將所有標竿職位（工作）依其在評價因素上之相對重要性予以排列，以得到各個因素之評價排列結果。

(六)共同討論評價結果

當所有評價人員完成個別評價後，即召開評價委員會議，一一檢視討論在評價因素上標竿工作排序順序。倘若評價人員對於排序順序有所差異時，應由持不同意見的評價人員分別提出理由說明，直到評價人員達成最後共識，所有評價因素排序確認完成。

(七)分配各職位現有的薪資到每一個因素上

當前項排序完成後，即由評價委員依每一個因素之重要程度，將各工作現行薪資分別分配到每一個因素上。

(八)建立工作比較標準表

完成前述標竿工作因素薪資之分配後，即可據以建立工作評價標準表。

(九)評價其他工作

當前述工作完成後，評價人員即可依工作評價標準來評價其他工作（常昭鳴，2005：155-160）。

二、因素點數法

因素點數法（點數加權法）是由美林・羅特（Merrill Lott）於1925年所創，爲現在定量工作評量的基礎，許多學者認爲到目前爲止是所有工作評價方法中最盛行的一種職務評價方法。

因素點數法是確定各個工作的重要性，並給每一個工作一個分值，各個工作按照確定的因素和分值進行比較，它獲得最高分的工作，就是最

圖3-5　建立因數比較法的步驟

資料來源：林富松、褚宗堯、郭木林譯（1983）。Bartley, Douglas L.著。《工作評價：工資與薪資的管理》（*Job Evaluation: Wage and Salary Administration*），頁33-49。現代關係出版。

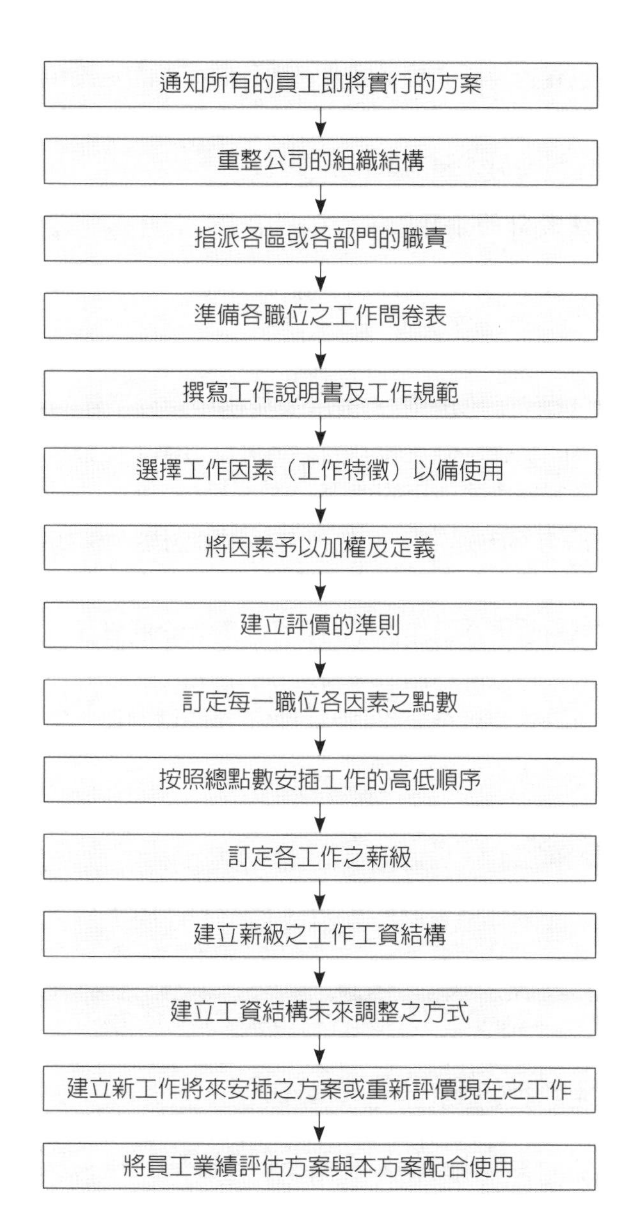

圖3-6　建立點數加權工作評價方案的步驟

資料來源：林富松、褚宗堯、郭木林譯（1983）。Bartley, Douglas L.著。《工作評價：工資與薪資的管理》（*Job Evaluation: Wage and Salary Administration*），頁49。現代關係出版。

重要的工作，薪資也最高。衡量標準包括各個因素的定義和程度，以及各個程度所占的點數，例如：文書與生產的工作需要不同的基準；評估管理與專業性的工作需要另一個基準。

(一)因素點數法設計的步驟

設計因素點數法，有下列四個步驟：

◆步驟1：選擇報酬因素

報酬因素（確定評價因素）指用來描述和區分工作的因素，它是企業支付員工薪酬的依據。確定報酬因素是可以透過工作分析、職位評價委員會決定或參考其他企業使用的要素。

因素點數法方案，通常使用七到十個報酬因素，例如技能、責任、努力和工作條件。技能因素可分解爲教育程度、經驗、創造力能力等；責任因素可分解爲對設備及工作程序的責任、對安全的責任、對產品品質的責任等；努力因素可分解爲體力、腦力等的付出；工作條件可分解爲各種工作環境的性質等。使用幾個報酬因素並不是關鍵問題，重要的是其數量

範例3-1

安徽煙草專賣局標竿崗位評價項目

評價項目	細類（等級）
工作環境	工作環境（1～5等）；工作危險性（1～7等）
工作自主性	遵循例規的程度（1～7等）；主管督導程度（1～6等）
對成果的影響	1～10等
工作壓力	1～10等
工作複雜度	問題的性質（1～7等）；問題的廣度（1～8等）；問題的深度（1～7等）
業務接觸	範圍與頻率（1～9等）；目的與深度（1～7等）
體力負荷	1～10等

資料來源：丁志達主講（2019）。「薪酬福利規劃與管理實務訓練班」講義。台灣科學工業園區科學工業同業公會編印。

應足以精確的區分出工作（職位）的不同，例如，選用於評價生產性工作的報酬因素，可能包括技能、努力及工作狀況，而選用於管理及專業性工作的報酬因素，則可能包括知識、責任及決策能力。使用過多的評價因素，並不會提高職位評價的精確性，而只會增加運用上的難度。

◆步驟2：界定評價因素

評價因素一旦確定，就要定義各個要素，衡量該因素在工作中的價值。通常用分數來表示工作價值的高低。因此，首先要解決的問題是決定分數，其次是確定每一個因素占總分數的百分比。

◆步驟3：定義每個因素等級

每個評價因素必須分成幾個等級，以便於準確地判斷一個職位現有要素的數目。一些要素可能分成七、八個等級，而另一些要素可能只分成三、四個等級。從運用該要素的整個過程來看，越重要的要素等級數目越多，依此類推。

◆步驟4：確定每個因素的相對價值與分值

各評價因素的權重，反映著企業確定職位薪酬的基礎。儘管因素可以透過統計法確定，但最普通的方法是藉助職位評價委員會的判斷。

(二)因素評估步驟

確定因素點數法要素權重，有下列四個步驟：

1.根據因素重要性予於分級排列。
2.按百分比給各因素打分數。
3.決定方案中所用的總分數，並根據已確定下來的權重給每項因素打分。
4.每個評價委員先分配因素等級的分值，最後由職位評價委員會統一。

因素點數法因素的各個等級的分數方面，它沒有固定的標準，通常採用算數（10、20、30、40、50……）或幾何（10、20、40、80……）方

表3-6　工作評價參照表

職位名稱： 部門：							
等級	要素						
	1	2	3	4	5	4	7
1.學歷	20	40	60	80	100	120	
2.工作經驗	35	70	105	140	180	225	275
3.職位複雜性	20	40	60	80	100	120	
4.受到的監督	5	20	35	50			
5.經濟責任	25	50	75	100	125		
6.與他人的聯繫	25	50	75	100	125	150	
7.保密資料	5	20	35	50	65		
8.心理要求	10	20	30	40	50		
9.工作條件	5	15	25	35			
10.主管責任	0	25	50	75	100	125	
評估人：				總分數： 日期：			

資料來源：高成男編著（2000）。《西方銀行薪酬管理》，頁65。企業管理出版社。

法。職位評價委員會開會時，將各個成員的評估結果加以比較，最後得出統一的評估結果。

因素點數法的缺點，是發展點數基準所需的時間量。然而一旦爲代表性工作適當地規劃出一個基準，評價其餘的工作就不需要花費太久的時間。

以上四種方法各有優缺點，無論採用何種評價方法都必須注意以下原則：

1.評價的對象是工作而不是工作者。

2.選擇評價因素應具有通用性，便於解釋，並注意避免因素內容的重複。

3.因素定義的一致性和各因素的選擇要緊密相關聯（銜接），是工作評價成功的關鍵。

工作評價要素及其比例（樣本）

要素	配點	權重%	重要程度	因素	一級	二級	三級	四級	五級	六級
勞動複雜程度	450	45%	重要	1.學歷	20	40	60	80	100	
				2.經驗	16	32	48	64	80	100
				3.崗位空缺替代難度	20	40	60	80	100	
			較重要	4-1專業技術水準	12	24	36	48	60	75
				4-2技能水準	12	24	36	48	60	
				5.創造性	15	30	45	60	75	
勞動責任	300	30%	重要	6.工作結果責任	25	50	75	100	125	150
			較重要	7.指導監督責任	20	40	60	80	100	
			一般	8.協調溝通責任	8	16	24	32	40	50
勞動強度	200	20%	重要	9.腦力強度	13	26	39	52	65	
				10.心理壓力	13	26	39	52	65	
			較重要	11.純勞動時間	9	18	27	36	45	
			一般	12.體力強度	8	16	25			
工作環境	50	5%	較重要	13.工作場所	5	10	15	20	25	
				14.工作危險性	5	10	15	20	25	
合計	1000	100%	—	—	—	—	—	—	—	—

資料來源：丁志達主講（2019）。「獎勵性薪資設計暨規劃實戰課」講義。天地人學堂編印。

4.評價工作的具體實施需要得到管理層和基層員工的瞭解與支持（郜啓揚、張衛峰主編，2003：73）。

第四節　工作評價方法的選擇

工作評價是以主觀的方法來決定工作的價值，並提供一種能使個人判斷變得更有系統的分析，而使工作評價有更客觀、更精確的架構。

一、工作評價方法選擇的考慮因素

所有的工作評價方法都有其優缺點，要選擇那一種工作評價方法，

主要取決於下列因素：

1.企業組織的規模。
2.工作的種類多寡和複雜程度。
3.可用經費（預算）的多寡。
4.要評價的工作水準。
5.管理當局對目前工作評價方案的瞭解程度。
6.員工對工作評價的接受程度。
7.目前業界採用工作評價的方法。
8.現行企業實施的薪資制度與薪資成本的現況。

二、選擇工作評價方法的效標

在選擇適當工作評價方法時，可依據下列三項效標（validity criterion）來決定：

1.複雜程度與費用：排序法最簡單，花費亦最低，適用於中小型企業；因素點數法較複雜，花費亦高，適用於大型企業。
2.合法性：排序法的爭議性較大；因素點數法較理性，較有系統，爭議亦較少。
3.理解性：因素點數法最易理解；排序法與因素比較法較難理解，也較主觀而不易被接受。

國際商業機器公司（International Business Machines Corporation, IBM）上世紀九○年代的組織文化變革中，拋棄舊有的十個報酬因素之工作評價與薪資結構，改採扁平寬幅型薪酬結構設計，只依據三個因素作爲評價基準，包括：技術（skill）、領導力（leadership requirements）及影響力（impact）。因此，IBM的職稱數量從5,000個降低爲1,200個，原來的24個職等也降到10個。這種改變擴大員工的能力範疇與彈性，使得IBM能夠快速反應外部市場的需求。另外，IBM也增加變動薪資在全薪的比重，有10%以上全薪與績效連結（吳秉恩等，2017：391）。

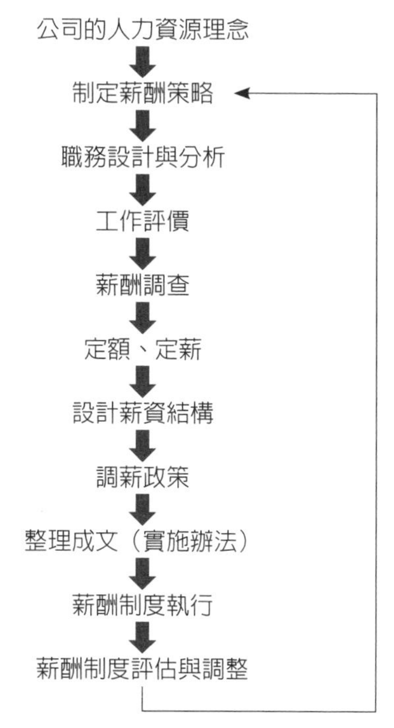

圖3-7 工作評價方法遵循的基本步驟

資料來源：王凌峰編著（2005）。《薪酬設計與管理策略》，頁51。中國時代經濟出版社出版。

選擇工作評價方法時，尚須顧及組織本身的特性，通常企業組織內會有許多不同的工作群，例如生產、行銷、研發、後勤單位等，很難找到共同或普遍性的工作因素。因此，企業大多根據不同的工作群採用不同的工作評價法，或用不同的工作因素來評價，以多元的工作評價方式來進行。每個工作群可依各自的評價方法，按排序或點數的高低排出工作層級，作爲擬定薪資結構的基礎（張火燦，1995：3）。

表3-7　工作評價方法之優缺點比較

類別	優點	缺點
排列法	1.簡單、容易瞭解不需要太多的訓練。 2.實施時間短。 3.成本低、易於管理。	1.沒有客觀的評定標準。 2.只能依賴評價人員主觀判斷。 3.只能評出工作之高低，無法評出工作之間價值的差異。
工作分類法	1.定義少而簡短，易瞭解。 2.簡單、容易瞭解不需要太多的訓練。 3.實施時間短。 4.費用低、易於管理。	1.很難為職位等級下適當的定義。 2.等級說明可能不夠詳盡、客觀。 3.職位在歸等時，可能被放在不適當的等級內。 4.評價委員必須對所有職位相當瞭解。 5.運用在較複雜的工作時，準確性比因素點數法低。
因素比較法	1.可以比較不相關的工作。 2.沒有最高點之限制，允許特殊之價值。 3.本法通常只用五項因素，可避免因素重複使用。 4.不需為各評價因素等級下定義。 5.選定後指標工作之落點定位後，其他工作即可排定。	1.指標工作內容異動，就會影響全部工作排序。 2.各評價因素之層級沒有定義可供參考，無法解釋差異原因。 3.以金額單位為尺度，當工資漲落時即難以解釋。 4.比例尺度之設定較因素點數法複雜且困難。 5.無法顯示工作重要程度。 6.難以決定各工作因素的薪資率。
因素點數法	1.不需要知道公司內部所有的工作。 2.簡化工作歸級與評估現行工作程序。 3.評價因素較多，偏差較少。 4.當工作內容變動時，只須對變動部分之評價因素進行重評即可。 5.當評價結果若有異議時，只須檢討差異的評價因素。 6.不受現付工資之影響。 7.評價者依相同方式品評工作，較具一致性。 8.可顯示出工作之間的差異程度。	1.評價因素多，定義費時，作業成本較高。 2.一般員工無法瞭解因素等級、分數和比重等概念。 3.易流以機械方法配予各因素之分數，而失去建立工作相對價值的目的。 4.未能顧及其他非選擇因素之影響力。 5各因素及各層級之配點，易流於主觀。 6.無法評斷介於兩個等級之間的工作。

資料來源：陳明芳（2017）。《人力資源管理》，頁146-147。自印。

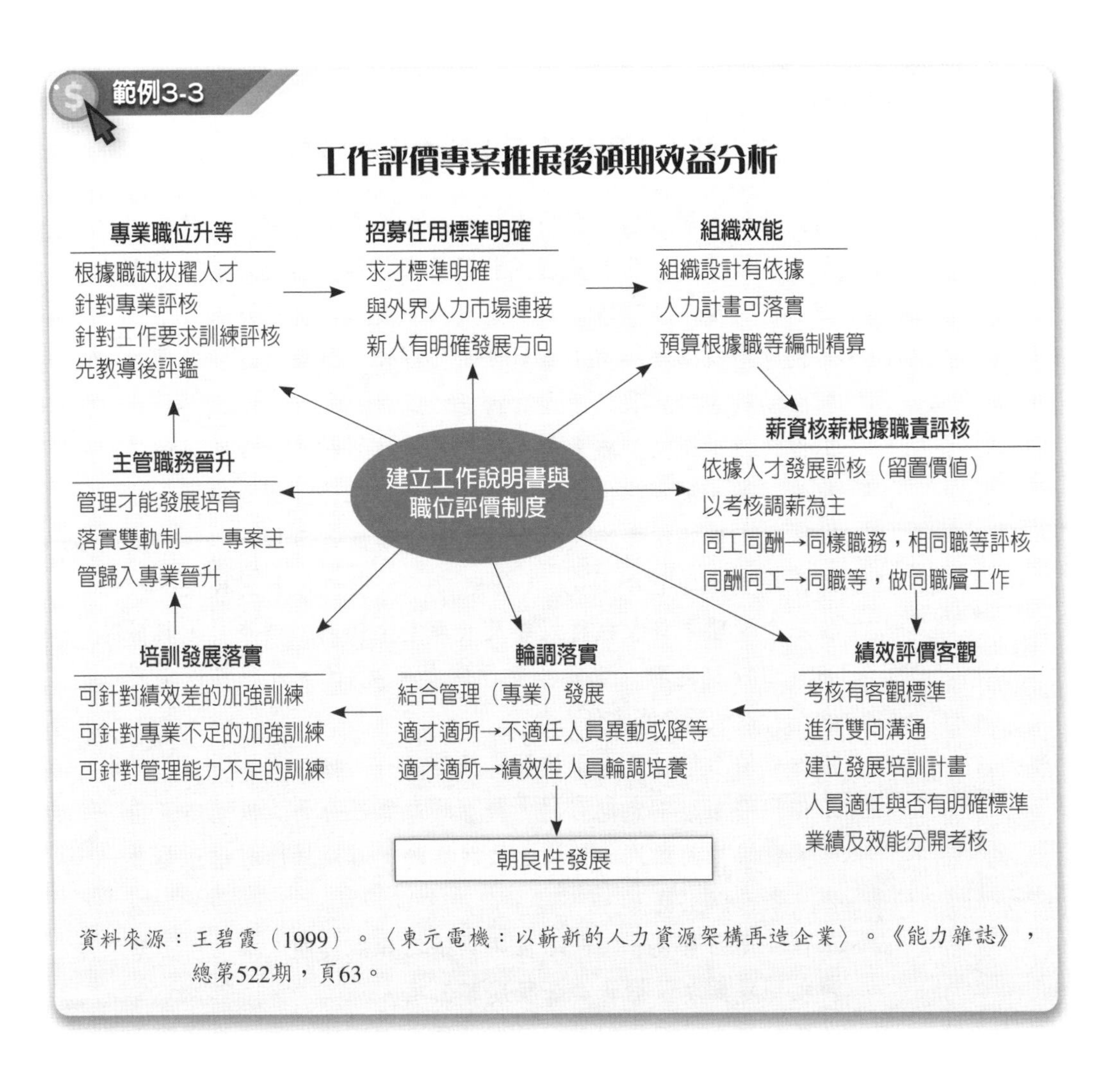

資料來源：王碧霞（1999）。〈東元電機：以嶄新的人力資源架構再造企業〉。《能力雜誌》，總第522期，頁63。

企業若能謹慎、周詳地考慮這些因素，將有助於找出最好的工作評價方法。除非企業的人力資源部門主管有經驗，且對各種工作評價方法了若指掌，否則藉助外界企管顧問專家的指導，才能建立最佳的工作評價制度（王振東，1986：88）。

範例3-4

國立政治大學行政工作評價作業要點

一、國立政治大學（以下簡稱本校）為能公平客觀評定行政職位之工作價值，以作為甄選、敘薪及考核等人力資源管理之基礎，特訂定工作評價作業要點（以下簡稱本要點）。

二、本校應組成工作評價小組辦理工作評價，評價之職位範圍包括由助教、職員及約用人員擔任之工作。

工作評價小組主要職責為：鑑定及審核本校各行政職位的工作說明書、決定評價點數及職等、辦理工作評價之申覆、定期檢討工作評價業務及薪資疑義案之審議等事項。

三、工作評價小組置委員9人，任期二年，得連任。副校長、校務基金管理委員會執行秘書及人事室主任為當然委員，其餘委員由校長遴聘人力資源管理學者專家3位，及秘書以上之資深行政人員3位擔任之。

工作評價小組召集人由校長指派委員一人擔任。

工作評價小組不定期召開，開會時需有三分之二以上委員出席，會議採共識決，無法達成共識時，其決議應有出席委員四分之三以上同意。

四、工作評價因素包含：該職位應具備之知識技能水準、所需解決之問題難度及擔負責任程度等三項。

五、各單位符合下列情形之一且有必要申請工作評價，經校長核准後，應檢附工作說明書、單位職掌分擔表及知識技能分析表等資料，向工作評價小組提出申請：

(一)單位內部工作重新分配及職務調整。

(二)新增業務或擬請增員額。

(三)對工作評價結果提出申覆。

對已確認工作評價結果之同一職位，除情形特殊經專案簽請校長核准者外，單位應至少間隔半年以上，方可再

申請評價。

六、工作評價辦理流程如下：

(一)單位備齊工作說明書、單位職掌分擔表及知識技能分析表等表件申請評價。

(二)受理單位工作評價申請案。

(三)工作評價小組依工作評價量表，對照本校各職等之標竿職位工作說明書，進行各職位之工作評價，必要時可要求申請單位之主管列席說明並提供相關資料。

(四)產生各職位之評價點數並歸列職等。

(五)進行水平校準。

(六)最後評價結果簽請校長核定後通知申請單位。

(七)單位得對評價結果提出申覆，但同一職位以申覆一次為限。

七、工作評價小組委員應以超然、公正、客觀、整體之立場進行工作評價，以達到工作評價追求外部競爭、內部公平之激勵目的。

參與工作評價之人員應保守秘密，不得轉述會中討論過程。

八、本要點經本校行政人力資源委員會及行政會議通過後施行，修正時亦同。

資料來源：〈國立政治大學行政工作評價作業要點〉（民國98年12月2日本校第623次行政會議審議通過），https://posman.nccu.edu.tw/files/archive/647_d613c801.pdf

第五節　薪資給付制度類型

工作評價的目的就是回答員工所做工作值多少錢的問題。薪資給付的方法爲薪酬管理中一項非常重要的工具。薪資制度因給付的

方式不同，通常可分爲職位給薪制（job-based pay）、績效給薪制（pay for performance）、技能給薪制（skill-based pay）及能力給薪制（competency-based pay）等四類。

一、職位給薪制

職位給薪制乃是指以工作的難易程度、責任大小以及相對價值大小來決定該職務薪資的制度，亦即根據工作（職位）評價制度來決定薪資的制度。凡從事同樣職務的員工，可領同樣的薪資給付（同工同酬），而不考慮個人能力、年齡、年資、學歷等「屬人」因素。由於以職位（職務）爲基礎的薪資制度，起源於官僚組織體系的管理觀念，從公平理論（equity theory）角度探討，它爲達到薪資內部公平性的原則，但較缺乏彈性，在這種薪酬模式中，員工工資的增長主要依靠職位的晉升。因此，適用於在工作性質變異性不大、專業分工、流動率小，以及傳統的層級式的組織結構（金字塔式組織）等穩定的大量生產的企業，而較不適合在強調變革的組織運作，除非配合以績效爲基礎的薪酬給付方式共同運用。

二、績效給薪制

隨著經營環境的快速改變與激烈的競爭，績效給薪制已日漸取代以個人生存成本爲基礎的給薪方式，無論是對管理人員或是從業人員皆然。

傳統給薪方式係依職位付酬，而績效給薪制則是以工作績效爲給付標準，其衡量工作績效的標準，主要依據的是個人生產力（業績）、工作團體或是部門的生產力、服務客戶、個人學習新技術的能力、單位獲利能力，或是組織整體的利潤表現等來決定支付給員工報酬的多少。基於業績薪酬模式體現在薪酬內部結構，就是浮動薪酬部分遠遠大於固定薪酬部分，例如：佣金制（commission）、提案獎金制、按件計酬制、利潤分享制等，皆是以此爲基礎。

以績效爲基礎的薪資制度，可應用於組織行爲中維克托．弗魯姆（Victor H.Vroom）所提出的期望理論（expectancy theory）。績效給薪制的受到重視，主要是因具激勵作用和成本控制的原因。從激勵作用的觀點

而言，以績效作爲員工薪資部分或全部的標準，可使員工將全部的注意和努力都放在評估標準上，再藉由報酬來增強其努力程度。以績效爲基礎的獎金和其他的報酬方式，避免了固定費用的支出，從而節省金錢。若員工或組織的績效下降了，支付的報酬也同時隨之下降。對於能明確定義的工作、組織協調以及監督要求較少的環境中，較爲適用績效給薪制（王秉鈞主譯，1995：653）。

三、技能給薪制

近年來，減員與組織扁平化，導致員工的升遷機會越來越少，爲了要留住好員工，必須工作豐富化及以工作職稱以外的東西來激勵。員工技能給薪制是達成這個目標的一個快速解決的方法。因而，在薪資設計上扮演的角色，已經越來越受到企業的重視。技能給薪制，係於技術的深度、廣度及組織上下垂直度（自我管理能力）的程度作爲度量。例如：戴姆勒．克萊斯勒汽車公司（Daimler Chrysler）、西屋公司（Westinghouse）等均採用技能給薪制方案。

技能給薪制與職位給薪制的最大差異，在於技能給薪制的薪資計算方式，係以個人掌握的技能或可勝任工作項目的多寡作爲基準，而不是純粹根據員工實際執行的職務內容核薪而已。傳統上，企業決定個別薪資前，會針對職務的內容進行分析，然後就職務內容所需要的職責、條件、技能與努力等報酬因素進行合理的評估，並據此決定該職務應有的薪資。雖然其中也曾考慮到員工技術的層面，但前提是該技能必須是職務上使用得到的，或至少要與職務高度相關的，然而技能給薪制，依據的核心技能應不限於職務上必須使用的或相關的，舉凡被組織認定爲有價値的各種技能，均可作爲薪資給付的基礎，其主要目的是在於激勵員工學習更多、更廣與更深入的技巧。例如，美國堪薩斯州托彼卡（Topeka）郡桂格燕麥（Quaker Oat）食品廠的新進員工之基本時薪爲美金8.75元，不過當他們學會操控怪手及電腦設備等十二種主要的技術後，時薪就直接升到美金14.5元。

技能給薪制可以與人格心理學行爲學派之增強理論（reinforcement

theory）作一連結。增強理論認為人們採取某種行為後，立即會有預期中的結果出現，則此結果為控制行為的強化物，會增加行為的重複出現機率。既然技能給薪制是基於個人所精通的技術作為報償員工的基礎，所以它較適用於工廠操作員、技術員，或是工作職務能夠被明確定義的員工。

四、能力給薪制

現代的企業競爭是全球化的，不論尖端科技或是基礎產業，唯有更快、更準與更具彈性才能在多變的市場上捷足先登。企業競爭力的提升，有賴於組織內員工所擁有的技術、知識與能力等無形的資產。能力給薪制是一種融合並延伸技能給薪的薪酬制度。

能力（competency）是指員工為達成組織所賦予任務所需具備的知識、技術、工作動機與特質、價值觀與態度的綜效發揮。能力導向的給薪方法，就是一種不根據頭銜，而是以員工的知識或技能來決定給付薪酬。

根據人力資本理論，土地、勞動與資本是經濟學中視為生產的三大要素。在資本方面，人力資本有別於一般物質資本，個人擁有人力資本的多寡會影響其能力，能力又會影響其工作績效，而績效最終會影響其薪資。所以，個人的薪酬是人力資本的函數。在當今知識密集，組織結構走向扁平化的趨勢下，就無法以結構性理論的觀點來決定薪酬，而應偏向人力資本理論的觀點來架構其薪酬。

未來薪酬決定要素將不再只是強調職位本身，而是強調員工對於新知識的學習，以及將知識運用出來的能力。能力給薪模式較適用於團隊與參與式組織（胡秀華，1998：35-38）。

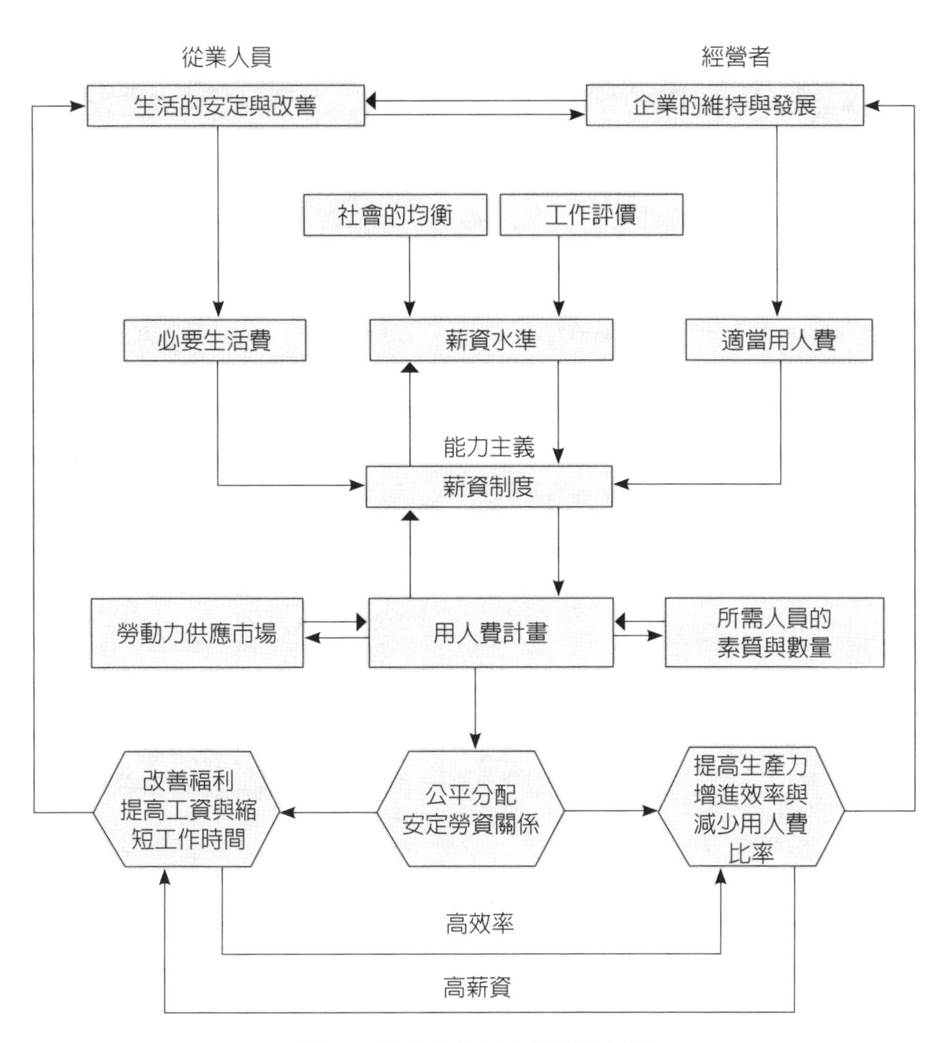

圖3-8　能力主義薪資管理的架構

資料來源：陳竹勝（1988）。〈能力主管薪資管理〉。《勞資關係月刊》，第77期（1998年9月1日），頁26。

表3-8　薪酬給付制度類型的比較

類別	職位給薪	績效給薪	技能給薪	能力給薪
內容	以職位、工作條件及工作責任等因素作為給薪的基礎	以工作結果、產出或績效等因素作為給薪的基礎	以員工的知識範圍及所精通技能數量作為給薪的基礎	獎勵員工能夠發揮其潛力，並對其工作本身或組織有所貢獻的給薪方式
理論	公平理論	期望理論	增強理論	人力資本理論
優點	可維持工作價值與薪資報酬之間的合理對應關係，以保障組織內部的公平性	・具公平性 ・藉由對績效的酬償回饋，可幫助員工瞭解努力的方向 ・促使績效不好的員工改進或離開 ・使員工能感受對公司績效的貢獻	・增強員工學習新技能的動機 ・提升員工自我的彈性與適應力，減少組織變革的阻力 ・增進組織用人的彈性 ・建立精簡用人的需求 ・鼓勵扁平式的組織結構	・增進組織彈性 ・促進員工參與管理 ・增進工作彈性 ・促進長期生產力提升 ・強化員工的工作動機、滿足感與組織承諾
缺點	・工作評量內容並不一定能反映員工對於公司的貢獻 ・非真正的公平 ・忽視全方位技能學習與未來職能發展規劃 ・缺乏彈性 ・創新性組織型態不見得適用	・屬於外在的獎勵方式，將削弱工作的內在激勵 ・員工對於安全需求保障，偏好年資給薪 ・預算的限制將使得制度落實受到影響 ・以個人薪酬為重點，使工作團隊不易建立	・每個人在公司受訓時間、機會與原因都不相同，產生員工對於新技能學習與獲得不公平現象 ・技能的增加不一定能反映員工對於公司的貢獻 ・組織鼓勵員工學習新技能，將造成企業成本升高	・缺乏較正式而有系統的評價過程 ・技能檢定之公平性與客觀性的質疑 ・部門間檢定標準不一致
適用場合	・傳統層級式的組織結構 ・大量生產、專業分工、員工流動率小 ・企業經營環境穩定	對於能明確定義的工作、組織協調以及監督要求較少的環境中較為適用	・工作非常倚賴技術 ・較適用於工廠操作員、技術員，或是工作或職務能被明確定義的員工	・較適合管理層級與專業人員 ・複雜變動環境 ・強調個人化與提升生產力及品質 ・組織強調創新 ・團隊與參與式組織
薪資結構	以工作績效／市場薪資行情為基礎	–	以技術認證／市場薪資行情為基礎	以能力發展／市場薪資行情為基礎

（續）表3-8　薪酬制度的比較

類別	職位給薪	績效給薪	技能給薪	能力給薪
制度流程	職位分析與職位評價	績效考核	技術分析與技能認證	能力模式的評價
調薪	職位晉升時	績效考核後	技術的獲得	能力表現與發展
管理者責任	・員工與工作／職位相連結 ・升遷與工作的配置 ・成本控制（給薪／調薪）	・具公平性的績效考核 ・員工溝通 ・控制成本	・技能有效運用 ・提供訓練的時機與機會 ・控制成本（訓練／認證）	・確定能力的附加價值 ・提供能力發展機會 ・控制成本（能力檢定／工作派任）
員工責任	尋求升遷與調薪	提升工作績效	技能學習與獲得	能力潛能的發揮

資料來源：胡秀華（1998）。《組織變革之策略性薪酬制度：扁平寬幅薪資結構之研究》，頁39-40。台灣大學商學研究所碩士論文。

表3-9　薪資控制範例

階段	薪資控制範例
薪酬原則	・政策聲明　・對目標公平性的承諾 ・在勞動力市場中承諾的薪資地位
職位（工作）分析	・組織圖　・職位（工作）問卷　・面談記錄
職位（工作）聲明	・職位名稱　・義務與職責清單 ・為完成各項義務和職責而占用的時間百分比數據 ・匯報關係（體系）　・任職資格 ・必須執行的信息（如核心工作與非核心工作）
職位（工作）評估	・職位評估方案　・等級、分值或其他職位評估結果
內部職位階級	按照職位評估所確定的職位價值順序對職位進行排列的清單
勞動力市場調查	・問卷　・等級原則　・職位比對 ・基準（標竿）職位　・職位概述　・數據蒐集表格 ・勞動力市場數據分析　・調查結果形成文件
薪資線	・回歸等式　・內部集中趨勢和外部職位關係 ・點狀圖　・圖表
薪資等級和結構	・職位等級　・結構 ・階梯　・級距分布的百分比 ・內部分級差異　・薪資級距的最低值 ・薪資級距的中值　・薪資級距的最高值

（續）表3-9　薪資控制範例

階段	薪資控制範例
薪資建立和加薪	·政策與程序　·基於績效的加薪原則 ·基於在級距中位置的加薪原則 ·薪資級距控制點　·階梯　·加薪的時間確定
控制	·針對薪資管理決策及時發起、形成和執行的政策、形式和程序 ·加薪預算　·授權代表　·組織圖　·審核和批准過程 ·關於個人、薪資歷史和相關資訊的當前記錄和數據
階段	薪資控制範例
溝通	·政策聲明　·公告　·標準化表格 ·原則和指導　·培訓參考
審計	·審計安排　·記錄與文件 ·與加薪原則一致　·審計結果的報告和後續措施

資料來源：華信惠悅／引自胡宏峻主編（2004）。《富有競爭力的薪酬設計》，頁47。上海交通大學出版社。

結　語

公平理論最大的啓示是，企業首先要在薪酬管理上做到內部公平，其次才是外部公平。透過工作評價方能將職位職等設計與薪資結構連動，進一步配合工作說明書及薪資調查中各項重點內容，擬定出對內公平且對外亦具有競爭力的薪資制度。薪酬體系的制定需要對工作進行分類並比較工作之間的相對價值，再與勞動力市場進行對比，從而保證薪酬水平的內部公平與外部公平。

內部公平性是透過工作評價達到平衡，並藉由工作評價制度的建構，可作爲人力資源管理體系的聘僱、績效評估、薪酬管理及人才培育系統的基礎。至於外部公平則需要用另一套市場薪資調查制度來達成。這套工作評價對勞資關係的協商多所貢獻。

第四章　薪酬結構設計

- 薪酬管理組成要素
- 薪資調查運用
- 薪資結構設計方法
- 薪資結構管理
- 結　語

工欲善其事，必先利其器。

——《論語．衛靈公篇》

故事：工作的樂趣

中古時代，法國有一位工頭到工地去想瞭解工人對工作的感覺如何。

他走近第一個工人，開口問到：「你在做什麼？」

工人粗聲粗氣地回答道：「你瞎了眼不成？我在用這粗笨的工具劈這些要命的大石頭，然後照老闆的指示將它們堆在一起。毒辣辣的太陽烤得我汗流浹背，我累得背脊都快斷了，這份工作真把我厭煩得要死。」

工頭很快地閃開，走向第二個工人。他提出同樣的問題：「你在做什麼？」

這個工人回答：「我正切削這些石頭，削成適用的形狀，然後照建築師的計畫組合起來。這份工作相當辛苦，有時候還顯得單調，但是我每週可以賺到五法郎，好養家餬口，這不算太糟。」

工頭的心情振奮了些，他又轉向第三個工人，問到：「你又在做什麼呢？」

「怎麼？你看不出來嗎？」這個工人雙手舉向著天空說道：「我正在建造大教堂啊！」這就是工作的樂趣。

小啓示：第二個石匠知道他會從工作中得到什麼——養家餬口，因而努力工作。他傾向以「合理勞力換取合理的報酬」。

資料來源：丁志達整理。

全球工作環境的快速變遷，讓組織必須重新思考員工薪酬的設計方式，並創造出能讓企業吸引並留任人才的架構，同時讓用人成本最佳化，用於確保所有員工獲得與其貢獻相符的獎勵。

自從員工分紅費用化後，台灣科技業吸引人才的薪酬優勢不再，同時突顯過去過度倚賴員工分紅缺乏整體薪酬規劃的問題。根據韋萊韜悅（Willis Towers Watson）的一項全球性調查研究，分析企業吸引人才的困難，其中最重要的前三項還是在於獎酬：不具競爭性的本薪與固定獎金、不具吸引力的福利及不具競爭性的變動獎金。如何設計具競爭性的薪酬制

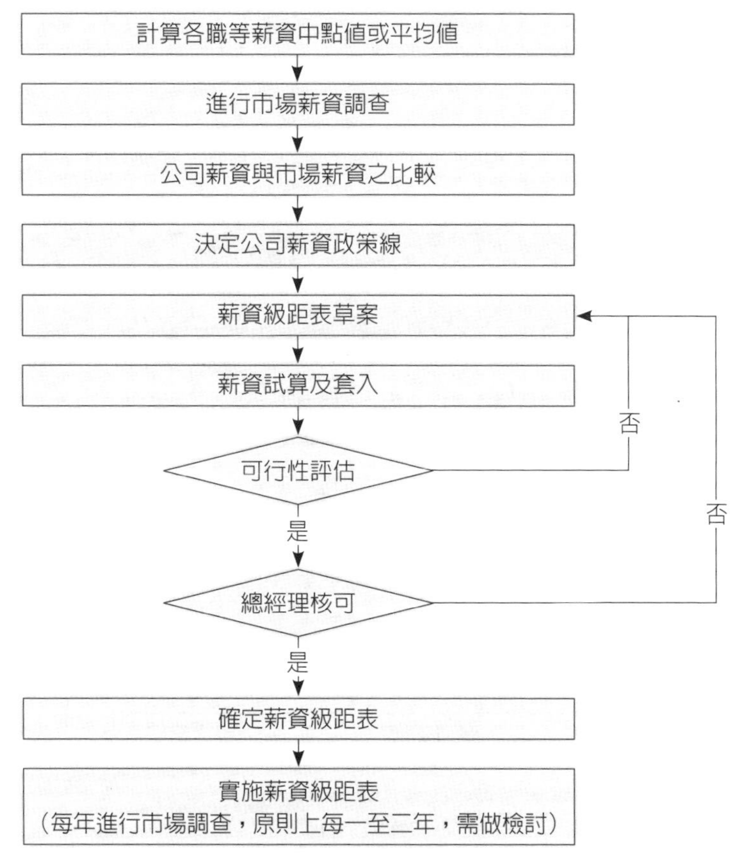

圖4-1　薪資設計流程圖

資料來源：常昭鳴（2010）。《PMR企業人力再造實戰兵法》，頁321。臉譜出版。

度，成了企業的一大挑戰（張玲娟，2004）。

第一節　薪酬管理組成要素

一個有效的薪酬管理系統必須能夠考量內部公平性（企業內部的工作價值）、外部競爭力（其他企業給薪的標準）以及個人公平（根據個人貢獻給付）三者的平衡。

薪酬管理組成要素主要在於確保薪酬目標之達成，建立一套完整性、系統化的薪酬制度。薪酬制度設計可以用下列四項輔佐工具作為主軸：

一、工作分析

工作分析主要目的係在蒐集資料，以瞭解工作內容，釐清工作內涵，

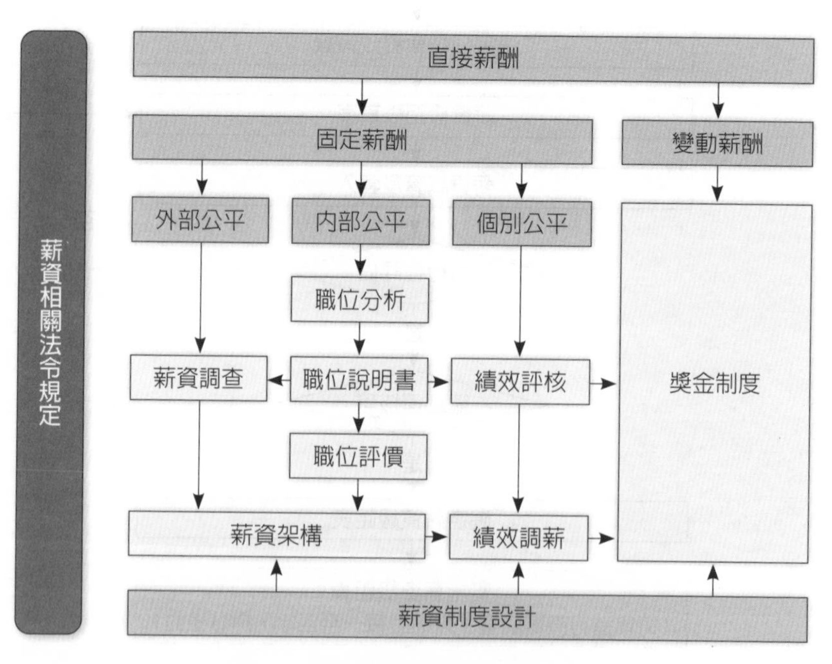

圖4-2　薪酬制度設計的三種公平

資料來源：魏郁禎、黃櫻美（2020）。《人力資源管理》，頁254。普林斯頓國際出版。

改善組織效率及增進員工工作滿足感，並可進一步依工作分析之資料，據以編寫工作說明與工作規範，以記錄工作執掌及其資格條件，並可提供工作（職位）評價依據。

二、工作評價

工作（職位）評價係以科學之方法，把企業內各種工作用客觀之方式加以評定，以決定該工作對企業的相對價值，在企業內部形成職位等級。在工作評價時，可對內、對外爲之。企業要進行工作評價時，須成立職位評價委員會，選出較適合企業文化的報酬因素，再加於不同之點數及加

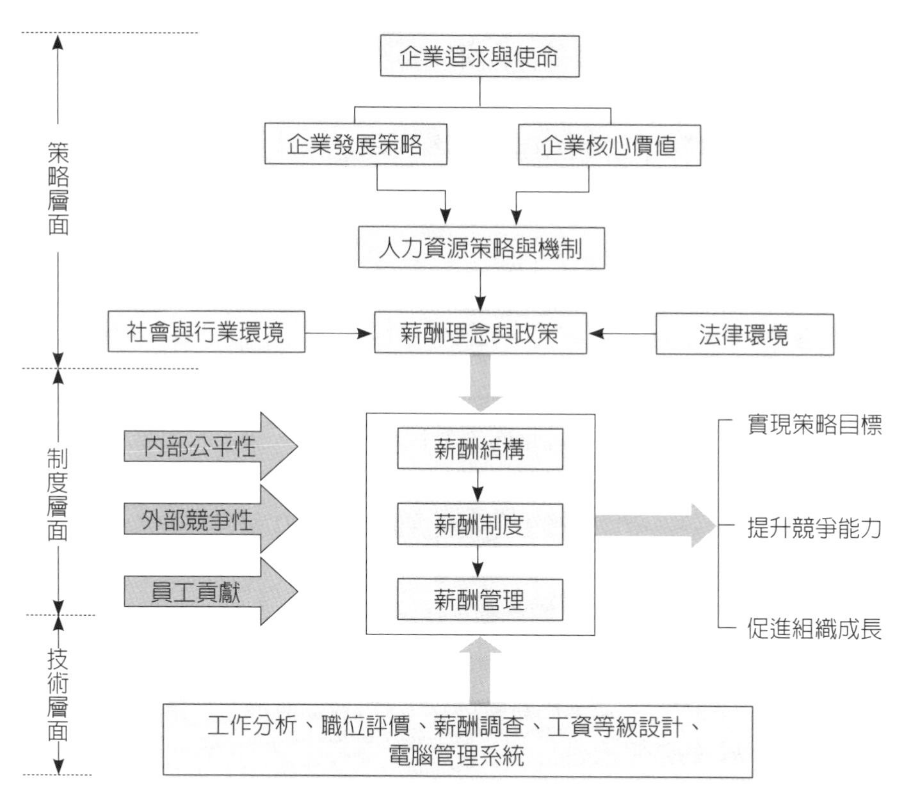

圖4-3　薪酬設計的策略視角

資料來源：王凌峰（2005）。《薪酬設計與管理策略》，頁29。中國時代經濟出版社。

權，以建立薪資結構。

三、薪資調查

薪資調查（salary survey）的目的是在於蒐集目前就業市場薪資水準的相關資訊，使得公司的薪資給付標準能符合外部公平性的要求，進而提升公司的人才招聘競爭優勢。企業利用薪資調查，瞭解外界薪酬給付情形，以驗證工作評價的結果，以利建立薪資結構。

四、薪資結構

企業在建立、發展薪資結構時，可考量公司薪資政策、薪資級距表、各薪資職等最低及最高給付範圍、個別員工薪資導入薪資結構等四個因素。

靈活的薪酬策略須採用具創意又符合規定的方法，來支付具卓越績效的員工的薪酬。

第二節　薪資調查運用

薪資市場是一個高度敏感的市場，只有隨時把握薪資市場行情變動的企業，才能以最合理的價位招聘到最合適的人才，也才能正確選擇最佳的薪資政策。健全的薪資制度，至少必須具備公平、合理、具有激勵作用、提升組織績效、確保組織生存與發展的條件。在薪資調查過程中，必須經過精心構思、周密計畫、嚴密組織、正確指導才能獲得最佳效果。

薪資調查是一項系統化的行動，用於獲取同一勞動力市場上其他機構的薪酬項目、薪酬政策、薪酬做法、福利等相關訊息。旨在使企業的薪資能與同業「匹配」，並求出薪資曲線（salary curves），幫助企業制定薪資全距中點薪的幣值。

表4-1　薪資調查的目的

1.幫助企業瞭解同一人力來源的就業市場的其他企業的薪酬政策、薪酬做法、薪資給付、福利制度的相關訊息，以作為企業內設計、修改薪酬政策的重要參考依據。
2.幫助制定新進人員之僱用起薪。
3.幫助查對給付薪資不合理的職位。
4.幫助瞭解同業平均考績調薪、平均晉升調薪與一般調薪之價碼（調幅）。
5.幫助掌握薪資管理的新趨勢。
6.糾正員工對某類工作給薪的誤解，並對員工工作動機產生正面的影響。
7.衡量企業的競爭力。
8.薪資結構的「定價」。
9.計畫年度調薪預算與維持薪資政策與運作。
10.與員工／工會薪資給付基準的溝通工具。

資料來源：楊信長譯（1986）。史丹利·罕利西（Stanley B. Henrici）著。《薪資管理實務》，頁125。前程企業。

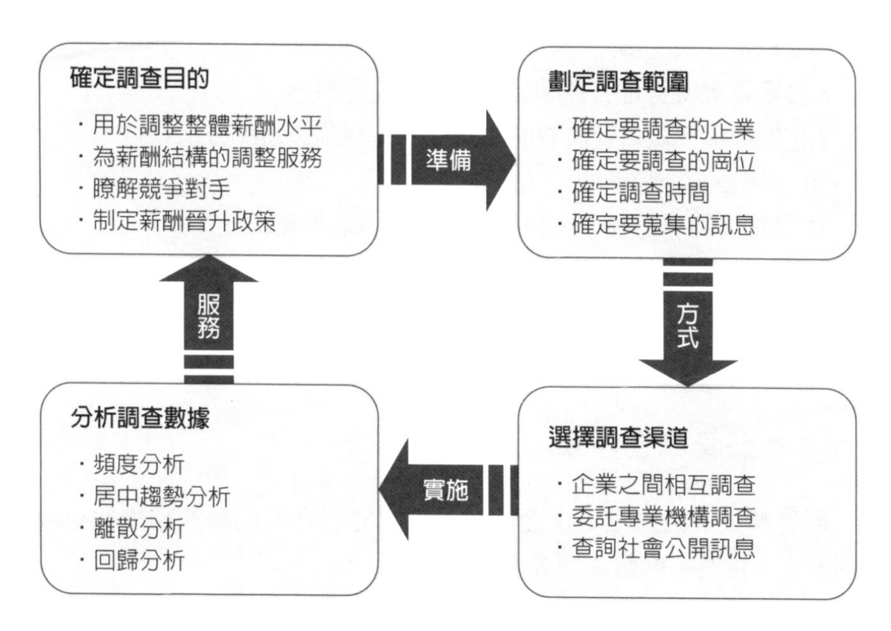

圖4-4　薪酬調查的基本程序

資料來源：侯茘江主編（2018）。《人力資源管理》（第二版），頁196。崧博出版。

一、薪資市場行情的來源

在制定基本工資（本薪）的過程中，爲達到外部公平性，通常企業採用薪資調查，用於決定薪資給付的水準，使組織具有外部競爭力。

有關薪資市場行情的來源，可利用下列方式擇要進行：

1.非正式和其他企業人力資源主管交換意見。
2.定期蒐集媒體人事廣告刊載的企業徵才所列的待遇及條件。
3.參考應徵者所提供的薪資資料。
4.參考同類型職位在招聘廣告中所列的待遇及條件。
5.參考政府機構或民間財團法人之薪資調查報告。
6.向職業仲介機構查詢。
7.向經常往來的供應商尋取他廠的薪資資訊。
8.參觀就業博覽會／校園徵才活動取得資料。
9.定期向專門做薪資調查的企管顧問公司購買薪酬分析報告。
10.付費委託企管顧問公司做薪資調查。
11.參加人力資源管理人員組成的聯誼會取得資料。
12.行政院主計總處薪情平台（網址：https://earnings.dgbas.gov.tw/experience.aspx）。
13.企業自行做年度薪資調查。

二、年度薪資調查作業

薪資調查必須仔細、全面，以保證建立起合理的薪酬結構和有效的薪酬方案。企業年度薪資調查作業流程如下：

(一)薪資調查的對象

選擇薪資調查的對象，會牽涉到兩個關鍵的問題，應選擇哪一類的企業及應調查幾家公司。一般而言，選擇適合做薪資調查的企業，應具備以下的條件：

致薪資調查參與者的邀請函

○○先生／女士：

本公司正在進行一項技術職位的薪酬調查，誠摯地邀請　貴公司參加。以下所附文件將有助於您決定是否參與此項調查。

■協助您將 貴公司的職位與所調查職位進行比對之指導原則。
■所要調查的職位概述。
■受邀參加調查的公司之名單。
■關於　貴公司的加薪預算與預測，以及技術職位之薪資政策和做法的一般性問題。

本公司將蒐集、分析調查資料，並提供一份關於調查結果摘要的報告。為了保密調查資料，其中將用代號代表所有參與者。本公司自己也將參與全部調查，與其他所有參與者一樣提供數據。

本計畫於8月5日將調查表函寄給您，請務必於8月25日前填妥問卷並交回。問卷回答內容必須使用7月底的數據。如果我們能準時收齊所有問卷，此調查報告可於9月中旬完成。

我們將於下星期與您進一步聯繫，並回答您關於此次調查的任何問題。若有任何問題，歡迎立即與我們聯絡。

順頌（祝福語）

○○科技股份有限公司人力資源部處長
○○○ 敬上
（日期）

地址：
電話：　　　　　　手機：
E-mail：

資料來源：丁志達主講（2009）。「薪資規劃與管理實務研習班」講義。財團法人中國生產力中心編印。

1.具有互相競爭性，特別是專業性技術人員可互相流動的企業。
2.工作環境、勞動條件、經營規模、企業的知名度相當的企業。
3.具有代表性的其他行業，各選擇一家作爲比較共通職務薪資行情的參考。例如：資訊人員、會計人員等各行各業所需的通才，有助於該職位薪資給付的準確度。
4.調查的企業會據實提供正確資料者。
5.薪資制度上軌道而非雜亂無章的企業。
6.距離公司較近（生活費用指數類似的地理區域），而且屬於在同一勞動力市場僱用同類型職位之企業。
7.這些企業在未來營運必須要有較高的成長度。

(二)薪資調查的家數

選擇薪資調查的家數，會受到人力、財力、物力及時間的限制，通常以十五家左右爲調查的對象最適宜，如果調查家數太少，提供資料可信度不足；調查家數太多，則相類似的條件不易蒐集，若取樣發生偏差，則調查統計的資料就不可靠，更何況，邀請參加的企業，必須平日經常往來關係不錯的人力資源部門主管，才願意「共襄盛舉」，平日很少交往的企業人資人員是絕不會答應薪資資料相互交換的。

(三)選擇代表性的標竿職位

選擇代表性的標竿職位，是指在本質上其工作職責可明確區分，而且界限明顯，穩定而無重大變動，能代表工作價値，且該職位存在於競爭性的行業中。

選擇代表性的標竿職位的條件有：

1.工作內容是大家所熟悉，而且較爲固定的。
2.許多企業都有這種工作。
3.選擇的「標竿職等」均爲代表性（普遍性）的工作。
4.工作必須隨著教育、經驗等不同而有差異。
5.重要工作可包括組織內很難在就業市場聘僱到的職位，或是離職率較高的工作。

6通常以選擇25～30項重要職位來調查較爲適當。

一般而言，企業所選擇調查的職位，必須多至足以使每一參加薪資調查的企業，於其查核薪資表時，有足夠提供的資料。例如，某一家企業的職位有十五職等，則從每一職等中，各選一或二種確實能顯示工作難易程度、職責大小的關鍵性或代表性的職位，其任務與職責在一段期間不變，而此一職位的工作人數亦相當衆多，在薪資費用上占重要的比重，作爲薪資相互比較的基礎。

(四)確定要蒐集的資訊

由於有些企業給員工的本（底）薪高，而另一些企業給員工的獎金、福利多，「本薪」、「獎金」、「福利」都是人事成本，所以在薪資調查時，不能僅僅比較各職位的基本薪資，還必須深入調查其他與人事成本有關的資料。

表4-2　薪資問卷調查的項目與內容

項目	內容
薪資政策	調薪預算、升遷（等）與調薪政策、轉調或降級薪資的管理、各級主管調薪的權限等。
給付方法	計件、計時、日薪、週薪、月薪、年薪等。
調薪幅度	百分比或固定金額調整；最近三年調幅的多寡。
調薪次數	年度調薪、半年調薪或依績效考核等第分不同月數調薪。
調薪計畫	最近一次的調薪是何時？下次的調薪在何時？調薪預算是多少？
薪資架構	薪資等級、薪級幅度、薪級差距、年度薪資架構各職等調整多少百分比或固定金額。
給薪現況	新人起薪、現在支付各調查職位的平均薪資水準（最低、最高與平均給薪資料）。
勞動條件	每週工作天數及工作小時、各類帶薪假期、加班給付等。
津貼獎金	伙食津貼、交通津貼、輪班津貼、房屋津貼、危險工作津貼、年終獎金、全勤獎金、績效獎金、分紅等。
福利措施	股票認股權、年節補助金、團體人壽險、團體醫療險、退職金、上下班交通車、伙食提供、宿舍、健康檢查、工作服、優惠貸款及福利委員會推動的員工福利措施等。
其他項目	瞭解某些正在實施或規劃中的人事、福利制度，以為借鏡。

資料來源：丁志達主講（2019）。「薪酬福利規劃與管理實務訓練班」講義。台灣科學工業園區科學工業同業公會編印。

(五)蒐集薪資資訊的方法

由於各企業對工作所用的職稱並無一定的標準，有些工作職位名稱相同，但工作內容差別頗大。因此，不能僅以職稱作爲比較的基礎，而必須事先設計薪資調查表，內容包括：

1.工作職位（要以對方的職位名稱來設計，回收問卷後，再套入企業內所使用的職稱）。
2.此一職位的工作說明（工作說明書）。
3.此一職位須具備的學、經歷條件（工作規範）。
4.此一職位在公司服務的年資（是否要包括在以前他廠工作的年資要說明清楚）。
5.目前擔任此一職位的人數。
6.最高薪資、最低薪資、平均薪資的金額。

表4-3　薪資調查的方法

調查方法	說明
訪談法	訪談法的優點是面對面的討論，可以深入地討論各職位的異同點，並可以清楚地傳遞訊息，能夠獲得較完整的資料，對職位的配對比較正確，保證了最大限度的有效性，但要花費較多的時間、人力與費用。
郵遞問卷法	郵寄（郵遞）問卷法可蒐集到較多和較完整的資料，省時又經濟，但蒐集到的資料有些不易理解或明瞭其差異性。
電話聯絡法	電話（手機）聯絡法的優點是爭取時效，回答率高，但無法獲得詳細的資料，一問一答，沒有問到的問題，對方是不會主動給予補充的，因為對方也許認為你已知道或不需要此一資訊。電話（手機）聯絡或許用於釐清郵寄問卷的回答是一種很好的溝通工具。
網際網路傳遞法	網際網路的傳遞是從事薪資調查的最新技術。網際網路的好處是它很廉價且快速，但使用網際網路的缺點是資料在傳送過程中如有疏忽，可能造成資料的外流。
說明	上述薪資調查方式，可以交互運用，第一次邀約參加的廠商，要採用專人訪談的方式，以瞭解該企業的全盤組織架構、職等區分，以後再邀約時，就可採用郵寄問卷表（網際網路傳遞法），再用電話（手機）聯絡，瞭解一些書面填寫上的疑點解惑。

資料來源：丁志達主講（2020）。「如何制定靈活多樣的薪酬體系」講義。財團法人台中世貿中心編印。

(六)資料回收與整理

薪資調查面臨的一項挑戰是要確保足夠的回收率，以便在薪資調查所取得數據的基礎上做出薪資方面的決策。為了確保資料回收率，即需要向參加薪資調查的企業保證提供調查總結的報告，及確保回答資料的保密性。因為薪資調查後，資料的分享是參加的企業願意花時間填寫問卷的原因之一。在薪資調查彙總表上，要將參加企業的名稱用代號表示，以達到個別公司之間的薪資保密。

通常一般薪資彙總表，分為三段式的資料來說明：

1.一般人事、福利資料概述（例如各公司的員工人數、產品別、工作時間、各項津貼等）。
2.一般薪資概況（例如新進人員的起薪、年度調薪預算百分比等）。
3.各調查標竿職位薪資彙總統計（包括各職位的人數、最高薪資、最低薪資、平均薪資等）。

薪資調查資料的分析結果，可以作為企業薪資結構是否調整的依據、年度調薪幅度預算的參考，及薪資掛鉤的各項人事規章制度的修改等。

(七)薪資調查的週期

由於各企業年度調薪月份的不同，薪資資料隨時在變，故薪資調查是經常性的工作，調查的頻率或週期的長短，可依下列的情況決定：

1.企業內部異於常態的員工流動現象產生時。
2.勞動力市場人力供需失調時。
3.競爭同業年度調薪後。
4.企業關鍵職位人員招募困難時。

依據薪資調查資料，企業能夠瞭解該地區各職位大概的薪資狀況，才不致付出太高的薪資，搞亂了當地勞動力市場的薪資給付行情，提高了產品的生產成本，削弱了產品在市場的競爭力，亦不致因給付得太低而成

爲同業的人才訓練所。同時，在每一位員工期望調薪之際，有一調薪的準繩，才不致盲目調薪，自亂陣腳。

(八)年度薪資調查的作業準則

薪資調查不是一次結案的行爲，一旦企業開始進行薪資調查後，下列的幾項作業準則需要遵循，以保證勞動力市場薪資調查結果的連續性和準確性。

1.每年在同一時間進行調查。
2.每年使用基本相同的企業群體做調查。
3.薪資調查中使用相同的標竿職位。
4.分析、比對薪資數據時，使用相同的統計方法。
5.仔細監控調查問卷，刪除不需要或不再有用的問題。
6.比對去年該企業提供資料的差異性，並設法瞭解之。（高成男編著，2000：116-118）

(九)取得薪資調查後的作業

各企業可設定要比對的對象爲哪一種產業別，並取得相關業別的薪資調查整理報告，然後進行下列檢視：

1.在招募與留才方面：參考各職位一般無工作經驗的起薪，及有專業經驗的給付薪資水準，以避免求職者要求不合理之薪資；檢視各職務之薪資給付在市場上是否具有競爭力，避免流失優秀人才。
2.在制定薪資福利政策方面：調整公司薪資策略的百分位數（P50、P75、P90）、檢視目前公司在同質性產業中的薪資定位百分位數、檢視公司內部人力成本是否偏低／適中／偏高、參考當年度一般企業調薪幅度，以及檢視企業之薪資結構是否與同質性產業相去甚遠。

(十)薪資調查的指導原則

在準確的薪酬調查蒐集的資料之後，可作下列用途：

1.公平地反映市場現行的薪酬水平。

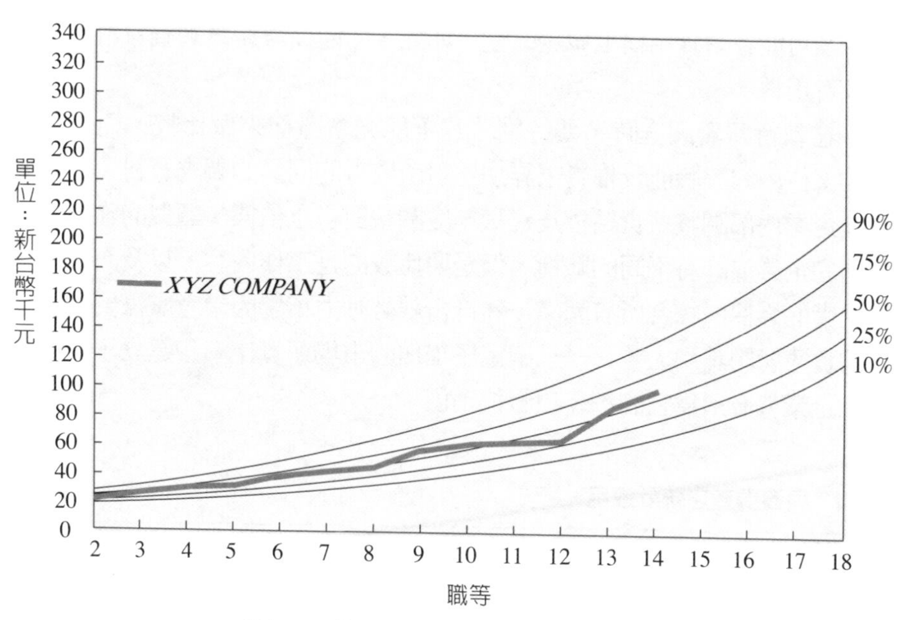

圖4-5　薪資調查結果統計分析比較表

資料來源：美商惠悅企業管理顧問公司台灣分公司編印。「薪資管理研討會」講義。

2.可以為所有的職位訂立起薪點。

3.顯示出不同職級之不同薪酬差異。

4.比較公司現行的薪酬與就業市場的差異。

5.薪資調查結果作為調整公司的薪酬水準的依據，增加對外的競爭能力。

6.可以清楚地將調查結果向員工及工會解釋，說明公司的薪酬政策是公平合理的。

薪資調查必須仔細、全面，以保證建立起合理的薪酬結構和有效的薪酬方案，這種複雜的行動千萬不可掉以輕心。

(十一)薪資調查注意事項

薪資調查資料整理後，在執行薪資結構調整時，務必用電話（手機）再跟參加薪資調查承辦人員再校對一次，因在這段期間內，參加調查

的企業可能在薪資結構上做過改變，如此，才能保證薪資調查資料的準確性及可用性。

在執行薪資調查時，要特別注意不能光拿職稱來做比較，而要以實際的工作內容、職能及權責來詳加比對所取得的同業的調查資料，才可運用在企業內部調整薪資結構及建議年度調薪與否之依據。類似的職務，在不同的企業或許有不同的職稱，但是要比較的是工作內容，以及該職位所應具備的條件。綜合所有因素，然後再就勞動力市場因素考慮需要給付多少薪資才能聘請到人才。一旦確定了工作的市場薪資比率和建立了薪資政策，企業就必須爲它的每一項職位定價。

表4-4　薪資調查之統計運用

平均數（Mean）

平均數是幾個數字加總，再除以（÷）這「幾」個數目而來。

例如：5位助理技術員之月薪分別為16,200、16,400、16,450、16,600、17,050，其計算平均數公式為：

（16,200＋16,400＋16,450＋16,600＋17,050）÷5＝16,540（平均數）

加權平均（Weighted means）

加權平均是將個別平均數，用該平均數之原有資料觀測值之數目予以加權。例如：

公司名稱	助理工程師人數	平均薪資
甲公司	5	30,000
乙公司	8	31,000
丙公司	12	32,000

加權平均計算公式為：

5×30,000＋8×31,000＋12×32,000÷（5＋8＋12）＝31,280（加權平均）

非加權平均計算公式為：

（30,000＋31,000＋32,000）÷3＝31,000（非加權平均）

中位數（Median）

一組薪資調查資料觀測值由小至大，排成序列，位置中間的數字稱為中位數。其意義在於可以擷取趨中資料，避免受到極端值的影響，例如：

16,200
16,400
16,450　（中位數介在16,450與16,600之間，其值為16,525）
16,600
17,050
17,200

（續）表4-4　薪資調查之統計運用

衆數（Mode）

衆數是資料序列中，發生次數最多的特定數目。

例如：16,200、16,350、16,500、16,500、16,500、16,750、16,900、17,000、17,150這九組數目中，16,500出現三次，即為衆數所在。

百分比（Percentiles）

資料自小至大的序列中，有同樣百分比之觀測值低於該百分位所出現之觀測值。例如：在一組由小而大排序的月薪資料之中，第80分位的數值若為32,000，表示在該月薪序列中有80%的月薪都少於32,000。

百分比之觀測值計算的方法是以「P」代表百分位，「n」為資料觀測值之數目，將資料觀測值由小而大排序並加以編號，則百分位所代表的則是P (n+1)的觀測值。

資料觀測值	排序編號
31,670	11
31,000	10
29,570	9
28,560	8
28,010	7
27,600	6
26,900	5
25,890	4
25,670	3
24,560	2
23,000	1

第10百分位＝（.10）×（11+1）＝（.10）×（12）＝第1.2個觀測值

觀測值＝23,000＋（0.2）×（24,560-23,000）＝23,000＋312＝23,312

（註）：23,000為第1個觀測值，24,560為第2個觀測值

第25百分位＝（.25）×（11+1）＝（.25）×（12）＝第3個觀測值

（註）：25,670為第3個觀測值

第50百分位＝（.50）×（11+1）＝（.50）×（12）＝第6個觀測值

（註）：27,600為第6個觀測值

第75百分位＝（.75）×（11+1）＝（.75）×（12）＝第9個觀測值

（註）：29,570為第9個觀測值

第90百分位＝（.90）×（11+1）＝（.90）×（12）＝第10.8個觀測值

觀測值＝31,000＋（0.8）×（31,670-31,000）＝31,000＋536＝31,536

（註）：31,000為第10個觀測值，31,670為第11個觀測值

四分位（Quartiles）

四分位是將資料序列觀測值之數目分為四等分，因此，第一等分位的最高值又稱為第一個四分位，第二等分位的最高值又稱為第二個四分位，第三等分位的最高值又稱為第三個四分位，第四分位的最高值又稱為第四個四分位，而第四個四分位之觀測值，即是資料序列之最大值。第一個四分位表示該資料序列中有25%的觀測值低於第一個四分位所出現之觀測值。

（續）表4-4　薪資調查之統計運用

第75百分位＝第三個四分位
第50百分位＝第二個四分位＝（中位數）
第25百分位＝第一個四分位
第一個四分位及第三個四分位之間距稱為四分位差距，期間就囊括了資料序列中間50%的觀測值。

幅距

幅距就是一組資料的最大觀測值與最小觀測值之差。例如：

	會計員	資深會計員
	20,000	35,000
	19,400	29,000
	19,000	28,600
	18,500	28,000
	18,200	27,000
	18,000	26,500
	17,300	26,000
	17,000	25,800
	16,500	25,500
	16,000	25,000
人數	10	10
幅距	4,000	10,000
四分位差距	2,225	2,975

（以會計員為例，第三個四分位值為19,100，第一個四分位值為16,875。19,100-16,875＝2,225）

資料來源：羅業勤（1992）。《薪資管理》，頁6-6～6-17。自印。

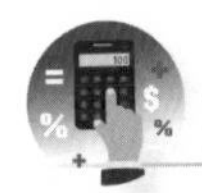

第三節　薪資結構設計方法

薪資理論沒有一套科學的方法對薪資的決定提供滿意的答案。在傳統上，薪資系統有兩種基本的給付基礎，一是「產量」，另一則是「時間」。根據這兩種給付基礎，十六世紀的義大利威尼斯商人分別發展了按件計酬制（piece rate system）與按時計酬制（time rate system）的兩種不同的薪資給付制度。但「產量」與「時間」只反映薪資在核算基礎上有兩種不同的單位，但不足以說明薪資隨著地區性、職務類別、績效貢獻度與個人特有技能等因素所產生的差異。所以，在設計薪資制度的考量時，仍

表4-5　能力主義薪資管理的要點

1.薪資制度是否具有足夠彈性，以因應組織內外環境的變動。 2.是否重視個別員工能力上的差異。 3.薪資高低是否能充分反映個人的工作績效。 4.員工是否以實際績效爭取更高的待遇。 5.薪資的高低是否配合擔任工作的重要性及困難度。 6.薪資增加幅度是否超過勞動生產力上升的幅度。 7.加薪是否有合理的標準或僅憑主觀的判斷。 8.獎金的發放是否以工作績效為依歸。 9.現行的薪資制度，多數的優秀員工是否認為公平。 10.不同的工作性質應有不同的薪資制度，如：生產獎金或銷售獎金等。 11.薪資制度是否與職位、考績、升遷、訓練等制度相結合。 12.薪資結構是否定期檢討，機動調整。 13.薪資是否達成「同功同酬」的要求。 14.薪資水準與同地區或同性質公司相比較是否相當。

資料來源：丁志達主講（2018）。「薪酬福利規劃與管理實務訓練班」講義。台灣科學工業園區科學工業同業公會中區辦事處編印。

需多方面加以分析。

一、薪資政策線

薪資設計有幾個關鍵步驟，其中薪資政策線（pay policy line）是非常有用的決策工具，根據勞動力市場的薪酬水準制定出內部薪酬所採用的策略，它事關每個員工利益、組織士氣、組織未來發展。例如，約翰霍普金斯醫院（The Johns Hopkins Hospital）之類的頂尖醫院給付護士的薪資政策可能是：比就業市場行情高20%。就薪資目的而言，薪資政策線用來針對職位價值或其他相關規模標準進行薪資預測。

薪資政策線的作用在於確定組織各薪等的基點，形成組織薪資水準的基準線，並以此結合等寬與等幅（通常不隨著薪資政策線調整而調整）、等中點（必須隨著薪資政策線調整而調整）、等距與等疊（只有薪資政策線斜率調整才會隨著調整等），建立整體薪酬結構基礎。

設計薪資政策線，要經過內、外部的薪酬調查、薪酬分位值選取、目標初始值確定、線性回歸（linear regression）計算、繪製政策線等步

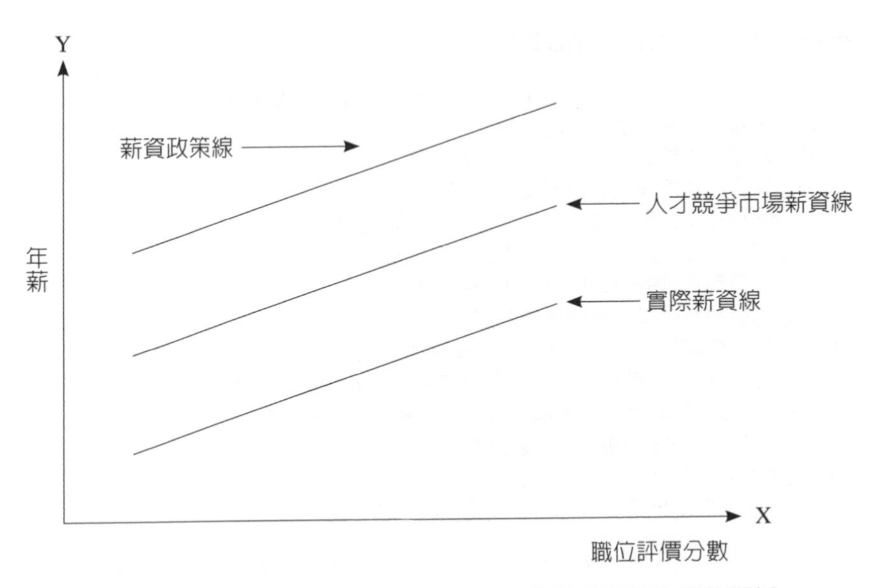

圖4-6　薪資政策線與人才競爭市場薪資線和實際薪資線之間的關係

資料來源：惠悅管理顧問公司。

驟。該些步驟環環相扣，數據計算步步相爲依據，具有較強的專業性，絕非「湊數字」可代替。

二、整體獎酬計畫考量面向

在任何制度下每一工作都有其底薪，也就是工作的代價。爲使整體獎酬計畫的周延性，需從下列幾個面向加以考量：

1.勞動力市場：瞭解勞動市場獨特的競爭優勢及求才、留才所面臨的重要挑戰，並將此資訊融入內部或外部的人力供需趨勢分析中。
2.雇主：瞭解企業的營運目標，及爲達成目標所需的人才、技能和價值驅動關鍵要素，進而制定相關的人力資源策略。
3.員工：瞭解各領域、階層員工不同的期望及觀點。
4.競爭市場：瞭解整體獎酬在競爭市場中的定位，以及對於落實營運策略的幫助。

5.財務狀況：瞭解目前及未來之獎酬設計對於企業的影響及其成本結構。

6.環境分析：瞭解企業內部及勞動力市場上相關獎酬計畫的運作方式，以及各項獎酬計畫如何與整體獎酬配合，並且找出對於員工和成本的影響。

透過上述的探討，企業可以在合理的成本支出下，找出提升整體獎酬連結組織效益及員工價值的做法（徐可柔譯，2003）。

三、決定個人薪資的因素

基本上，基本工資爲每個員工提供了穩定的經濟保障，但是對更高級別的員工來說，他們不應該對基本工資就感到滿足了。所以，決定個人薪資時，會考慮的一些相關因素有：

1.職務：以工作分析、工作評價等方法衡量職務的價值，並以工作價值爲核薪的主要依據，包括職務責任的大小、工作條件、職務相關的技能、職務內容、職位層級高低、工作環境等。

2.技能：以員工所具備的技能程度爲核薪的主要依據。包括員工的專業知識、管理才能、語言能力、教育程度、工作資歷、工作熟練度、各類證書等。

3.績效：以員工的績效表現爲核薪的主要依據，包括工作績效、工作品質、銷售量、目標達成率等。

每個員工得到的浮動工資金額（低級別，浮動工資比率小；高級別，浮動工資比例大），反映了個人和公司績效。浮動報酬計畫建立在：每個人都應該根據自己對企業的貢獻從企業的成功中受益。

表4-6　決定薪資系統考慮的因素

外在因素	組織因素	工作因素	個人因素
1.市場因素 ・就業市場勞動力供需情況 ・大學、專科、高職學生人數狀況 ・地區性工商業專業人員流動率情形 ・勞動力結構變化的情形 ・經濟景氣與失業率狀況 2.工會因素 3.區域與同業薪資狀況 4.政府法令的規定 5.社會習慣	1.公司在該地區與同業分析比較 2.公司的獲利與付薪的能力水準 3.公司的經營規模與大小 4.資本密集或勞力密集的行業屬性 5.公司的經營理念 ・採領先薪資或跟隨市場價碼 ・薪資與福利狀況	1.技術 ・心智能力的要求 ・職務的複雜性 ・個人的資格條件 ・做決定與判斷的能力 ・管理能力 ・教育／訓練／知識社會與人際關係 ・專業與技術操作能力 ・做日常工作能力 ・動作性向能力 ・創新能力 ・適應能力 ・先前經驗 2.責任 ・做決定的水準 ・監督的能力 ・所負責工作與營利的關係 ・接觸公眾與接觸顧客能力 ・工作的可靠性及正確性 ・使用設備、材料及經管的財產 ・擁有公司機密文件的程度 3.努力 ・體力的要求 ・心智的能力 ・注意力的久暫 ・工作的忍受度 4.工作條件 ・工作環境 ・工作危險性	1.績效／生產力 2.工作經驗 3.發展潛能 4.個人特質 ・工作意願 ・職務與地位 ・工作時間 ・工作單調性 ・出差頻率

資料來源：李長貴（1997）。《績效管理與績效評估》，頁264-266。華泰文化。

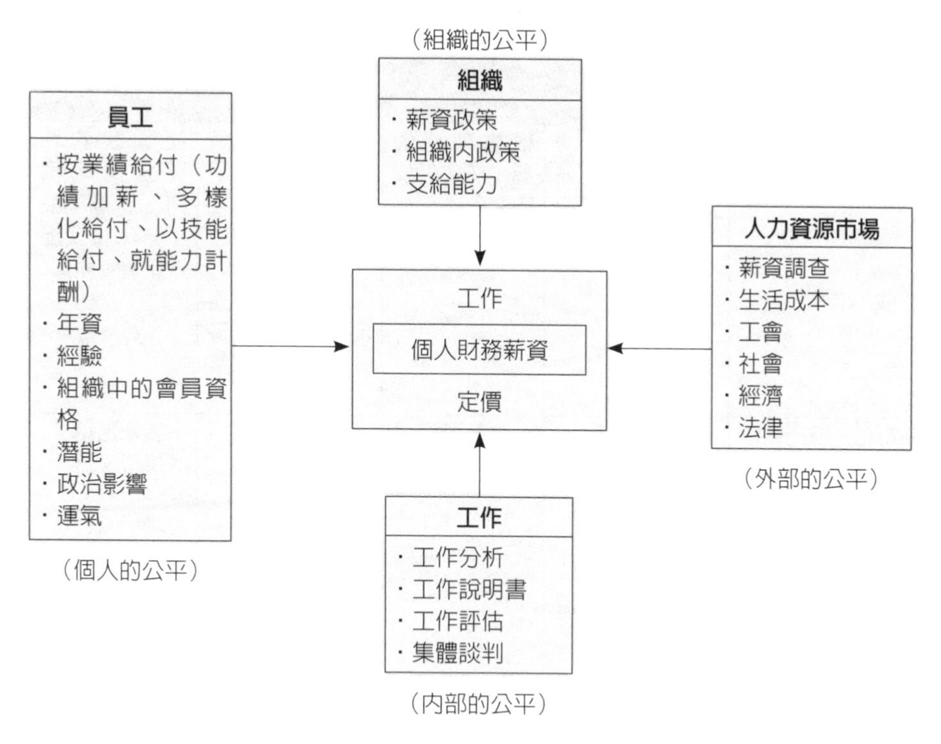

圖4-7　個人財務性薪資之基本因素

資料來源：Mondy, R. Wayne & Noe, Robert M., III, (1987). *Personnel: The Management of Human Resources*. Allyn and Bacon. Inc., p. 417.

四、薪酬設計的關鍵性要素

企業為了滿足多元目標，在薪酬設計時必須兼顧多項要素。完整的薪酬設計，應包含下列四項關鍵性要素：

1.保健基準性薪酬（hygiene-based pay）：組織基於外部公平性考量，以員工適當的保健需要為基準所設計的薪酬。

2.職務基準性薪酬（Job-based pay）：組織基於外部公平性考量，以企業內各項職務的相對價值為基準所設計的薪酬。

表4-7　薪資設計理論要素與實務制度之整合性模式

理論要求／實務制度	保健要素	職務要素	績效要素	技能要素
本薪制度	根據保健需要決定薪資水準（薪資曲線的全距及其斜率）	根據職務價值，決定各項職務所適用的薪等	・在固定的薪資全距範圍，薪等不變下，視績效決定員工薪資 ・決定是否調整適用的薪等（視績效調整職務）	在固定的薪資全距範圍內（薪等不變下），視技能決定員工薪資
特定性質的薪酬制度	・伙食津貼 ・交通津貼 ・偏遠地區津貼 ・房租津貼 ・眷屬津貼 ・派外津貼 ・生活成本調整方案	・主管加給 ・專業加給	・生產獎金 ・銷售獎金 ・功績獎金 ・年終獎金 ・員工認股 ・加班費 ・紅利	・技術加給 ・學位加給

資料來源：諸承明（2003）。《薪酬管理論文與個案選集——台灣企業實證研究》，頁55。華泰文化。

3.績效基準性薪酬（performance-based pay）：組織基於激勵員工努力考量，以員工的績效表現爲基準所設計的薪酬。

4.技能基準性薪酬（skill-based pay）：組織基於激勵員工學習之考量，以員工的技能程度爲基準所設計的薪酬。（諸承明編著，2003：53-54）

在各種薪資類型中，保健基礎薪資具有員工生活保障與員工工作之報酬兩方面的意義，屬於「屬人薪」；職務基礎薪資較易導致外部公平性、內部公平性、激勵性及對整體薪資的滿足。當企業採用職務基礎薪資時，相對的應開放適度的員工參與及高度的溝通管道，以使員工能充分反應其意見，適當調整薪資組合；績效基礎薪資較易導致外部公平性、激勵性及對整體薪資的滿足，當企業採行績效基礎薪資時，應輔以適度的員工參與及溝通管道；在技能基礎薪資方面，它是以「拉」的方式讓員工主動

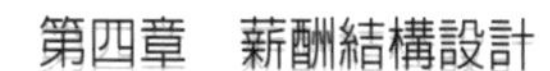

學習，而不是以「推」的方式要求員工被動受訓，使員工能擁有多種的技能，保持組織的彈性，當企業若要實施技能基礎薪資時，應注意提供多樣化的教育訓練，同時謀求更完善的技能給薪制度，減少員工的抗拒程度，讓技能基礎薪資眞正發揮其功能（洪瑞聰、余坤東、梁金樹，1998：50-51）。

表4-8　薪酬設計的理論要素——四要素模式之觀念整理

薪酬要素	保健基準性薪酬	職務基準性薪酬	績效基準性薪酬	技能基準性薪酬
設計目的	維護薪酬的外部公平性	維護薪酬的內部公平性	激勵員工的工作動機	激勵員工的學習動機
薪酬基準	員工適當的保健需要	各項職務的相對價值	員工的績效表現	員工的技能程度
核薪依據	物價、生活水準、薪資調查資料	職務評價分數	績效評估分數	技能評鑑分數
理論基礎	公平理論 （外部公平）	公平理論 （內部公平）	期望理論 代理理論	學習理論 組織變革理論
保健要素	·參考物價指數、地區生活成本、國民平均所得 ·參考公務人員調薪幅度 ·參考同業及當地就業市場的薪資水準 ·考慮到員工的家計責任與負擔 ·提供適當的生活津貼	·考慮到職位高低與職責大小 ·根據職務評價結果給予適當薪酬 ·考慮到職務的內容與性質 ·考慮到工作場所與周邊環境 ·考慮到該職務必備的基本條件與資格	·根據績效表現給予適當薪資 ·薪資隨著該月份實際績效而變化 ·調薪幅度根據過去一年的績效表現 ·紅利與年終獎金隨著貢獻度而變化	·具備新技能時會有薪資上的激勵 ·員工技能條件不同，薪資會有所差異 ·調薪幅度參考過去一年的教育訓練紀錄
配合措施	薪酬調查系統	職務評價系統	績效評估系統	教育訓練系統

資料來源：諸承明、戚樹誠、李長貴（1998）。〈我國大型企業薪資設計現況及其成效之研究：以「薪資設計四要素模式」爲分析架構〉。《輔仁管理評論》，第5卷，第1期，頁102。／諸承明（2003）。《薪酬管理論文與個案選集——台灣企業實證研究》，頁53。華泰文化。

五、給付等級的決定

等級（職等）的設計係依工作評價的結果，將工作的困難度、職責等類似功能的職位予以歸類，以利於組織內人力的調動與運用，而薪資結構設計重點之一，即在給付等級的決定。

公平，是薪酬管理體系設計的基礎，是一種基本的組織文化理念。對企業而言，企業要想能夠吸引、激勵和留任人才，必須力爭薪酬公平，眞正做到同工同酬，依據工作和個人貢獻及業績水準來設計薪酬管理體系，已經成爲一種必然的趨勢。

薪資管理實施步驟依序如下（參考**圖1-4**）：

1.實施薪資調查，瞭解同業間之薪資水準。
2.進行工作評價決定工作的相對價值。
3.將工作群集歸至各個給付等級。

工作評價決定工作之間的相對價值之後，即可決定各項職位的薪資待遇。

六、設計薪資結構的步驟

薪資管理的核心問題是薪資制度。一般薪資結構設計，有下列幾個步驟：

1.將薪資調查的結果畫成分布圖。
2.將差異過大的薪資資料剔除。
3.畫出市場平均薪資線。
4.畫出公司目前的平均薪資線。
5.決定公司的薪資政策線。
6.決定職位等級數。
7.計算各職等的薪幅等中線。

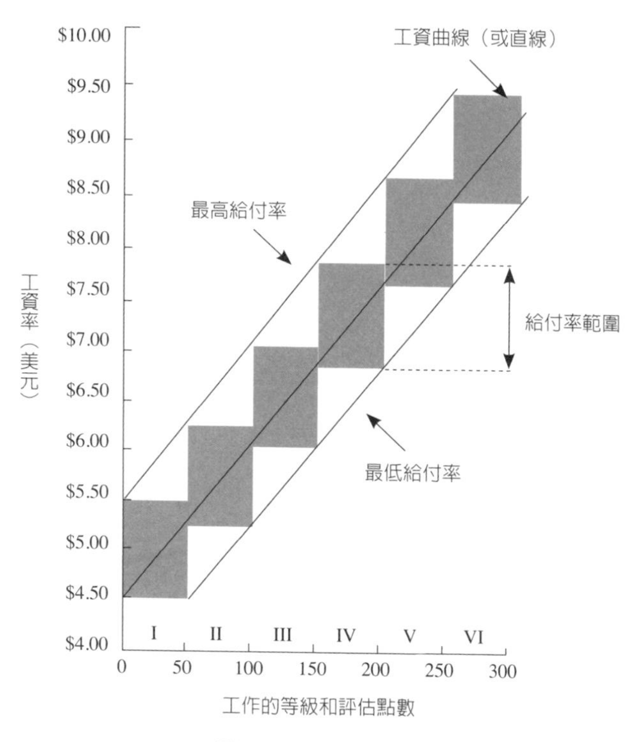

圖4-8　工作結構圖

資料來源：方世榮審校（2017）。Gary Dessler著。《現代人力資源管理》（第十四版），頁359。華泰文化。

8.決定各職級的薪幅範圍。

9.完成薪資結構。

有效的薪資系統，能夠使組織中與就業市場中的薪資水準一致，並隨著消費者物價指數（CPI）的變動，薪資水準有所調整，而且對於表現傑出的員工，亦能夠彈性化地給予額外的加薪，其方式亦必須簡單易懂。

表4-9　薪資結構設計表

職等	薪資（月薪）					薪資全距（%）	薪等間距（%）
	1Q 最低薪資	2Q	等中點	3Q	4Q 最高薪資		
1	20,167	22,184	24,200	26,217	28,233	40	
2	22,131	24,621	27,110	29,600	32,089	45	12
3	24,784	27,572	30,360	33,148	35,936	45	12
4	27,688	31,149	34,610	38,071	41,532	50	14
5	31,568	35,514	39,460	43,406	47,352	50	14
6	36,304	40,842	45,380	49,918	54,456	50	15
7	40,933	46,562	52,190	57,819	63,447	55	15
8	47,482	54,011	60,540	67,069	73,598	55	16
9	55,082	62,656	70,230	77,804	85,378	55	16
10	63,208	72,689	82,170	91,651	101,132	60	17
11	73,954	85,047	96,140	107,233	118,326	60	17
12	87,270	100,360	113,450	126,541	139,631	60	18
13	102,985	118,433	133,880	149,328	164,775	60	18

說明：

1.等中點（S）：依就業市場薪資調查資料及企業內薪資政策而決定的金額。

2.薪資全距（Y）：薪資全距之決定來自於就業市場薪資調查資料，以及企業內該職等各工作熟練階段所需歷練的時間來決定。公式如下：

（同一職等最高薪資－同一職等最低薪資）÷同一職等最低薪資×100＝薪資全距

3.最低薪資公式：$S-\{S\times[Y\div(2+Y)]\}$

4.最高薪資公式：$S+\{S\times[Y\div(2+Y)]\}$

5.薪等間距：薪等間距係指相鄰之上一薪等（較高職等）之等中點除以（÷）下一薪等（較低職等）等中點之比（%）。例如：

27,110（第2職等等中點）÷24,200（第1職等等中點）×100＝12%

6.職等重疊部分：相鄰二職等，下一職等（較低職等）與上一職等（較高職等）之等幅中彼此重疊的部分，由下一職等（較低職等）之最高薪資減去（－）上一職等（較高職等）之最低薪資，再除以（÷）上一職等（較高職等）最高及最低薪資的差距。例如：

（甲）7職等與8職等的重疊

63,447（7職等最高薪資）－47,482（8職等最低薪資）＝15,965

（乙）8職等的等幅

73,598（8職等最高薪資）－47,482（8職等最低薪資）＝26,116

（丙）7職等與8職等重疊率為：

（63,447－47,482）÷（73,598－47,482）×100＝61%

資料來源：丁志達主講（2019）。「薪酬福利規劃與管理實務訓練班」講義。台灣科學工業園區科學工業同業公會編印。

範例4-2

亞馬遜網路書店的薪資設計

亞馬遜網路書店（Amazon com.）是處在一種低毛利、高競爭的行業，因此在公司內提倡節儉的企業文化，從精簡的員工、儉樸的辦公設備，都可感受到其文化，但是對於公司最重要的資產——員工，亞馬遜網路書店卻有另一套激勵的方案，它從重點大學或競爭者那裡吸引優秀的人才，雖然一開始報酬並不比同業高，但只要員工表現進步，亞馬遜網路書店卻會將員工的現金報酬減少，而以公司股票購買方案來鼓勵員工不斷努力成長。

資料來源：EMBA世界經理文摘編輯部（2000）。〈發揮報酬的驚人力量〉。《EMBA世界經理文摘》，第161期，頁126。

第四節　薪資結構管理

爲了有效吸引、激勵與留置人才，企業需要重新聚焦薪酬設計希望達到的目的爲何。薪資結構是管理上作爲一種勞動成本控制的方式，爲員工起薪、晉升、調薪等的準則。設計薪資結構時，會使用上一些專有術語（名詞），諸如：薪資等級（pay grades）、薪資全距（salary range）、薪資均衡指標（compa-ratio）、中位數（midpoint）、最低薪資（the minimum of salary range）、最高薪資（the maximum of salary range）、等重疊（overleap）、薪等間距（midpoint progression rate）、工資曲線（wage/salary curves）等。

一、薪資等級

爲了簡化一個薪資結構的管理，相似價值的工作經常被分等，稱爲薪資等級。如果工作評價是使用因素點數法，等級通常定義爲在某種點數範圍以內；如果使用因素比較法，則可以使用一個金錢範圍來定義等級。

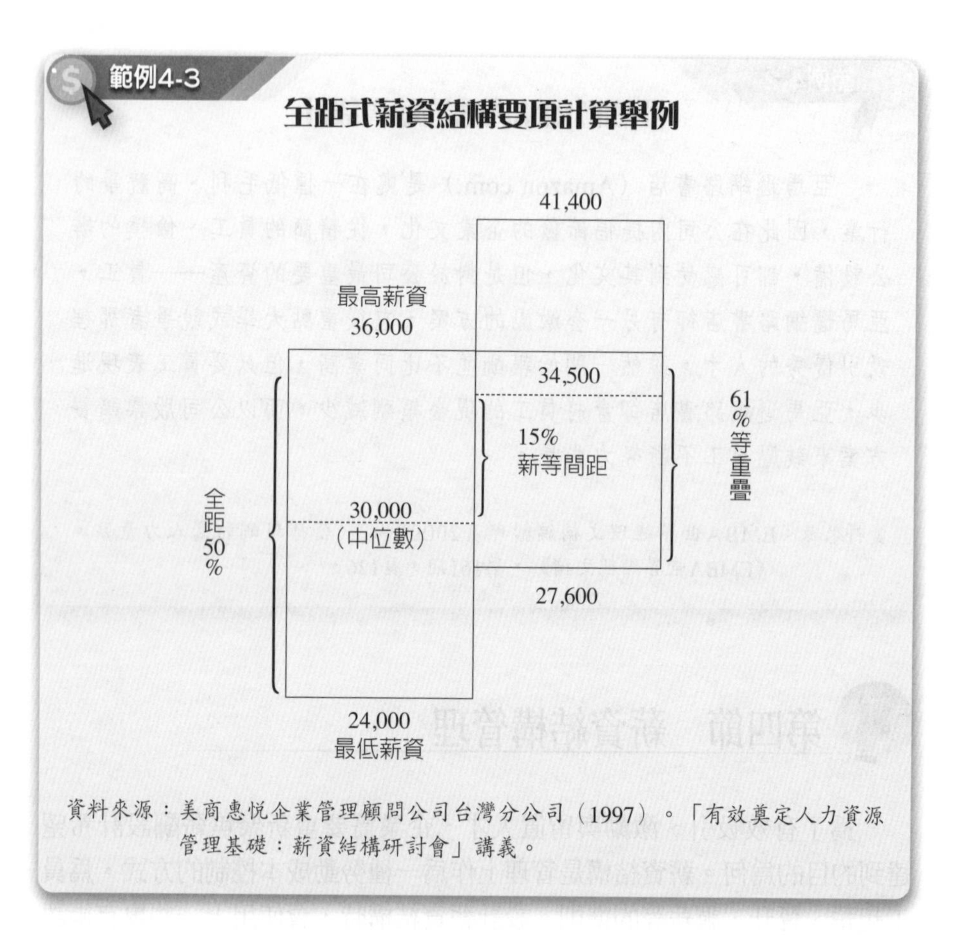

資料來源：美商惠悦企業管理顧問公司台灣分公司（1997）。「有效奠定人力資源管理基礎：薪資結構研討會」講義。

理想而言，薪資等級內的員工薪資落點應該根據績效或功績，但事實上，這個區分經常僅依據年資，當員工達到一個特定等級的範圍頂端時，這個員工只有升至一個更高的等級，薪資方能被增加。

薪資等級的設計，有以下的優點：

1.便以調整薪資全距。

2.能確認工作評價，以達完美境界。

3.職位列等後，可不再論積分，即能區別職位與職位之間的相對關係。

4.職位列等後，可易於辨識升遷與否。

職系、職等、職稱總表

<table>
<tr><th>職等</th><th>職稱</th><th colspan="2">行政管理職系職稱</th><th>業務管理職系職稱</th><th>企劃管理職系職稱</th><th>技術服務職系職稱</th><th>電腦應用職系職稱</th></tr>
<tr><td>1</td><td>管理（技術）員</td><td colspan="2">助理</td><td></td><td></td><td>技術員、助理工程師</td><td></td></tr>
<tr><td>2</td><td>管理員
技術員</td><td colspan="2">專業助理</td><td>工程師</td><td>規劃員</td><td>工程師
資深技術員</td><td>設計師
工程師</td></tr>
<tr><td>3</td><td>管理員
技術員</td><td colspan="2">資深專業助理
助理秘書</td><td>工程師</td><td>資深規劃員</td><td>工程師
資深技術員</td><td>設計師
工程師</td></tr>
<tr><td>4</td><td>初級管理師
初級工程師</td><td colspan="2">副課長（副主任）
秘書、專員</td><td>資深工程師</td><td>專員</td><td>高級工程師</td><td>高級設計師</td></tr>
<tr><td>5</td><td>初級管理師
初級工程師</td><td colspan="2">課長（主任）
資深秘書、專員</td><td>資深工程師</td><td>專員</td><td>高級工程師</td><td>高級設計師、分析師
高級工程師、管理師</td></tr>
<tr><td>6</td><td>初級管理師
初級工程師</td><td colspan="2">資深課長（資深主任）
資深秘書、專員</td><td>專員</td><td>專員</td><td>專員</td><td>分析師
管理師</td></tr>
<tr><td>7</td><td>中級管理師
中級工程師</td><td colspan="2">副理、執行秘書
高級專員</td><td>副理
高級專員</td><td>副理
高級專員</td><td>副理
高級專員</td><td>副理、高級分析師
高級管理師</td></tr>
<tr><td>8</td><td>中級管理師
中級工程師</td><td colspan="2">經理、執行秘書
高級專員</td><td>經理
高級專員</td><td>經理
高級專員</td><td>經理
高級專員</td><td>經理、高級分析師
高級管理師</td></tr>
<tr><td>9</td><td>中級管理師
中級工程師</td><td colspan="2">資深經理（S. M.）
高級經營規劃專員</td><td>資深經理（S. M.）</td><td>資深經理（S. M.）</td><td>資深經理（S. M.）</td><td>資深經理（S. M.）</td></tr>
<tr><td>10</td><td>高級管理師</td><td colspan="2">資深經理（DIR.）
高級經營規劃專員</td><td>資深經理（DIR.）</td><td>資深經理（DIR.）</td><td>資深經理（DIR.）</td><td>資深經理（DIR.）</td></tr>
<tr><td>11</td><td>高級管理師</td><td rowspan="5">經營管理職系</td><td>協理</td><td>協理</td><td>協理</td><td>協理</td><td>協理</td></tr>
<tr><td>12</td><td>高級管理師</td><td>副總經理</td><td>副總經理</td><td>副總經理</td><td>副總經理</td><td>副總經理</td></tr>
<tr><td>13</td><td>經營管理師</td><td>資深副總經理</td><td>資深副總經理</td><td>資深副總經理</td><td>資深副總經理</td><td>資深副總經理</td></tr>
<tr><td>14</td><td>經營管理師</td><td colspan="5">執行副總經理</td></tr>
<tr><td>15</td><td>經營管理師</td><td colspan="5">總經理</td></tr>
</table>

資料來源：聯強國際機構職位分類通則。

至於薪資等級應分多少等級（職等）才恰當，取決於企業組織層級多寡而定，一般劃分爲九至十五個等級居多。

二、薪資全距（salary range）

薪資全距（薪資幅度、薪資隔差）是指由薪資最低值（minimum，最小薪資）至最高值（maximum，最多薪資）所組成的一系列薪資範圍，是組織在正常情況下給付員工最少及最多之薪資幅度。薪資範圍的中位數或其他確定的控制點代表薪資結構中的目標薪資。

薪資全距的建立，涉及兩個基本面：

1.確定不同的工作對組織的相對價值（確保內部公平），工作評價是決定工作對組織的相對價值的主要方法。
2.為不同的工作定價（確保外部公平），薪資調查則是工作定價最常用的方法。

薪資全距的設計，係依據各職等中的薪資中位數來計算，決定其應該將全距拉寬多少幅度，再決定薪資等級的最高與最低薪資。薪資全距常隨等級的性質而異，通常等級越高，薪資全距值越大，若屬低職位，薪資全距在30%～40%之間，而專業技能與管理職位則應有50%～60%的薪資

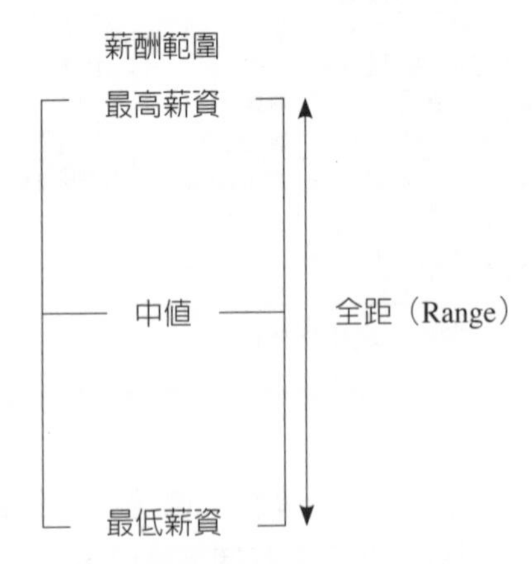

圖4-9　全距式架構

資料來源：惠悅企管顧問公司。

表4-10　與績效和資歷相關的幅度層級的定義

幅度層級	說明
第一級（0～25分位數）	此等薪資的員工通常缺乏經驗，在工作表現上有更多學習及成長空間。隨著員工在職位工作不斷進步，薪資提升的速度也相對較快，如果員工的薪資沒有從這一較低範圍內獲得提升，便可歸納為由於績效方面的問題。
第二級（25～50分位數）	此一層級的員工通常在該職位責任與義務績效表現上達到既定標準，並且有令人滿意的進步。員工的績效表現或許已達到被接受的程度。但由於他們的績效從未超過這一職位的平均績效水準，使得他們的薪資永遠無法超出此範圍。而部分員工則因為隨著他在此職位上工作時間累積及績效已超過既定標準，或有例外性的績效被認可而獲得晉升，其薪酬將會繼續獲得增加，並且超出這一等級。
第三級（50～75分位數）	此層級的員工，通常能不斷超越其職位責任與義務應有平均績效標準，或者在幾年中表現出至少職位標準績效的員工，很少員工的薪資能夠超出這一層級。
第四級（75～100分位數）	這一層級員工在其職位中持續表現優異，或是在長期被證明有持續優良的績效表現。

資料來源：丁志達主講（2018）。「績效導向的薪酬結構設計和管理」講義。美商鄧白氏公司編印。

全距，分布程度較大，但在實施扁平寬幅薪資結構型態的企業，同一層級的薪資全距值範圍也可能擴大超過150%以上。

全距的大小通常與工作的重要性、價值與所需技能有關。工作的重要性與所需技能愈高，其薪幅應愈大。薪資全距值的計算公式，係由最高薪資減（－）最低薪資，除以（÷）最低薪資，通常用百分比來表示。

三、薪資均衡指標

薪資均衡指標是對薪資控管的重要測度，公式如下：

薪資均衡指標＝實際薪資÷標準薪資（薪等中位數）

從薪資均衡指標中可窺知實際薪資與薪資曲線的薪等中位數相近程度。理論上，可得知公司實際薪資和調查薪資的相近程度。在運用上，以百分比來顯示一位員工目前薪資與薪等中位數的距離。根據薪資均衡指標的結果，如果相對比較率爲100，即表示某一等級的員工薪資總平均值與

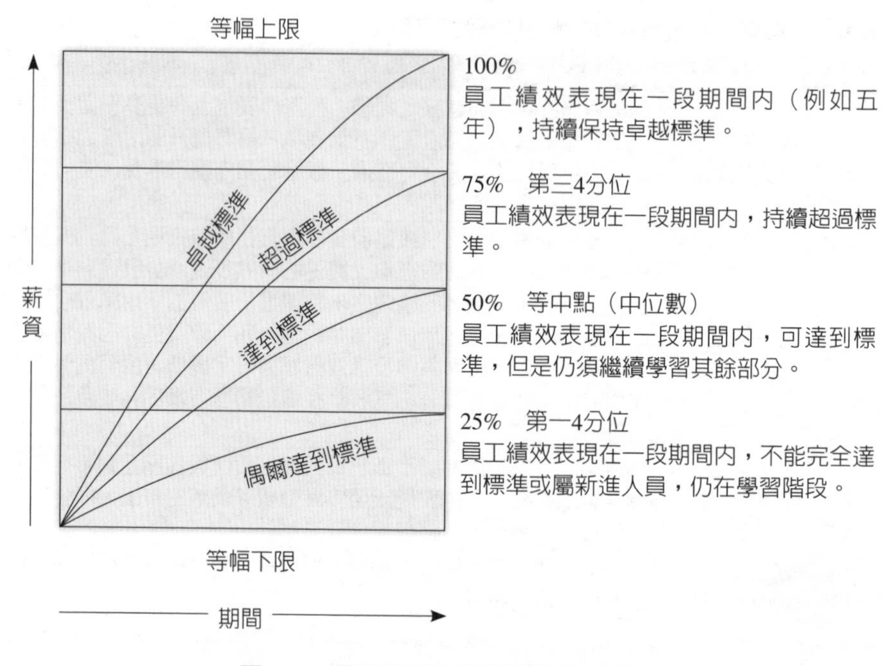

圖4-10　薪資等幅中有關績效之界疇

資料來源：羅業勤（1992）。《薪資管理》，頁7-3。自印。

薪資表中相同層級的薪等中位值完全相符。若是相對比值高於100，則表示屬於此一層級的資深員工過多，或過多職位的薪資水準是落在於此一層級的頂端；若是相對比值低於100時，可能有下列情況存在：

1.表示公司的薪資水平不再具有競爭性。
2.近年來內部的工作擴展，新進員工過多。
3.過度人事流動，產生對新進員工的需求，這些員工所支領的是較低的起薪。
4.公司不需藉支付高薪去招募和留住員工。
5.就此行業的工作而言，公司的薪等中位數訂得太高。
6.本年度計算中間值的時間選錯了，假如全面加薪，則這些比率很可能低於100，如果沒有全面加薪，則百分比可能就超出100。

表4-11　薪資均衡指標的計算公式

薪資均衡指標是對公司薪資狀況的重要測度。其公式如下：
薪資均衡指標＝實際薪資÷標準薪資（薪等中位數）。例如：

職等	薪等中位數	人數	平均實際薪資
1	600	20	550
2	700	9	650
3	800	9	750
4	900	6	800
5	1,000	5	1,050
6	1,200	4	1,300
7	1,500	3	1,700
8	1,900	1	2,300
9	2,400	0	0
10	2,900	1	2,800

加權平均實際薪資：846
加權平均標準薪資（薪等中位數）：862

依照上表資料，薪資均衡指標為846÷862＝0.98；如果加權平均實際薪資為900，加權平均標準薪資（薪等中位數）不變，則薪資均衡指標為：900÷862＝1.04。

資料來源：楊信長譯（1986）。Stanley B. Henrici著。《薪資管理實務》（*Salary Management for the Nonspecialist*），頁149-150。前程企管。

表4-12　高低薪資均衡指標產生的原因

低薪資均衡指標產生的原因	高薪資均衡指標產生的原因
・人事異動頻繁 ・員工離職率高 ・資深員工相對少 ・薪資成長落後 ・公司調薪不夠頻繁 ・歷年調薪不夠多 ・薪資政策不切實際，低比較率可能是薪資政策曲線偏高所致 ・突然擴大規模，一下子聘用許多新進人員，由於他們都是低薪資者，迫使比較率降低了 ・員工服務年資淺	・人事安定 ・員工流動率偏低，隨著考績調薪的發放，會使公司平均實際薪資高過其他企業相稱職位的薪資 ・過分的考績調薪 ・主管為鼓勵員工表現，動輒以考績調薪 ・生意不好，縮小公司規模，資遣新進人員，保留資深員工就會提高比較率 ・調薪時間。從上次調薪調整薪資中位數到現在已將近一年，期間曾調過考績調薪與通貨膨脹調薪，此時的比較率可能已相當高

資料來源：楊信長譯（1986）。Stanley B. Henrici著。《薪資管理實務》（*Salary Management for the Nonspecialist*），頁156-159。前程企管。

四、中位數

中位數（中點薪、中位值）是調查其他企業的薪資而求得的。在薪資調查後，依各等級中的重要性，界定工作或等級的薪資平均數或中位數，並劃出市場的薪資線，然後再依企業的薪資政策是要領先或落後，或是與同業的薪資同步訂出企業的薪資線。

五、最低薪資

薪資全距中最低薪資（最小值），係指對無經驗、新進員工的給付而言。其計算公式如下：

最低薪資＝S－{S× [Y÷(2＋Y)]}

S＝預定該等級薪資全距的中位數

Y＝預定該等級薪資全距（即最高與最低薪資差距的百分比）

以**範例4-2**（全距式薪資結構要項計算舉例）薪等間距（midpoint progression rate）為例：

最低薪資＝30,000－{30,000× [0.5÷(2＋0.5)]}＝24,000

六、最高薪資

薪資全距中最高薪資（最大值），係指對能力特優者的給付而言。其計算公式如下：

最高薪資＝ S＋{S× [Y÷(2＋Y)]}

S＝預定該等級薪資全距的中位數

Y＝預定該等級薪資全距（即最高與最低薪資差距的百分比）

以**範例4-2**（全距式薪資結構要項計算舉例）為例：

最高薪資＝30,000＋{30000×[0.5÷(2＋0.5)]}＝36,000

七、等重疊

等重疊係指相鄰二等級之間的重疊部分，即下一等級與上一等級之等幅中彼此相同的部分而言。等重疊的計算公式如下：

等重疊＝〔（相鄰較低等級的最高薪資－相鄰較高等級的最低薪資）〕
÷〔（相鄰較高等級最高－相鄰較高等級最低薪資差額）〕
×**100**。

以**範例4-2**（全距式薪資結構要項計算舉例）爲例：
等重疊＝（36,000－27,600）÷（41,400－27,600）×100＝61%

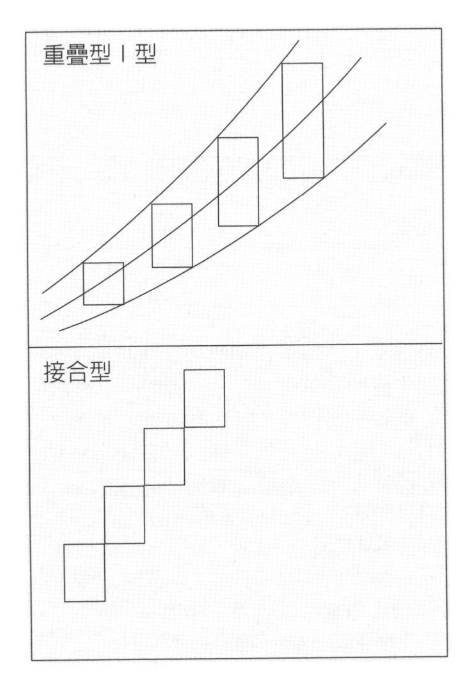

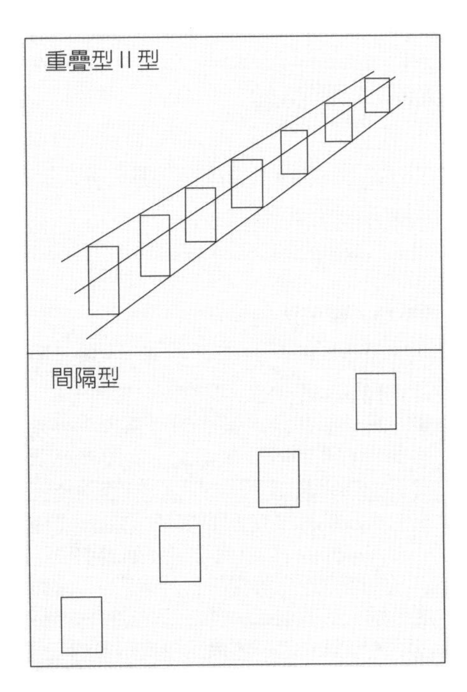

圖4-11　薪資重疊的類型

資料來源：歐育誠（1999）。〈公共管理之利器：薪資管理之探討〉。《公共管理論文精選 I》，頁142。元照出版。

八、薪等間距

薪等間距通常以百分比表示，計算公式如下：

薪等間距＝（相鄰較高等級等中點－相鄰較低等級等中點）÷相鄰較低等級等中點×**100**

以**範例4-2**薪等間距為例：

薪等間距＝（34,500－30,000）÷30,000×100＝15%

一般而言，設計薪等間距，屬於高職等的間距在15%～20%（較少有晉升機會，但對公司達標率貢獻較大者），低職等的間距在10%～15%（加重責任機會及對公司貢獻較少者）。

九、工資曲線

工資曲線（薪資曲線）是工作的相關價值與其工資（薪資）率之間用圖表的方式描述。

表4-13　韋伯法則

韋伯法則（Weber's Law）基於人類的心理特點，認為人對事務大小差異的感覺是以15%為級差的。如果以15%為一級，當兩個事務大小的差異小於一級時，人的感覺沒有什麼差別；當兩個事務大小的差別達到一級，即15%，則人類「可以感覺到不同」；而當兩個事務大小的差別為兩級，即30%時，則人類感覺到「有明顯的區別」；如果當兩個事務大小的差別為三級，即45%時，人類會感覺到「有重大的區別」。三個緯度是知識技能（know how）、解決問題（problem solving）和責任性（accountability）。崗位之間的差別也可以用韋伯法則來區分。 如總經理和秘書崗位的差別，人們感覺是十分明顯的，這是因為從崗位的三個緯度來說，其差別都大於三級，而對於財務部經理和人力資源部經理崗位的差別，有時就不是十分確定，這是因為其崗位的三個緯度的差別，可能都不超過兩級。 在組織的崗位設置時，上司和下屬崗位的三個緯度之間的差異，有一定的合理範圍，差別太大或太小，都預示著某種不合理性。

資料來源：朱瑞寶、顧雪春（2003）。〈看不見的手——淺析薪酬設計中的參數運用〉。《企業研究》（2003/08），頁41。

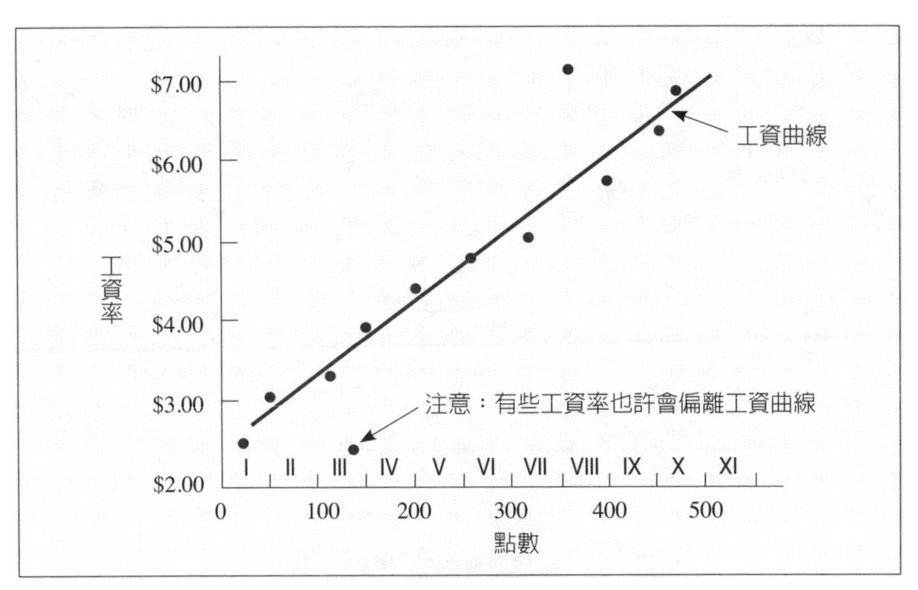

註：圖中的各點分別代表各個工作等級的平均薪資率。

圖4-12　工資曲線

資料來源：李茂興譯（1992）。Dessler, Gary著。《人事管理》（*Personnel Management*），頁303。曉園出版社。

繪製工資曲線的目的，在於顯示工作價值與目前薪資待遇之間的關係。它將目前各個給付等級的薪資待遇表示出來，其中垂直軸是「給付率」，水平軸是「給付等級」。爲確保最後的薪資結構與工作評價及薪資調查資料能夠一致，有時最好根據現行的薪資與調查資料各畫出一條工資（薪資）率，並兩者相互比較，任何矛盾即可快速偵測並糾正。

繪製工資曲線有幾個步驟：

1.決定各個給付等級的平均工資待遇。

2.把上述資料描繪在工資曲線上。

3.由這些點繪出一條工資曲線，這也可以用統計方法繪出。

4.決定各項工作的薪資待遇，通常對各給付等級之薪資，均會設定幅度差異。（吳秉恩，1999：479）

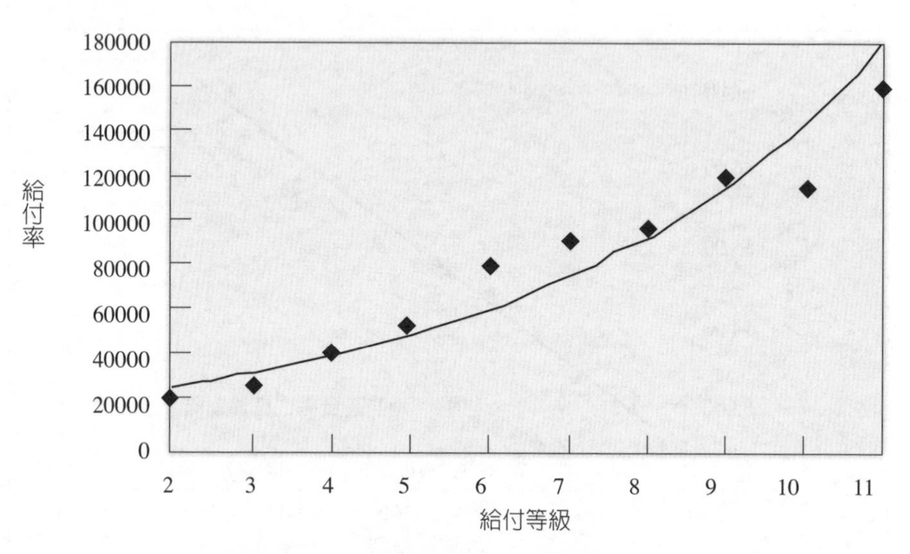

圖4-13　發展薪資曲線（迴歸分析）

資料來源：美商惠悅企業管理顧問公司台灣分公司（1997）。「有效奠定人力資源管理基礎：薪資結構研討會」講義。

結　語

建立一套以職責爲基礎的工作（職位）評等制度，以及反映多元專業、連結就業勞動市場行情的薪資結構，是現代企業身處激烈競爭環境中刻不容緩的最佳實務做法。隨著越來越多企業跨足海外、邁向區域化及全球化，建立跨國一致的標準、打造全球適用的管理平台，是企業吸引及留住更多優秀人才和全球化人才的關鍵。

企業界不存在絕對公平的薪酬方式，只存在員工是否滿意的薪酬制度。人力資源部門可以利用薪酬制度問答、員工座談會、員工滿意度調查、內部刊物等形式，充分介紹企業的薪酬制定的做法。

第五章　績效獎酬機制設計

- 績效管理概論
- 目標管理制度
- 平衡計分卡
- 績效獎酬制度
- 扁平寬幅薪資結構
- 結　語

在二十世紀結束時，所有的管理理論都將重新洗牌，所有舊的理論都將不再被重視，唯一僅存的是「績效管理」。

——現代管理學之父彼得・杜拉克（Peter F. Drucker）

故事：使命必達

在一個漆黑、涼爽的夜晚，坦桑尼亞的奧運馬拉松選手約翰・阿赫瓦里（John S. Akhwari）吃力地跑進了墨西哥奧運體育場，他是最後一名抵達終點的選手。

這場比賽的優勝者早就領了獎盃，慶祝勝利的典禮也早就已經結束，因此阿赫瓦里一個人孤零零地抵達體育場時，整個體育場已經幾乎空無一人。阿赫瓦里的雙腿沾滿了血漬，綁著繃帶，他努力地繞完體育場一圈，跑到了終點。

在體育場的一個角落，享譽國際的紀錄片製作人巴德・格林斯潘（Bud Greenspan）遠遠看著這一切。接著，在好奇心的驅使下，格林斯潘走了過去，問阿赫瓦里為什麼要這麼吃力地跑至終點。這位來至坦桑尼亞的年輕人輕聲地回答：「我的國家從兩萬多公里之外送我來這裡，不是叫我在這場比賽中起跑的，而是派我來完成這場比賽的。」

小啓示：阿赫瓦里要跑向終點，儘管已經落在奔跑隊伍的最後面，但他有著和其他選手一樣神聖的目標：要跑到終點，儘管已經不再有觀衆為他加油，但他的身後有祖國的凝望，這就是「當責」（accountability）。

資料來源：杜風譯（2005）。阿爾伯特・哈伯德（Elbert G. Hubbard）著。《態度決定一切》，頁56-57。喬木書房出版。

大概所有組織理論都當考慮的一個問題，就是工資與績效的關係問題。一般而言，固定薪資無法提供激勵性，必須將薪酬與績效加以結合，使其成爲變動性薪酬，薪酬才能成爲眞正有效的激勵工具。透過績效制度之設計，溝通組織願景與策略，導入目標管理機制，發展目標與職能兼具之績效管理制度，同時建立有效的回饋機制，並加強績效與獎酬制度之連結。

對於員工績效獎酬的差異化，必須朝激勵功能的薪酬制度設計理念與設計原則，藉此可留住人才，也爲組織的人力資源奠定良好的發展基礎。在設計獎酬制度時，必須考量公司、組織與個人等各因素，訂定符合企業文化之給薪制度，並與績效評核制度連結，應盡可能滿足員工心中的公平性，以確實對其產生激勵的作用，提升組織績效。在實務上，績效工資方案的獎勵效應可能是相當顯著的，這一效應可能大於其他任何一種激勵制度所產生的效應。

第一節　績效管理概論

績效（performance）是對應職位的工作職責所達到的階段性結果及其過程中可評價的行爲表現。績效管理（performance management）目標與如何實現目標上達成共識的基礎上，透過激勵和幫助員工取得優異績效，從而實現組織目標的管理方法。

一、績效管理的功能

績效管理的目的，在於透過激發員工的工作熱情和提高員工的能力和素質，以達到改善公司績效的效果。

績效管理具有以下的主要功能：

(一)工作分析

透過工作分析，確定每個員工的工作說明書，形成績效管理的基礎性文件，作爲未來績效管理實施的有效工具。

(二)工作評價

透過工作評價，對職位價值進行有效排序，確定每個職位的相對價值，爲爾後的薪酬變動提供可衡量的價值參考。

(三)職務變動

所有員工的薪酬給付並非一致，表現優良者，可用晉升、加薪、職務遷調等管理活動來激勵員工，提升績效，鼓勵工作情緒。

(四)培訓發展

員工的知識、技能、經驗的水準如何，是否需要培訓，需要什麼樣的培訓，以及員工的職業規劃等都透過績效管理獲得，這也是績效管理的目的。

(五)薪酬管理

企業最關心的當屬如何使員工的薪酬分配更加的合理、更加的公平、更加的有競爭性和激勵性。透過對員工的績效管理和考核，使獲得考核成績優異的員工，得到獎賞、調高報酬給付來鼓勵其對組織的貢獻度。

(六)目標管理

目標管理是績效管理的特點之一，績效管理透過整合企業的策略規劃、遠景目標與員工的績效目標，使之統一起來。使員工的工作更具目的性，使公司的運作更具效率。

(七)員工關係管理

員工關係管理是人力資源管理的一個重點，績效管理所倡導的持續不斷地溝通，有助於員工與主管之間，員工與員工之間更加互助合作，創造佳績。

(八)管理者的管理方式

績效管理所倡導的管理方式與以往的管理方式有著很大的不同，更多地強調溝通、強調合作，這種管理方式在不斷地改變著管理者的行爲，

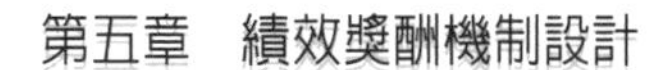

不斷地引導管理者向科學化、規範化發展。

(九)員工的工作方式

在績效管理中，員工是績效管理的主人，這給了員工更大的工作自主權，提高了員工的地位，不斷激勵員工就自己的績效問題尋求主管的幫助，以盡可能地達到自己的績效目標。在這個過程中，員工的自我管理意識和能力都能不同程度地得到提高。員工在這種觀念的熏陶下，經過適當的指導，工作的方式逐漸地改變，從被動到主動，從完全依賴到自我的完善發展。

績效決定薪資

第一個實例是1990年代的美國航空公司的地勤人員。當時運輸工人工會與公司簽訂的一項合約，就是把加薪和績效結合在一起。合約的內容界定薪資增加的多寡，決定在把旅客行李從飛機上送到旅客手上時間的快慢。此一合約方法激勵了所有人員，而使航空公司、行李輸送員、旅客都獲得很大益處。

第二個實例也是1991年左右，在一家Shearson Lehman證券分析公司所實施的。他們使用了一種獎金計畫，分析師用特定的方法分析某種股票績效，然後評定為「可買」、「良好」、「中等」、「欠佳」四種等級（這四種等級至今仍然沿用，而且「可買」之中又分出「強買」、「中買」、「抱持」、「出售」等）。分析師的獎金是依照一年來的評估預測及分析與該股績效相比較。準確度越高，獎金便越多。所以，每次有分析師對某一特定股票評估升等（upgrade）時，該股票也因而大漲幾天。

資料來源：石銳（2000）。《績效管理》，頁109-110。行政院勞工委員會職業訓練局。

表5-1　績效與薪資報酬結合的基本原則

1.企業要清楚瞭解是什麼在驅動企業的價值，並且廣泛溝通；主管會針對重要績效指標進行評量。
2.企業把薪酬和所創造的真正價值結合在一起，這些價值會反映在長期股價與事業績效上。
3.企業知道前線員工是創造利潤的關鍵，因而設計適當的評量評估和激勵，獎勵關鍵員工。
4.企業設計簡單易懂的透明化薪酬制度，讓員工與投資人瞭解而且信賴。

資料來源：O. Gadiesh, Marcia Blenko & R. Buchanan，〈把薪酬和績效連起來〉。《EMBA世界經理雜誌》，第200期（2003/04），頁49。

二、績效與薪資報酬的結合

組織內需以績效評估（performance appraisal）來指導員工的績效問題，並給予適當的回饋、檢討與改善，以決定適當的獎賞，來維持與提升員工工作績效。績效評估完成後，一般需要有追蹤考核與獎勵的相關措施，追蹤考核能適時協助或調整目標，當員工逐漸達成績效目標時，應適時鼓勵，並給予適時獎賞，才能在競爭激烈的經營環境中不斷提升員工的生產力。

第二節　目標管理制度

人群關係的組織理論起源於一九三〇年代至六〇年代左右，將研究的重心由「組織結構」轉向組織中「人」的因素來探討，偏重員工行爲與非正式組織的研究，重視員工在組織中的互動與參與。

一、目標管理的意義

彼得·杜拉克受此學派的影響，於1954年提出目標管理（Management By Objectives, MBO）的理念，強調主管與部屬共同合作與協商的重要，此是一種管理的工具，也影響日後企業採用目標管理作爲員工績效評估的一種方法。2002年，杜拉克獲頒美國總統喬治·布希（George W. Bush）授予

的「總統自由勳章」。布希總統對杜拉克的頌辭是：「彼得．杜拉克是世界管理理論的開拓者，並率先提出私有化、目標管理及分權化的概念。」

目標管理的基本思維模式，在於一個組織必須建立其大目標，以爲該組織的方向；爲達成其大目標，組織中的主管必須分別設定其本單位的

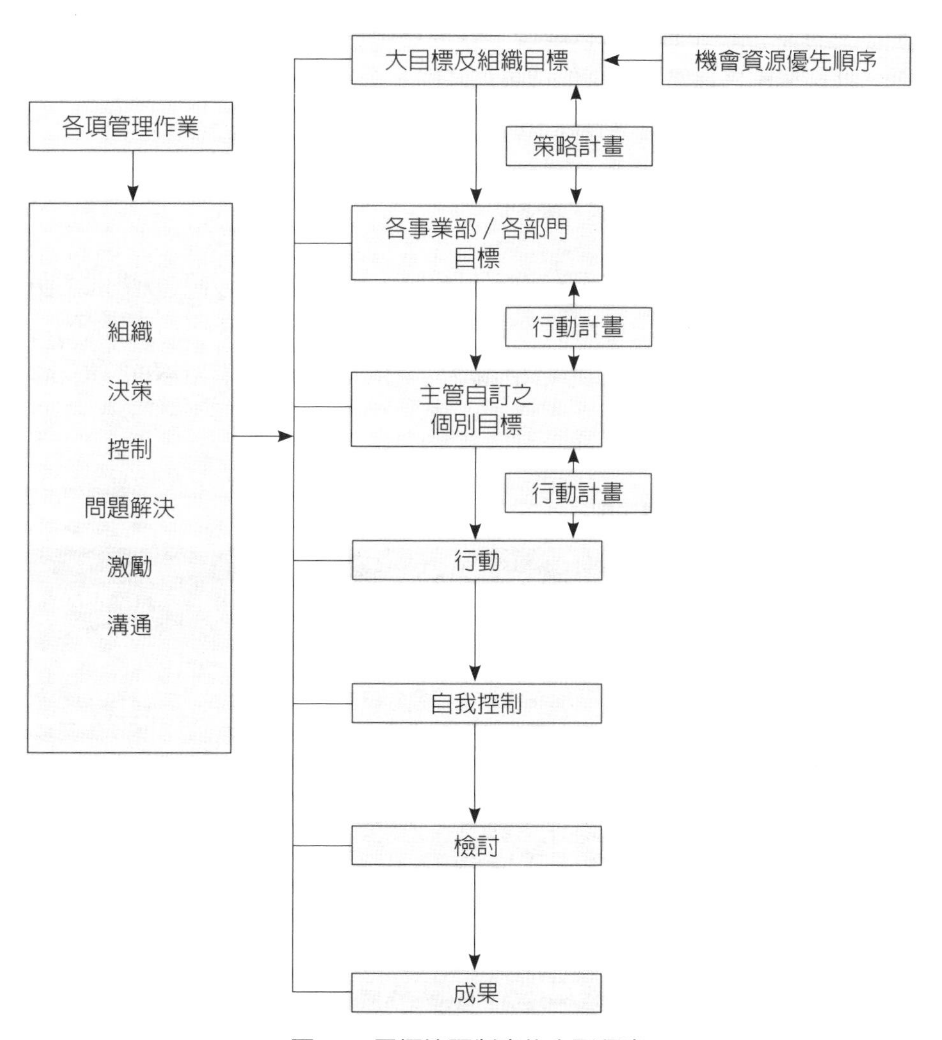

圖5-1 目標管理制度的全面程序

資料來源：許是祥譯（1991）。Alexander Hamilton Institute, Inc.著。《目標管理制度》（*Management by Objectives*），頁75。中華企業管理發展中心。

個別目標，並應與組織的方向協調一致；個別的目標實爲主管遂行其自我控制的一項衡量標尺。目標管理的推行，事實上並沒有所謂「最好的方法」，也沒有任何足以保證其成功的制度，只有靠主管的堅毅與決心，以及靠主管確能瞭解他們的目標，加上確能瞭解他們應如何努力，始能到達其目標，目標管理制度才能獲致最大的成果。

目標執行結果經過評核之後，就成爲衡量員工績效及提供獎勵的依據。此種獎勵係以實際達成的成果爲基礎，合乎客觀、公正的原則，此乃目標管理制度在人力資源管理上的一項主要功能。

二、目標訂定的SMART法則

彼得·杜拉克建議主管在設定目標時，應該把握下列五個法則：明確的目標（Specific）、可衡量／量化的數值（Measurable）、可達成的目標（Achievable）、組織和策略相關聯的（Relevant）和有時限的（Time-bound）。

表5-2　SMART目標管理法則

英文	中文	內容
S（Specific）	明確的	指績效考核要切中特定的工作指標，具體不能籠統。例如「提高客戶滿意度」（簡單、不複雜、有意義）
M（Measurable）	可衡量的	指績效指標是數量化或者行為化的，驗證這些績效指標的資料或者資訊是可以獲得的。例如「滿意度提高到95%」（可以被量化、資料是可提供的）
A（Achievable）	可達成的	指績效指標在付出努力的情況下可以實現，避免設立過高或過低的目標（雖然極具挑戰性，但是透過努力能夠完成）
R（Relevant）	相關聯的	指績效指標是實實在在的，可以證明和觀察，盡可能體現其客觀要求與其他任務的關聯性（績效指標與工作的核心內容有密切相關性）
T（Time-bound）	有時限的	注重完成績效指標的特定期限（有時效性的、如每月或每季）

資料來源：丁志達主講（2021）。「主管必修的五大面談技巧速成班」講義。財團法人中華工商研究院編印。

在制定工作目標或任務目標時，一定要考慮目標與計畫是不是符合SMART法則，只有具備了SMART法則才能讓計畫更加科學有效地實施，沒有專案時間進度，無限制的拖延計畫都無法保證計畫的順利實現，只有對目標進行合理的設定與管理，才能朝著夢想更進一步實現。

三、關鍵業績指標

關鍵業績指標（Key Performance Indication, KPI）是現代企業中受到普遍重視的業績考評方法，它是透過對組織內部某一流程的輸入端、輸出端的關鍵參數進行設置、取樣、計算、分析，衡量流程績效的一種目標式量化管理指標，是把企業的策略目標分解爲可運作的遠景目標的工具，是企業績效管理系統的基礎。

目標與報酬給付關聯性

美國芝加哥公牛隊（Chicago Bulls）在1997、1998年球季與喜歡作怪的丹尼斯‧羅德曼（Dennis Rodman）簽約，條件文如下：

羅德曼一年的保障薪資是450萬美元；如果球季中他不惹事生非，可以再獲得500萬美元；如果他努力以赴，第七度蟬聯籃板王，公司會再給他50萬美金的獎勵；而如果他的助攻率良好，可以再獲得10萬美元的鼓勵。

這個做法的確有效，羅德曼在整個球季中，只因不服裁判規定而被請出場一次，他贏得籃板王的頭銜，保持了良好的助攻率；而芝加哥公牛隊同年也贏得了NBA（National Basketball Association，美國國家籃球協會）冠軍。

資料來源：EMBA世界經理文摘編輯部。〈讓員工充分發揮潛力：完全經理人秘笈〉。《EMBA世界經理文摘》，第157期（1999/09），頁59。

關鍵業績指標可以使部門主管明確部門的主要責任，並以此爲基礎，明確部門人員的業績衡量指標，使業績考評建立在量化的基礎之上，建立明確的切實可行的關鍵業績指標體系，是做好績效管理的關鍵。

(一)確立關鍵業績指標的要點

關鍵業績指標是一套用來評估團隊或企業是否達到預期目標的度量標準。確立關鍵業績指標有下列幾項的要點：

1.把個人和部門的目標與公司的整體策略目標聯繫起來。以全局的觀念來思考問題。

2.指標一般應當比較穩定，即如果業務流程基本未變，則關鍵指標的專案也不應有較大的變動。

3.關鍵業績指標應該可控制、可以達到的。

4.關鍵業績指標應當簡單明瞭，容易被執行、被接受和被理解。

5.對關鍵業績指標要進行規範定義，可以對每一關鍵業績指標建立「關鍵業績指標定義表」。

善用關鍵業績指標考評，將有助於企業組織結構集成化（把某些功能匯集在一起，而不是一個設備一個功能），提高企業的效率，精簡不必要的機構、不必要的流程和不必要的系統。

(二)關鍵業績指標體系的建立

關鍵業績指標體系的建立，首先明確企業的策略目標，按此制定年度具體目標和計畫，找出關鍵業務領域的關鍵業績指標及企業的關鍵績效指標。接下來，主管部門在與各單位溝通交流的基礎上分析績效驅動因素（例如技術、組織、人員），確定實現目標的工作流程，依據企業的關鍵業績指標建立部門的績效指標，然後各部門的主管和其他員工一起再將部門的績效指標進一步細分，分解爲更細的關鍵績效指標，及各職位的業績衡量指標，形成員工的考核要素和依據。

這種上下互動建立關鍵業績指標體系的過程，本身實際上是統一全員朝向企業策略目標努力的過程，必將對各部門管理者的績效管理工作起到很大的促進作用。

表5-3　常用的關鍵績效指標

◎財務構面KPI		
項次	衡量指標	衡量方式
1	資產總額	總資產
2	呆帳金額	呆帳金額
3	獲利率	總利潤／總資產
4	採購績效	實際採購金額／預算金額
5	員工平均產值	總收入／總員工數
6	員工平均獲利	總利潤／總員工數
7	人力資源管理	人力資源管理
8	資產報酬率	（本期純益＋稅後利息費用）／全年度平均資產總額
9	資本報酬率	本期純益／平均股東權益總額
10	應收帳款周轉率	銷貨淨額／平均應收帳款
11	銷貨毛利率	銷貨毛利／銷貨淨額
12	員工平均貢獻	總貢獻／總員工數
13	速動比率	速動資產／流動負債
14	流動比率	流動資產／流動負債
15	投資報酬率	報酬／總投資
16	每股盈餘	（本期純益－特別股股利）／加權平均流動在外普通股股數
17	EPS	每股盈餘
18	人事費用比例	人事費用／營運費用
19	業務開發費用比例	業務開發費用／管銷費用
20	研發費用比例	研發費用／總費用

◎顧客構面KPI		
項次	衡量指標	衡量方式
1	公司形象	公司形象問卷調查
2	顧客平均規模	前十大客戶營收總金額／10（客戶家數可依個別企業而定）
3	平均維修天數	平均維修天數
4	顧客抱怨比例	每月客訴次數
5	延遲交貨率	延遲交貨次數／總交貨數
6	每月帳單或相關資訊正確寄達且數據無誤的程度	每月帳單或相關資訊發生錯誤次數
7	每顧客單位成本	總銷售成本／總顧客數
8	每顧客年銷售額	年銷售額／總顧客數
9	存貨周轉率	銷貨成本／平均存貨
10	產品修復時間	修復完成日期－客戶送修日期
11	市場占有增加率	（本期市場占有率－前期市場占有率）／前期市場占有率
12	業務目標市場拜訪數	業務目標市場拜訪數
13	顧客滿意度	顧客滿意度問卷調查
14	顧客回流率	客戶購買後一個月的再購買比例
15	推薦率	經推薦客戶數／當月新客戶數
16	作業失誤率	作業失誤次數／總作業次數
17	市場占有率（%）	產品銷售金額／市場總銷售金額
18	新產品銷售金額比例	新產品銷售金額／總銷售金額
19	策略性客戶比例	策略性客戶銷售金額／總銷售金額
20	策略市場占有率	策略市場銷售金額／策略市場總銷售金額

◎內部流程構面KPI		
項次	衡量指標	衡量方式
1	平均前置時間	平均前置時間
2	生產力成長率	（本期員工產值－上期員工產值）／上期員工產值
3	職災發生率	每季職災發生次數
4	環保事故發生率	每季環保事故發生次數
5	停工天數	每月停工天數
6	機具閒置時間	機具閒置時間
7	物料閒置時間	物料閒置時間
8	製造成本降低率	（本期製造成本－上期製造成本）／上期製造成本
9	平均員工產值	營收／總員工數
10	流程改善程度	專案評量
11	企業網路普及率	公司上線電腦個數／公司總電腦數
12	資料庫利用率	每月資料數使用次數／員工數
13	會議執行效益	會議結果執行數／會議決議數
14	供應商個數	供應商個數
15	物料進廠檢驗合格率	物料進廠檢驗合格數／物料進廠檢驗抽樣數
16	行政效率	公文平均傳遞時間
17	資產利用率	資產利用金額／總資產
18	機具故障停工天數	平均每季機具故障停工天數
19	交叉銷售比率	代銷他事業部銷售金額／事業部銷售金額
20	A級供應商供應比率	A級供應商供貨數／總供貨數

◎學習成長構面KPI		
項次	衡量指標	衡量方式
1	生產力成長率	（本期員工產值－上期員工產值）／上期員工產值
2	研發能力	公司專利個數
3	公司專利平均年齡	公司專利平均年齡
4	基礎研究投入時數	基礎研究投入時數
5	適法性比例	每季政府來文糾正次數
6	國際化程度	經理人的國籍不同於公司登記地的總人數
7	瀕退員工比率（%）	3年內退休員工人數／總員工數
8	員工平均受訓程度	總受訓時數／總員工數
9	員工流動率	（本期員工數－上期員工數）／上期員工數
10	證照比例	員工平均持有證照數
11	職能差異率	實際職能點數／預計職能點數
12	員工認同度	員工認同度問卷調查
13	核心幹部比例	核心幹部人數／總員工數
14	新產品開發成功率	新產品開發成功數／總產品開發數
15	職業傷害降低率	（本期職業傷害數－上期職業傷害數）／上期職業傷害數
16	員工平均訓練費用	每名員工平均訓練費用
17	招募員工能力	平均職缺補足時間（天）
18	員工滿意度	員工滿意度問卷調查
19	資訊系統更新率	每年資訊系統更新金額
20	員工提案數	員工提案數

資料來源：資誠企業管理顧問公司（2005）。〈輕鬆搞懂KPI〉。《經理人月刊》，第4期（2005/03），頁72-73。

部門管理指標蒐集與彙整	各部門管理指標檢討與確定	管理報表安裝相關資料的蒐集評定標準訂定	每週檢討會議	行動對策
行動： 各部門進行內部關鍵作業流程檢討。 填寫KPI蒐集數據，表中應詳細說明各項KPI & MI的定義或公式、來源表單、提供資料的部門／單位。	行動： 由顧問團協助逐一檢討各部門所提供的資料，並確認各部門KPI & MI符合目前公司目標的整體需求。	行動： 對於確認後的KPI & MI（management indicator，管理指標）設定評定的標準（base line）。 各部門管理報表的安裝與各指標資料的蒐集。	行動： 定期對KPI & MI進行檢討。 對未能達成的KPI & MI進行原因分析並由總經理室進行控管。	行動： 對各部門／單位所提出的改善行動與對策持續監控，並確認改善的成果。

圖5-2　關鍵績效指標執行步驟及時程計畫

資料來源：安侯顧問公司（2005）。〈金豐機器：它讓我們落實每週檢討改善〉。《經理人月刊》，第4期，頁92。

四、目標與關鍵成果法

企業常使用關鍵績效指標（KPI）制度管理員工，結果發現所有人只關心自己的工作成果，導致兄弟爬山各自努力，反而無法提升公司整體效率。目標與關鍵結果（Objectives and Key Results, OKR）是一套定義和追蹤目標及其完成情況的管理方法。OKR由英特爾（Intel）創辦人之一安迪．葛洛夫（Andy Grove）於1999年提出的，是objectives（目標）及key result（關鍵成果）兩個詞彙的首字縮寫，objectives代表想達成「什麼」，key result則爲該「如何」達成，是組織、團隊、個人理想達成的一項溝通工具，是一流企業首選、重「質」又重「量」的目標管理法。

OKR的本質並非要考核團隊或者員工，而是隨時提醒每一個人，當前與未來的任務分別是什麼，是一套嚴密的思考框架，能確保員工緊密合作，把精力凝聚在可衡量的貢獻上，協助組織成長。OKR的管理方法

淺顯易懂，每一組目標（objectives）與2～4個關鍵結果（key results）搭配，且不論企業、部門、個人，都可以實施OKR。

OKR是延續KPI績效管理、BSC（平衡計分卡）和MBO（目標管理）之相關管理手法。最廣泛採用OKR的是科技業，因為這一行業，保持靈敏和團隊合作是當務之急。傳統的KPI，比較偏向本位主義，個人績效為先，但OKR強調透過運作的機制，從高階主管到基層員工，所有人的目標公開共享，公司會先訂出一個企業發展的共同目標，接下來各部門都會有個別的目標，但最後都要集結在共同目標之下，這個價值主張是很多企業缺乏的，企業規模愈大，更難做到。例如：英特爾和谷歌都靠著這套管理制度，獲致巨大的成就。在企業的運作裡，OKR可以取代年度的績效考績，畢竟一年一次的整體印象回顧，絕對比不上每月或每季針對具體指標是否達成的評比，更能夠實際掌握各部門或員工的工作績效。

表5-4　KPI與OKR的區別點

KPI（關鍵業績指標）	區別點	OKR（目標與關鍵結果）
績效考核工具	實質	管理方法
控制管理	管理思維	自我管理
結果	目標形式	目標＋管理結果（過程＋結果）
團隊或個人「成功」的全面衡量	目標來源	聚焦優先和關鍵
相對穩定	目標調整	動態調整，不斷反覆運算
自上而下	制定方法	上下結合，360度對齊
保密，僅責任者與上級	目標呈現	公開，包括目標、進度與結果
考核時關注	過程管理	持續跟蹤
要求100%完成，甚至超越標準	結果	富有挑戰，可以容忍失敗
直接關聯考核與薪酬	應用	評分不直接關聯考核與薪酬

資料來源：〈人資管理再進化 OKR績效管理紅什麼？〉。《震旦月刊》，第591期（2020年10月號）。

第三節　平衡計分卡

長久以來，企業的經營績效往往以財務數據作爲衡量標準，但隨著資訊時代的來臨，這套方式已不合時宜。平衡計分卡（Balanced Scorecard, BSC）是一種策略管理和業績評估工具，它提供一種全面評價系統，主要透過測量企業的四個基本方面，向企業各層次的人員傳送公司的策略，以及每一步驟中各自的使命，這個基本指標分別是：財務業務指標、客戶方面業績指標、內部經營過程業績指標、學習與增長業績指標。

一、策略管理的工具

資訊時代重視的是無形資產的投資效益，譬如：產品和流程的創新、員工知識和技術的提升、顧客滿意度的提高，這些都不是傳統的財務會計模式能夠衡量的，而且過度重視短期獲利，也會犧牲了長期性的投資和競爭力。因此，企業必須採用一套全新的管理工具，能兼顧財務和非財務的績效衡量，指引企業未來的策略發展，平衡計分卡便在這種時代的需求下應運而生。

二、平衡計分卡創始者

平衡計分卡於1992年初由大衛．諾頓（David Norton）和羅伯．柯普朗（Robert Kaplan）把他們在諾朗諾頓研究所（Nolan Norton Institute）共同主持一項「未來的組織績效衡量方法」的研究成果發表，開始獲得企業界的重視，也陸續被許多企業所採用。

在實際應用的過程中，平衡計分卡也由原先的績效衡量系統演變爲策略管理的工具，亦即藉由平衡計分卡的實施，能夠和組織的策略結合在一起，把企業的願景和策略轉化爲實際的行動方案（陳偉航，2005）。

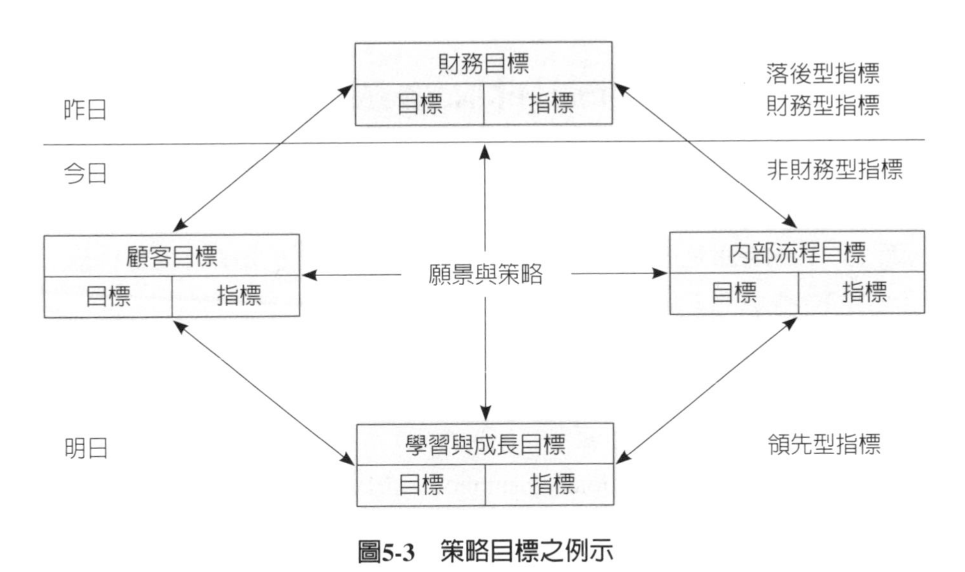

圖5-3 策略目標之例示

資料來源：張文隆（2006）。《當責》，頁347。中國生產力出版。

三、平衡計分卡與績效管理

平衡計分卡要求企業必須將企業的願景、經營策略及競爭優勢轉化成企業員工的績效指標，以幫助企業落實企業的願景與策略，這精神與績效管理是共通的。因爲績效管理的目的，就是用來引導員工的行爲，以確保企業「年度目標」的達成，若將年度目標管理與企業的願景、經營策略及競爭優勢結合，即可使產品資源達到「聚焦」的效果。平衡計分卡同時也將企業績效管理以四個面向展開，可協助企業掌握策略發展及執行的實際狀況。

範例5-3

平衡計分卡的實施經驗

洛克華德（Rockwater）是蘇格蘭的一家海底建築公司，客戶包括：大型石油、天然氣和海洋建築等公司。它是由二家建築公司合併而成。1994年引進平衡計分卡以後，成功地整合二家公司的文化和營運系統，並強化其競爭力。

大都會銀行（Metro Bank）在1993年實施平衡計分卡以後，成功的改變企業的策略和發展方向，把銀行的全力業務由以交易為導向改變為全方位的金融商品和服務。

國家保險公司（National Insurance）在1993年推行平衡計分卡，成功的進行組織變革，讓公司轉虧為盈。

資料來源：陳偉航（2005）。〈平衡計分卡轉化願景爲行動〉。《工商時報》（2005/5/11，經營知識31版）。

平衡計分卡之關鍵在於企業必須先有明確的「經營策略」及「競爭優勢」，且將其轉化成爲可以衡量的績效指標，再詳細展開並連結到員工的績效指標。這些過程說來簡單，執行起來恐怕不甚容易，必須全體員工動員（包括最高主管）耗費幾個月（甚至歷經幾年的修正），以及聘請外界顧問來協助，以免閉門造車。

第四節　績效獎酬制度

絕大多數美國企業都設計了某種獎勵辦法，將薪酬與一個或多個績效指標結合起來，藉以激勵員工。利用財務獎勵方式來鼓舞績效超過預定工作目標的員工，是弗雷德里克．泰勒在十八世紀倡導後才逐漸流行的，如何運用薪資與績效連結起來的薪酬獎勵計畫去激勵員工，是當今雇主思考的課題。好的績效帶來高的薪資，才能有效激勵員工工作意願與提升績效。按件計酬、工作獎金、利潤分享及淨額紅利都是績效薪資制（Performance-Related Pay, PRP）的形式。

表5-5　平衡計分卡的實施流程

1.簡潔明瞭地確立公司使命、遠景與戰略。 2.成立實施團隊，解釋公司的使命、遠景與戰略。 3.在企業內部各層次展開宣傳、教育、溝通。 4.建立財務、顧客、內部運作、學習與成長四類具體的指標體系及評價標準。 5.數據處理。根據指標體系蒐集原始數據，透過專家打分數確定各個指標的權重，並對數據進行綜合處理、分析。 6.將指標分解到企業、部門和個人，並將指標與目標進行比較，從而發現數據變動的因果關係。以部門層面的平衡計分卡作為範例，各部門把自己的戰略轉化為自己的平衡計分卡。在此過程中要注意結合各部門自身的特點，在各自的平衡計分卡中應有自己獨特的、不同於其他部門的目標與指標。 7.預測並制定每年、每季、每月的績效衡量指標具體數字，並與公司的計畫和預算相結合。 8.將每年的報酬獎勵制度與經營績效平衡表相結合。 9.實施平衡計分卡，進行月度、季度、年度監測和反饋實施的情況。 10.不斷採用員工意見修正平衡計分卡指標並改進公司戰略。

資料來源：江積海、宣國良（2003）。〈平衡的美景與陷阱——如何使用平衡計分卡〉。《企業研究》，總第222期，頁26。

績效薪資與期望理論關係密切，按期望理論的說法，如果要使激勵作用得到最大，則讓員工相信績效與報酬之間存在著強烈的關係，如果報酬是根據非績效因素，例如年資、職位頭銜來分配的話，那麼員工可能會減低努力的程度。

一、實施績效報酬制的條件

由美國薪酬協會所支持的一項調查指出，績效報酬制度將持續成長。該調查更顯示，採用績效報酬制度共產生134%的淨回收，即公司每付出1美元，就能回收2.34美元；另一項針對英國四百家與美國一千家企業的調查，也支持此結果。採用績效報酬制度的股東報酬比其他公司平均多了兩倍以上（何明城審訂，2002）。

關於基本固定薪資與變動獎金比例已有愈來愈多的企業普遍採行以績效爲基礎的變動薪資（獎金）計畫。採行變動獎金計畫的做法，是以增加獎金給付作爲薪資總額之一定比例，並適用於企業之各個階層。

企業要成功實施績效薪資制的先決條件包括：

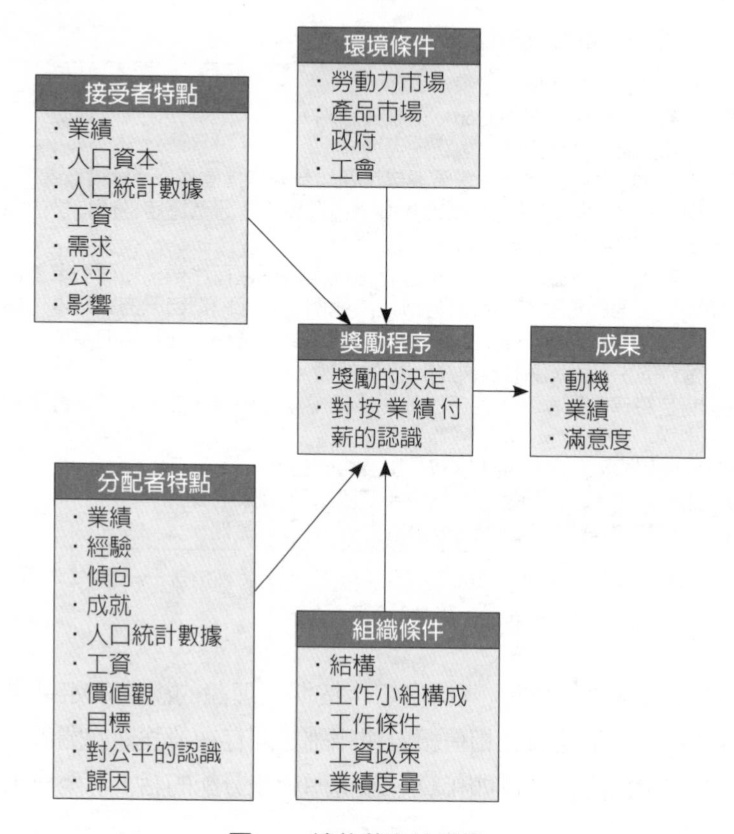

圖5-4　績效薪資結構圖

資料來源：Heneman (1990)；引自趙正斌、胡蓉譯（1999）。理查德·威廉姆斯（Richard S. Williams）著。《業績管理》（*Performance Management: Perspectives on Employee Performance*），頁198。東北財經大學出版。

1.對管理階層的信任：如果員工懷疑管理階層，就很難使一個績效計薪計畫成功。

2.不存在績效限制：由於績效計薪的計畫通常是根據一個員工的能力與努力，因此，工作的架構必須使員工的績效不會被超出其能力控制範圍的因素所阻礙。

3.受過訓練的上司與管理者：上司與管理者必須接受有關設定與衡量績效標準的訓練。

表5-6　績效調薪架構作業流程

一、公司要辦理績效調薪時，假設員工人數、薪資與考核分布呈現之資料如下：

1.有35位員工。

2.績效分布：1等2位；2等8位；3等24位；4等1位；5等0位。

3.薪資分布：第四分位（4th）3位；第三分位（3rd）17位；第二分位（2nd）10位；第一分位（1st）5位。

4.各薪資欄位假設幅度為：8%~18%（假設年度調薪預算幅度為10%）

績效考核等第→	5【丁】		4【丙】		3【乙】		2【甲】		1【優】		人數合計
薪資幅度↓	%	人數	%	人數	%	人數	%	人數	%	人數	
第四分位（4th）					8%		10%	2	12%	1	3
第三分位（3rd）			8%		10%	15	12%	2	14%		17
第二分位（2nd）			10%	1	12%	5	14%	3	16%	1	10
第一分位（1st）			12%		14%	4	16%	1	18%		5
人數合計				1		24		8		2	35

二、試算方式：

【A】平均分位與人數的關係

分位		人數	合計
（4th）	×	3	＝12
（3rd）	×	17	＝51
（2nd）	×	10	＝20
（1st）	×	5	＝5
合計	35		88÷35＝2.5（≒3）

【B】平均考核等級

考核等級		人數	合計
【1】	×	2	＝2
【2】	×	8	＝16
【3】	×	24	＝72
【4】	×	1	＝4
【5】	×	0	＝0
合計		35	94÷35＝2.6（≒3）

【C】分位區隔、考核等級、人數與試點之關係

分位區隔	考核等級	人數		試點	合計
（4th）	1	1	×	12%	＝12
（4th）	2	2	×	10%	＝20
（3rd）	2	2	×	12%	＝24
（3rd）	3	15	×	10%	＝150
（2nd）	1	1	×	16%	＝16
（2nd）	2	3	×	14%	＝42
（2nd）	3	5	×	12%	＝60
（2nd）	4	1	×	10%	＝10
（1st）	2	1	×	16%	＝16
（1st）	3	4	×	14%	＝56
合計		35			406÷35＝11.6%

（續）表5-6　績效調薪架構作業流程

【D】試算後與調薪預算之誤差調整

1.假設年度調薪預算幅度為10%，則

10%÷11.6%＝0.86

2.調整各等級加薪幅度正確值為：

18%×0.86＝15.48%≒16%

16%×0.86＝13.76%≒14%

14%×0.86＝12.05%≒12%

12%×0.86＝10.32%≒10%

10%×0.86＝ 8.60%≒ 9%

8%×0.86＝ 6.88%≒ 7%

三、作業完成建議表

績效考核等第→	5【丁】	4【丙】	3【乙】	2【甲】	1【優】
薪資幅度↓	↘薪資調幅百分比↙				
第四分位（4th）			7%	9%	10%
第三分位（3rd）		7%	9%	10%	12%
第二分位（2nd）		9%	10%	12%	14%
第一分位（1st）		10%	12%	14%	16%

資料來源：丁志達主講（2019）。「薪酬福利規劃與管理實務訓練班」講義。台灣科學工業園區科學工業同業公會編印。

4.完善的衡量制度：績效應根據工作內容及所達成的結果作爲標準。

5.支付能力：因功績而增編薪資的預算數字，必須要大到足以吸引員工的注意力。

6.清楚地區分生活費用、年資及功績之間的關係：如果缺乏有力的區分，員工通常會自然地假設加薪是因爲生活費用或年資的增加。

7.充分溝通整體的薪資政策：員工必須對功績薪資如何配合薪資狀況有一個清楚的認識。

8.彈性的報酬時間表：如果所有的員工不是在相同日期被調整薪資，則較容易建立一個可信賴的績效計薪計畫。（鍾國雄、郭致平譯，2001：299-300）

二、薪酬與績效結合的原則

設計有效績效的獎酬制度準則有：因績效而增加的幅度要大、將報酬和績效結合在一起、教導主管如何做好績效評估及如何給受評員工回饋、發展出精確有效的績效評估制度、建立績效的高標準。

經營者要把報酬和績效連起來，應把握下列的幾項基本原則：

1.他們應清楚瞭解是什麼在驅動企業的價值，並且廣泛與員工溝通；他們會針對重要績效指標進行評量。

2.他們把報酬和所創造的眞正價值結合在一起，這些價值會反映在長期股價與事業績效上。

3.他們知道前線員工是創造利潤的關鍵，因而設計適當的評估和激勵，獎勵關鍵員工。

4.他們設計簡單易懂的透明化薪酬制度，讓員工與投資人瞭解而且信賴。（李田樹譯，2003：49）

績效調薪矩陣圖

薪資幅度→ 績效調薪↘ 績效等級↓	Q1 第一區隔 0~25%	Q2 第二區隔 25~50%	Q3 第三區隔 50~75%	Q4 第四區隔 75~100%
優	（14%） 13～15%	（12%） 11～13%	（10%） 9～11%	（8%） 7～9%
甲	（11%） 10～12%	（9%） 8～10%	（7%） 6～8%	（5%） 4～6%
乙	9% （8～10%）	7% （6～8%）	5% （4～6%）	3% （2～4%）
丙	4% （3～5%）	2% （1～3%）	0	0

資料來源：丁志達主講（2019）。「薪酬福利規劃與管理實務訓練班」講義。台灣科學工業園區科學工業同業公會編印。

三、實施績效薪資制的優點與注意要點

績效報酬制度的優點有下列幾項：

1.在適宜的情況下，績效報酬可以激勵出員工符合企業所需要的行爲。
2.績效報酬制度有助於吸引和留住成就導向的員工。
3.績效報酬制度有助於聘請到表現優異的人，因爲這種制度能滿足他們的需要，同時也會令表現不佳者感到氣餒。（陳黎明，2001：11）

企業在設計績效報酬制度時，應注意下列幾項要點：

1.確保努力與報酬直接關係。
2.報酬必須爲員工所重視。
3.仔細研究工作方法與流程。
4.計畫的內容爲員工所瞭解與容易計算。
5.設定績效的標準。
6.保證設定的標準不任意更改。
7.保障基本薪資。（林中君，1998：13-14）

在經濟困難的時刻，用來獎勵和提升員工績效的資金有限，管理者的讚許就是彌足珍貴的企業資源。績效提升後若未能獲得讚揚，之後的績效可能就會變差了。

第五節　扁平寬幅薪資結構

大型企業的職位等級有的多達十八等級以上，中小企業都採用九至十五等級。在薪資結構設計上，國際上有一種趨勢是扁平寬幅薪資（減級增距）結構，即企業內的職位等級正逐漸減少，而薪資等級差距變得更大。

傳統的薪資制度將工作劃分職級，每一個職級之間有非常清楚的區隔，而薪資的扁平寬幅（寬階）薪資結構（broadbanding pay structure）最

主要的想法，是希望打破過去的職級制度，在薪資方面能更有彈性。傳統上，相同職級的薪資是相同的，但是在扁平寬幅薪資制度下，相同的職級，沒有固定的薪資結構，沒有最高限制，也沒有最低的底線，完全以就業勞動市場價格爲考量，以市場價格爲依據，是要讓企業知道，以這樣的條件能不能聘僱到人才，企業照市場價格給付薪資是合理的，但這位人才必須要有所貢獻。在企業徵選人才時，一定要注意其才能（職能）是不是非常契合其職缺條件。企業採用扁平寬幅薪資制的原因有：打破舊的等級制度、寬廣員工工作角度的視野、簡化組織層級及薪資作業流程、整合組織結構作業及提供更具彈性的勞動力等。

IBM的薪酬體系設計

20世紀80年代IBM的經營一度陷入危機。然而它卻再度以一個成功的公司面目出現，薪酬制度的創新是一個重要因素。

IBM原來的薪酬系統有四個方面的特點：

1.與薪酬的外部競爭性相比，它更為強調薪酬的內部公平性。
2.原有薪酬系統嚴重官僚化，系統中有五千多種職位和二十四個薪資等級。
3.管理人員在給予部屬增加薪酬方面的分配自主權非常小。
4.單個員工薪酬收入大部分都是固定薪酬，只有很少部分與業績聯繫。

現在，IBM薪酬制度在上述所有四個方面都發生了根本性的改變。新的薪酬制度是受就業勞動市場驅動的非常注重外部競爭力，現在的薪酬制度中僅剩下一千二百種職位和十個變動範圍更大的薪資等級，賦予管理人員按員工工作業績支付不同薪酬的權力。員工的薪酬與企業的業績目標進一步聯繫起來。

資料來源：王凌峰編著（2005）。《薪酬設計與管理策略》，頁154。中國時代經濟出版社出版。

一、扁平寬幅薪資制結構概念

扁平寬幅薪資制是企業將原來十幾個、甚至二十幾、三十幾個薪資等級壓縮成幾個級別，但同時將每一種薪資級別所對應的薪資浮動反應拉大，從而形成一種新的薪酬管理系統及操作流程。

企業決定採用扁平寬幅薪資制結構，通常意味著組織文化和敘薪方式發生了顯著的變化。這些變化的原因，可能包括下列幾點：

1.組織結構扁平化或職位階級的數目減少，特別是對於專業人員（不享有申請加班費資格）和管理階層。
2.為了結合不同的組織文化及對不同的薪酬做法，例如在合併或併購過程中。
3.知識、技能的範圍與層級的增加。
4.對團隊重視程度的不斷增加。
5.管理階層職業生涯的一種選擇，例如在同一職位內的發展與職位層級的升遷。

相較於傳統薪資結構，使用扁平寬幅薪資結構、減少薪資等級數量有助於上述變化的順序進行，它提高了薪酬對個人績效、素質、技能和競爭能力的重視程度，而不是狹義的定義職位及升遷。

扁平寬幅薪資結構同樣也會比較重視人才競爭市場行情，並據此決定薪資範圍。同時，可能需要透過職位比對和人才競爭市場（例如扁平寬幅薪資的薪資區域，而不是控制點）的新方法，將外部薪資等級與內部薪資等級連結起來。

從傳統薪資結構轉變為扁平寬幅薪資結構成功因素有：

1.一至二年的設計、測試、培訓和溝通，確保此一轉變能夠支持營運目標。
2.完整的薪資系統及薪資管理經驗豐富的員工，並瞭解使用扁平寬幅薪資結構的潛在作用和問題。

3.扁平寬幅薪資結構的設計和實施必須適合組織的情況與確保公平性，並獲得管理階層的承諾。

扁平寬幅薪資結構是爲了讓員工的薪資更有彈性，傳統的狹窄薪資等級可能讓員工產生「這不是我份內工作」的態度，只專注於日常指派的職責，而扁平寬幅薪資結構也爲新進員工的薪資提供較大的彈性。

二、扁平寬幅薪資結構的實務運作

扁平寬幅薪資管理的基礎是要首先建立一個「內部公平」的職務級別體系。實務上，在落實扁平寬幅薪資結構時，所必須考慮並設計的流程、階段與時間規劃，包括下列數端：

(一)評估企業是否適合推行新制度

檢視現有制度之優缺點，再評估是否可有效強化制度，以滿足現今企業經營的需求與目標。如果改變是必須的，則必須透過正式的評估管道，包括：諮詢或調查一線主管或員工焦點團體（如工會成員）的意見，

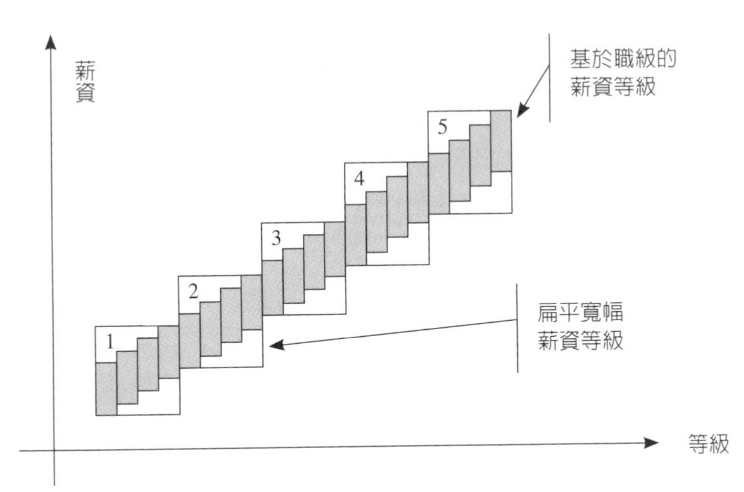

圖5-5　扁平寬幅薪資設計圖示

資料來源：王凌峰編著（2005）。《薪酬設計與管理策略》，頁155。中國時代經濟出版社出版。

以瞭解組織成員對於新制度接受的態度。基本上，需要約三個月的時間來完成此階段作業。

(二)規劃設計新的薪資結構

在完成檢視新制度的適用性之後，就必須開始規劃薪資結構的運作架構，包括：扁平化職級之定義、需要簡化成爲幾個職級、職位或角色的重新界定、薪資全距的範圍，以及薪資給付的基礎與標準等。此階段薪資結構制度建立，則至少需要三至六個月來完成。

(三)發展一套完整溝通、教育與訓練計畫

新制度的落實並須長期且有效的貫徹，才是成功的重要關鍵。組織當然必須投入相當成本於溝通與教育訓練計畫，以建立員工的認同承諾與投入。此動態的運作則需要一至三個月左右的時間。

(四)測試並落實制度

在落實新制度於整個組織時，需要以焦點團體或模擬情境來先行測試制度的運作，以瞭解制度的適應情況，同時也可調整制度運作的可行性，然後再逐步適用於整個組織。此一階段也需要運作一至三個月左右的時間。

(五)評估新制之成效

新制度逐步引進於整個組織後半年至一年後，就必須開始檢視制度落實的成效。持續地改善制度的適應性才不會流於形式（胡秀華，1998：58-59）

扁平寬幅薪資結構十分強調根據員工的能力與貢獻確定薪資。爲了防止扁平寬幅薪資在操作上中的隨意性而導致企業薪資成本的急劇上升，企業還必須構建規範的任職資格認證及績效考核制度，嚴格根據明確的薪資評級標準及辦法，進行任職資格認證與考績實施，以此爲依據確定員工的薪資在扁平寬幅薪資結構中的位置。

結　語

人力資源管理諸多職能中職務管理（position）、績效管理（performance）和薪酬管理（pay），這「3P」占據了中心地位。職務管理是績效管理和薪酬管理的基礎；績效管理是人力資源管理中的難點；職

範例5-6

策略性的工資選擇

規則性工資策略	經驗性工資策略
工資的基礎	
工作	技能
成員資格	績效
個人績效	總績效
短期導向	長期導向
風險規避	風險承擔
公司績效	事業部（部門）績效
內部公平性	外部公平性
層級制	平等主義
定性的績效度量指標	定量的績效度量指標
工資制度設計方面的問題	
高於市場平均水平的基本薪資和福利	高於市場平均水平的基本薪資和福利，高於市場平均水平基本薪資＋獎金
強調基本薪資和福利	強調獎金
偶爾實施獎賞	經常實施獎賞
強調內在激勵	強調外在激勵
目標管理框架	
集中型	分散型
秘密工資制	公開工資制
管理者制定工資決策	員工參與制定工資決策
官僚式	靈活性

資料來源：Gomez-Mejia and Balkin（1992a）／引自朱舟譯（2005）。巴里·格哈特（Barry Gerhart）、薩拉·瑞納什（Sara L. Rynes）著。《薪酬管理——理論、證據與戰略意義》（*Compensation: Theory, Evidences, and Strategic Implications*），頁1-2。上海財經大學出版社。

務管理和績效管理最終要透過薪酬來實現和體現。因此設計一套適合企業具體情況的薪酬體系是一家成功企業的基礎制度。

固定薪主要反應員工工作的職責和能力而敘薪，工作愈困難、複雜，薪資就應該愈高；變動薪（如分紅）是績效薪的概念。績效管理與獎酬機制間存在相輔相成的關係，會直接正向影響企業與員工個人績效。獎酬制度設計必須與績效管理制度結合，以確保公司營運目標達成，促使整體企業由上到下的績效制度運行，但所有績效與獎酬的機制設計不應一成不變，企業應思考產業特性、人才供需、現況勞動市場及內部人力屬性等議題，定期檢視其機制的運作，隨時進行調整的準備，而其中所牽涉的變革管理與員工溝通也都將會是重要的環節，也將決定此機制導入的成敗與否（卓筱琳，2016：42-44）。

第六章　激勵理論與獎勵制度

- 薪資與員工滿意度
- 內容理論學派
- 過程理論學派
- 增強理論學派
- 激勵的層次性
- 員工激勵制度設計
- 結　語

人才何常？褒之則如甘雨之興苗，貶之則如嚴霜之凋物。

——清朝曾國藩

故事：獎給父親的勳章

德國有一位盡責的扳道工，有一次，他接到通知，有兩列火車即將通過車站，讓他為其中一列扳道岔。就在準備扳道岔的時候，他突然發現自己的孩子站在鐵軌當中玩，對即將駛來的火車一無所知。

一念之間，他想跑過去，救出孩子，但如果救了孩子再回來扳道岔，就來不及了，兩列火車相撞可能造成數百人傷亡。危難關頭，扳道工對孩子大吼一聲：「快趴下」，隨即，迅速扳好道岔，火車呼嘯而過。扳道工癱倒在地，不敢看前面的鐵軌。但是，孩子還活著。原來，孩子聽到了父親的呼喝，馬上趴在了鐵軌中間。火車駛過，孩子毫髮未損。

這件事被德皇知道了，他認為扳道工十分了不起。不僅褒揚了他，還頒獎給他一枚榮譽勳章。可是，許多人認為沒必要再授給他代表最高榮譽的勳章。官方向公眾解釋說：「一個人要做到盡職是應該的，也許你們都能做到，但是，要教育出一個在生死關頭，能聽從父親，配合默契的孩子，那就難多了。這是一枚獎給父親的勳章。」

小啟示：激勵中包含成就感與責任感。激勵就是獎勵能「轉危為安」的行動者，而不是「各人自掃門前雪，莫管他人瓦上霜」的獨善其身者。

資料來源：陸勇強（2002）。〈獎給父親的勳章〉。《環球市場》，頁61。

從亞伯拉罕．馬斯洛（Abraham H. Maslow）的需求層次理論得知，人的需求是多層次的，同時也是多樣化的、多變化的。隨著生活水準的不斷提高，人們的需求也由最基本的生理和安全的需求，提升到了社交、認可和自我實現。

激勵性薪酬制度的建立，目的在激發員工的工作意願與工作潛能，俾提高組織的運作績效。薪酬是由投資（超前獎勵，能使員工安心踏實地工作）和獎勵（事後支付，與員工的業績掛鉤）兩部分組成的。薪酬的給付，一直被認爲必須兼具公平性、合理性與激勵性，企業實施獎勵薪酬計畫，便是企圖增強績效與報酬之間的關係，從而激勵這些受影響的員工，有效地吸引人才、留住人才，以及充分發揮人才的價値，進而爲企業創造出最佳的競爭優勢。

第一節　薪資與員工滿意度

薪資對於求職者與員工都極爲重要。從工作中得到的報酬，對大多數求職者來說都是一項主要考慮的因素。薪資不光是一種謀生手段，也是讓員工獲得物質及休閒需要的手段，它還能滿足員工的自尊或自我的需要。

一、薪資滿足或不滿足的影響因素

在實證方面，綜合各研究的結果顯示，對薪資滿足或不滿足主要的影響因素，大致可歸納爲：人口統計變項、人格特質變項及組織有關的變項等三類。

(一)人口統計變項

人口統計變項，包括年齡、年資、性別、婚姻、職位、教育程度、家庭人口數、年薪等變數，都是可能影響薪資滿足的因素。

(二)人格特質變項

人格特質變項，則以成就動機（指個人努力去從事自己認爲重要或

有價值的工作，以及追求創造、自我發展，以達成某些目標，並使之達成盡善盡美的內在趨動力）、個人傳統性（指個人遵從權威的觀念，認爲在各種角色關係及社會情境中應遵守、順從、尊重及信賴權威），或現代性取向（指個人平等開放的觀念，以平等思想代表一種開放與容人的胸懷）較具有影響力。

(三)組織有關的變項

組織有關的變項，包括：行業別、公司型態、組織規模、組織生命週期等因素。薪資政策與其管理程序的變項中，各項薪資要素的重視程度愈高，薪資滿足感亦愈高，但各項要素的相對比重，並不會直接影響員工的薪資滿足（洪瑞聰、余坤東、梁金樹，1998：37-51）。

當員工對薪資不滿意時，員工通常會採取辭職、成爲問題員工（冗員）、在工作上製造麻煩、組織或成立工會抗爭、在執行工作時得過且過，絕不多做，但也不至少做到被開除或受到懲罰等行爲表徵。

二、工作滿意的理論基礎

工作滿意（job satisfaction）主要概念都來自激勵理論（theories of motivation）。最先提出工作滿意概念的是霍伯克（R. Hoppock），他認爲工作滿足是工作者在心理和生理對環境因素的滿足感受，亦即工作者對於工作情境的主觀反應。

工作滿足的理論衆多，整理工作滿足相關文獻可以發現，其工作滿意之激勵理論包括：需求層次理論、雙因子理論、期望理論及公平理論等四種型態。根據激勵理論的發展，大致又可分爲三個主要學派，內容理論（content theory）、過程理論（process theory）和增強理論（reinforcement theory）。

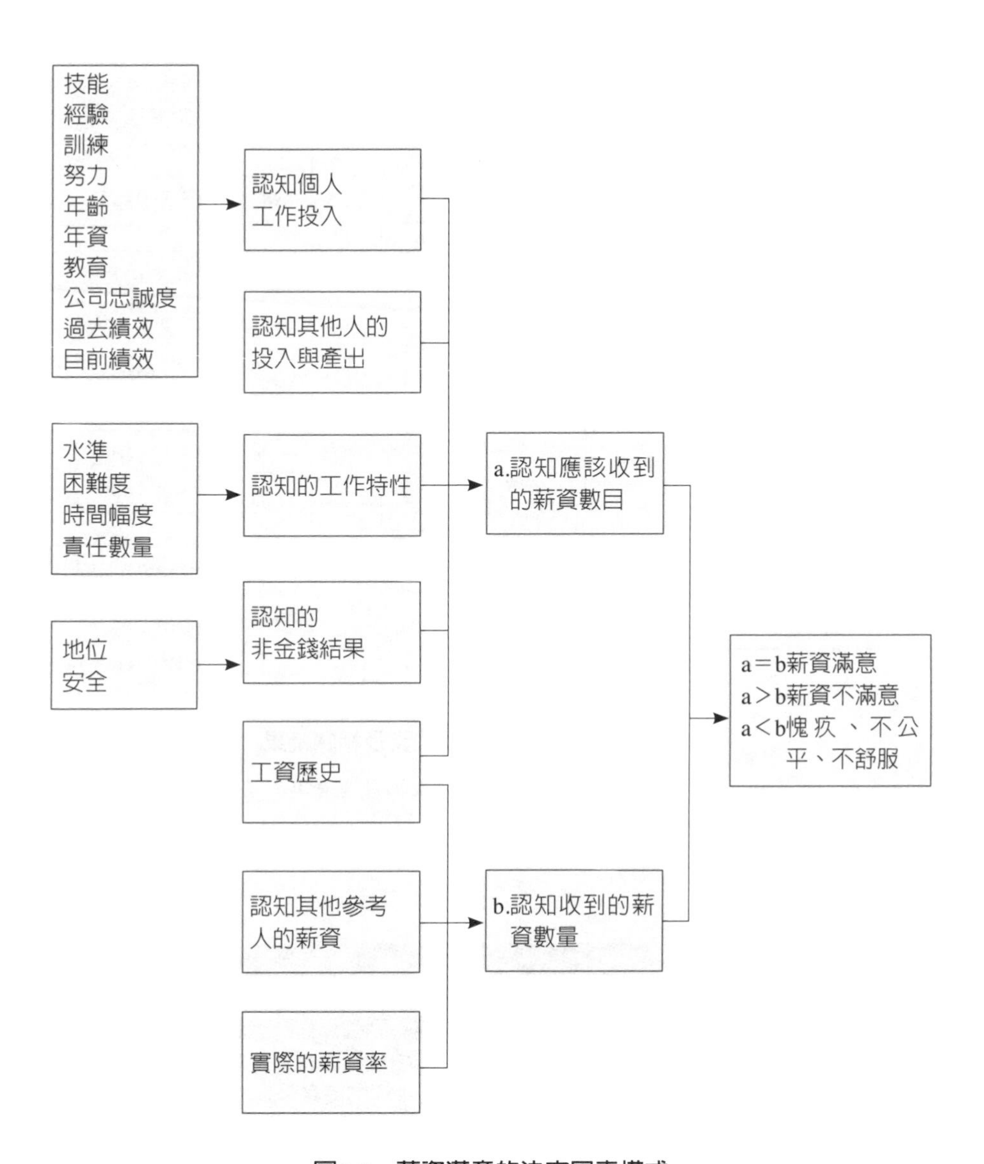

圖6-1　薪資滿意的決定因素模式

資料來源：Lawler, Edward E., Ⅲ (1971). *Pay and Organizational Effectiveness: A Psychological View*. New York: McGraw-Hill, p. 215。引自鍾國雄、郭致平譯（2001）。Byars, Lloyd L. & Rue, Leslie W.著。《人力資源管理》（*Human Resource Management*, 6e），頁310。麥格羅．希爾。

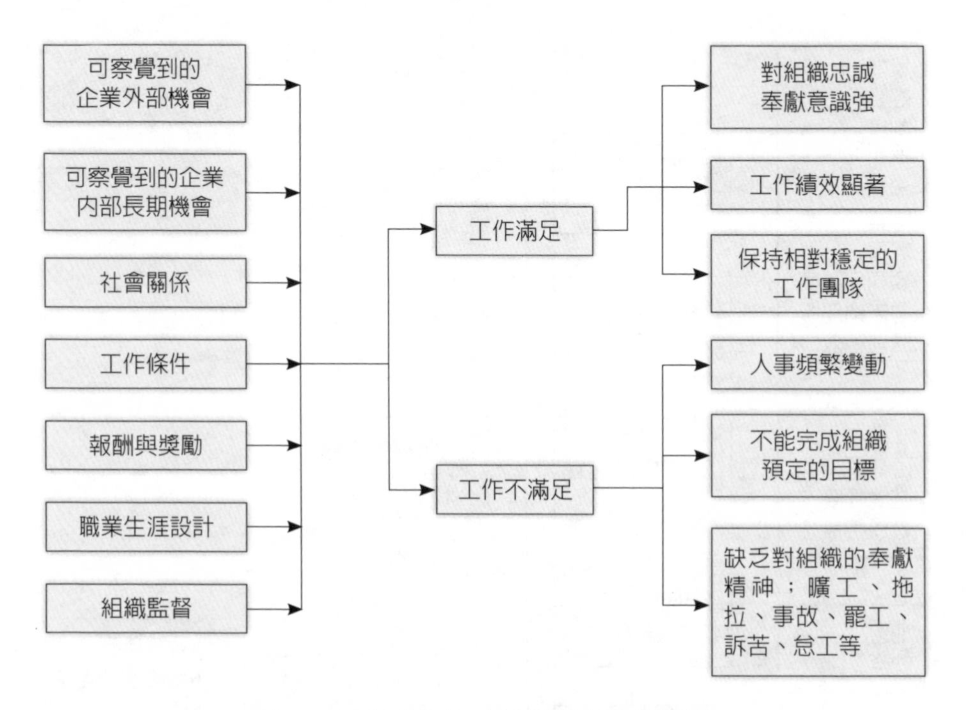

圖6-2　工作滿意度：影響因素及相關結果

資料來源：段曉強、朱衍強（2005）。〈從積分激勵計畫看工作滿意度〉。《人力資源》，總第198期，頁63。

表6-1　激勵理論彙整表

理論分類	代表學者	代表理論	內容概述
早期的激勵理論	Taylor	科學管理原則	人的工作動機在於獲取財務報酬（金錢），因此，應以財務為誘因，作為激勵的基本工具。其論點強調工作機械層面，重視效率，但忽略人性因素與單一性工作動機之假設，為其缺失。
	Mayo（1933）	霍桑研究	對於員工的激勵方式，應以人性為出發點，員工的社會心理需求被滿足，才能提高其生產力。主張「有快樂的員工即有較高的工作效率」的看法。
	Douglas McGregor（1960）	XY理論	對於人性的看法，一種為負面的，稱X理論；一種為正面的，稱Y理論。McGregor主張之激勵方法為重視「決策授權」、「意見溝通」、「鼓勵參與」、「工作豐富化」，進一步將「人性」與「管理」結合。

（續）表6-1　激勵理論彙整表

理論分類	代表學者	代表理論	內容概述
內容理論	Maslow（1954）	需求層級理論	人類具有生理、安全、社會、自尊、自我實現五種需求，當一個需求滿足後，才會晉升到另一個需求層級。
	Herzberg（1966）	雙因子理論	所有工作滿足與需求的關係有兩種因子：(1)激勵因子：較趨內向，與追求成長的需求有關；(2)保健因子：較趨外向，滿足避免痛苦的需求。
	McClelland（1970）	三需求理論	所有人的內在需求均依三種不同需求，按照不同比例混合而得，個人差異性甚大。三種需求分別為成就、權力、歸屬需求。
	Alderfer（1972）	ERG理論	將Maslow之需求層級理論歸類為三種需求：生存需求、關係需求、成長需求，並認為個人可以同時追求兩種以上需求的滿足。
	Argyris（1962）	成熟度理論	認為工作標的之設計如出自員工自己或讓其參與，將比單方面由上司指派的好，因為其認為隨著員工身心之成熟，自然有意願承擔責任，滿足獨立自主之需求。
過程理論	Adams（1963）	公平理論	個人會對自己的工作投入與獲得回饋的比率做一個衡量，並會與他人所得做比較，這是基於公平要求之故。
	Vroom（1968）	期望理論	一個人的努力會視報酬的價值，以及他認為付出努力後可獲得報酬的機率，兩者所共同決定。
	Locke（1968）	目標設定理論	人類行為是由「目標」及「企圖心」所形成，個人對目標之承諾將決定其努力動機，尤其對設有完成期限或達成標準者，其激勵作用更大。高目標且能達成者，又較低目標者能產生更大之績效。
增強理論	Skinner（1953）	增強理論	人們的行為很大程度上是取決於行為所產生的結果，那些能產生令人滿足結果的行為，以後會經常得到重複；相反的，那些會導致令人不滿意結果的行為，以後再出現的機會很小。

資料來源：黃世勳（2005）。《激勵制度與工作績效認知關聯性之研究：以壽險業務員工爲例》，頁14-15。元智大學管理研究所碩士論文。

第二節　內容理論學派

二十世紀西方心理學家發展出來的內容理論，基本假設是人們願意做那些能夠從中得到補償的事情，主要代表學派有：需求層級理論（Need Hierarchy Theory）、雙因子理論（Two-Factors Theory）、ERG理論（ERG Theory）和三需求理論（Three Needs Theory）。

一、需求層級理論

美國心理學家馬斯洛是一位深具影響力的人本心理學的泰斗，其最知名的學說是「需求層級理論」，這套理論與激勵員工有非常密切的關係。馬斯洛的假設中認爲人類有五種層次的需求。

(一)生理需求（survival needs）

人類賴以維持生命生存下去必須要的需求，是人類最基本所必須滿

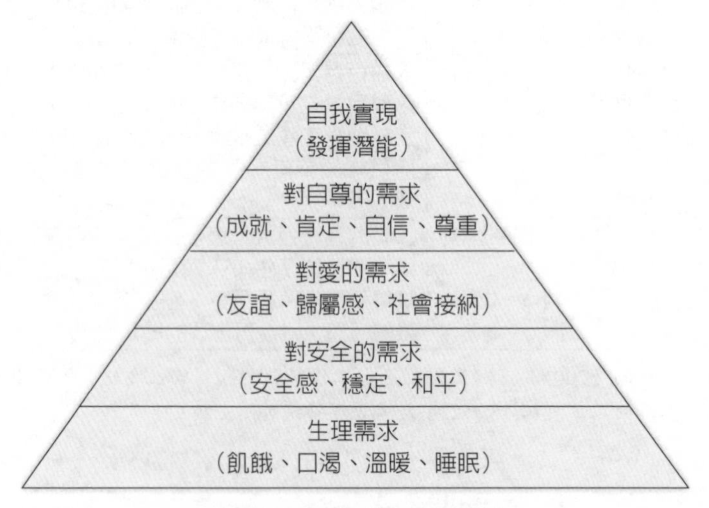

圖6-3　馬斯洛的需求層級理論

資料來源：高子梅譯（2004）。凱特・威廉斯（Kate Williams）、包柏・強森（Bob Johnson）著。《管理在管什麼》，頁92。臉譜出版。

足的需求（例如薪資與福利），包括：飢餓、口渴、食物、睡眠或其他肉體上的需求等。

(二)安全需求（security needs）

人類有需要獲得保護、避免受到傷害的需求（例如就業保障與工業安全），包括：身體及感情的安全感、住房、家庭的溫暖與安定的環境等。

(三)歸屬需求（belonging needs）

人類有在社會上付出與得到友誼的需求（例如仰賴良好的人際關係），包括：愛情、歸屬感、接納和友情等。

(四)自尊需求（esteem needs）

人類有獲得他人尊重與尊重他人的需求（例如透過頭銜與被人尊重），包括內在的尊重和自尊、自治權與成就感，以及外在的尊重（地位、認同與受注意）等。

(五)自我實現需求（self-fulfillment needs）

人類最高層次的需求（例如需要工作成就感予以滿足），包括：成長、發揮自我的潛能及自我實踐的感覺、完成自己有能力完成的事務之驅動力。

馬斯洛認為人類的需求有其層次，它具有生物學或人類本能的性質。在過程中，人們只有先滿足較低層次的需求，才會尋求較高層次的精神和道德發展。例如：飢餓的人，就不太可能有創造力。我們在滿足了基本的身體上需求之後，才會進入一個感到自己被愛戴和尊敬的狀態，並產生一種歸屬感，包括：找到了哲學和宗教的認同感，從而尋求自我實現。

如果以馬斯洛需求理論來看薪資，一定要能滿足金字塔下方的三個要素，分別是生理需求、安全需求及歸屬需求，而當薪資高於某種程度時，自我實現需求的重要性就遠高過生理、安全等基本需求了。

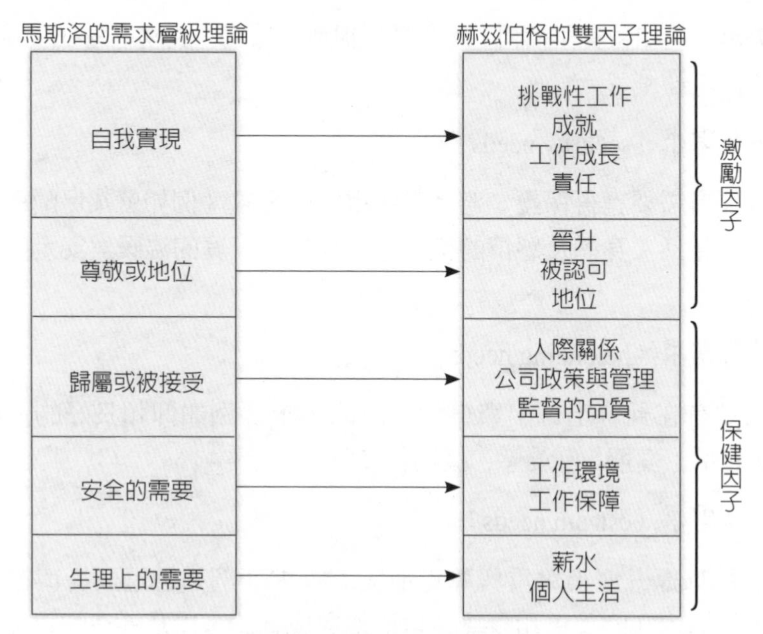

圖6-4　馬斯洛與赫茲伯格的激勵理論比較

資料來源：王象生、吳守璞譯（1992）。Koontz, Harold & O'donnell, Cyril著。《管理學精義》（*Essentials of Management*, 2e），頁487。中華企業管理發展中心。

二、雙因子理論

美國心理學家佛德烈・赫茲伯格（Frederick Herzberg）提出的雙因子理論認爲，影響工作滿意有兩個因子：保健因子（hygiene factors）和激勵因子（motivator factors）。從赫茲伯格雙因子理論可看出，對工作動機影響最大的要素是工作的成就。

保健因子的部分，指的是維持一項工作所需要的要素，例如：組織政策與行政管理、人際關係、薪資、工作條件、工作的保障和工作環境等。良好的保健因子存在時，只能預防員工低落的表現行爲及不滿足的發生，而無法促使人們有好的表現及增加員工的滿足，但缺乏保健因子時，

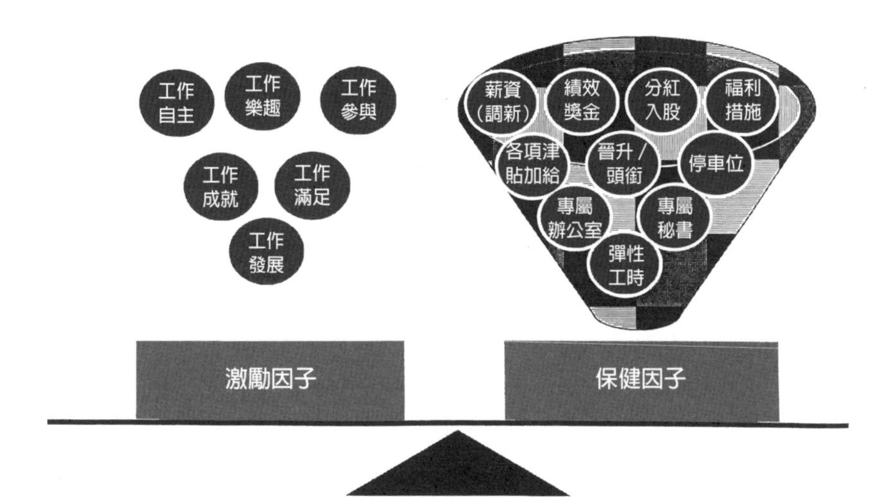

圖6-5　保健因子與激勵因子的類別

資料來源：PwC Taiwan資誠（2015）。「員工獎酬策略與工具運用探究——從加薪四法談起」講義，頁47。高科技產業薪資協進會編印。

會導致員工的不滿足。

激勵因子的部分，指的是工作滿足的因素與工作激勵和個人成長發展有關，例如：成就、讚賞、責任感、受重視感、工作本身和升遷發展等。良好的激勵因子存在時，會導致員工滿足，但當缺乏激勵因子時，並不會導致員工不滿足，只會使員工無法獲得滿足的愉快經驗。

美國未上市的賽仕（SAS）軟體公司，並沒有發行任何股票選擇權，可是員工的流動率只有4%，低於一般高科技公司的平均員工流動率的20%。根據調查指出，SAS的員工很滿意他們的工作環境，而且員工可以在公司的內部工作計畫中自由的調任，這種工作型態正好符合了目前美國新生代工作者的特徵。

三、ERG理論（生存—關係—成長理論）

美國耶魯大學行為學教授克雷頓．埃爾德弗（Clayton Alderfer）將馬斯洛的「需求層級理論」加以修訂，使與實證研究更為一致。他認為人類

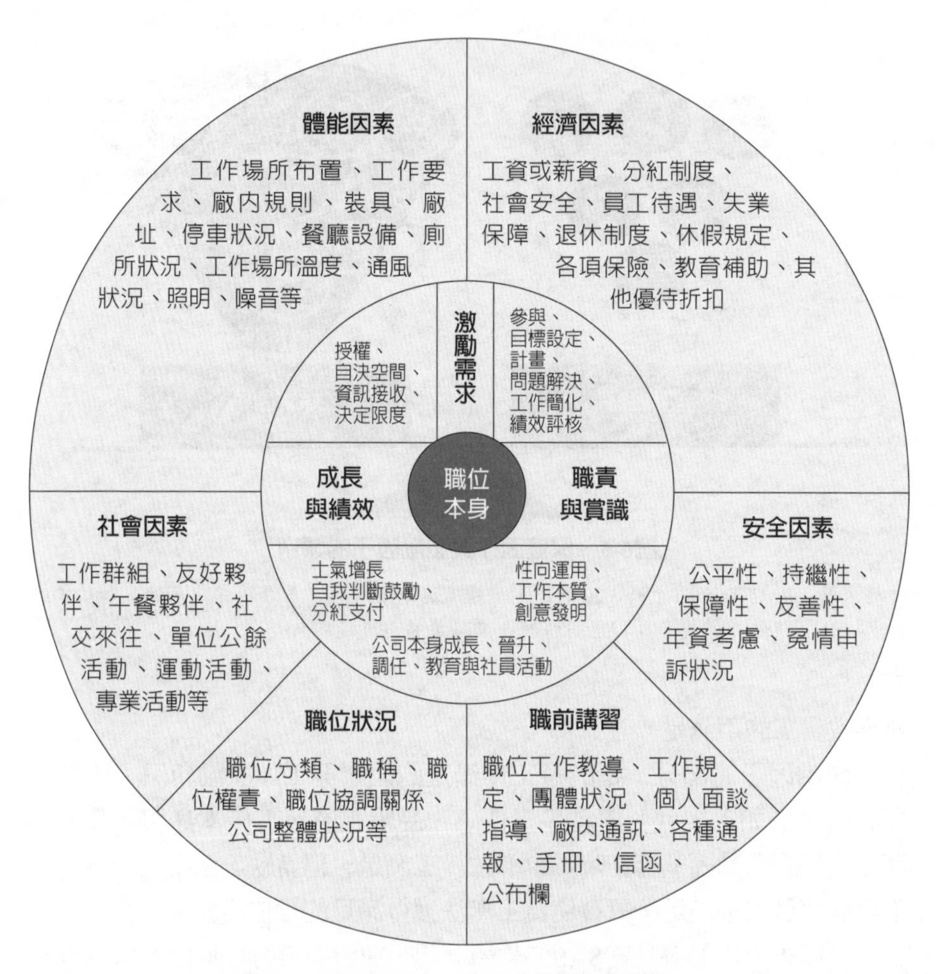

圖6-6　員工需求——維持需求與激勵需求

資料來源：譚啓平（1992）。《薪資管理實務》，頁61。中興管理顧問公司發行。

有生存（existence）、關係（relatedness）、成長（growth）等三種核心需要。這三種需要的名稱，各取其英文字首組成，故又名爲ERG理論。

存在需求，是指維持生存的基本需求，相對於馬斯洛的生理及安全需求；關係需求，係指人們想維持重要人際關係的慾望，唯有透過與他人互動，才能滿足個體社交及建立身分地位的慾望，其相對於馬斯洛的歸屬需求及尊嚴需求的外在部分；成長需求，是指個人追求自我發展的慾望，

相對於馬斯洛的尊嚴需求的內在部分及自我實現需求。

ERG理論各需求可以同時存在，且可同時具有激勵作用，如果較高層次的需求未能滿足的話，則滿足低層次需求的慾望就會加深。

四、三需求理論

三需求理論，是由哈佛大學心理學教授大衛·麥克利蘭（David McClelland）所提出的一個非常重要的觀察：要能推動人類持續進步，就必須滿足其渴望，也就是成就、權力和歸屬感這三個需求。

1.成就需求（need for achievement）：認爲人類有主動追求成就或尋求成功的慾望，而非僅對環境給予的感受採取被動的滿足方式。
2.權力需求（need for power）：促使別人順從自己意志的慾望。
3.歸屬感需求（need for affiliation）：追求與別人建立友善且親近的人際關係的慾望。

每個人均有此三需求，但強度因人而異，且因不同的動機而有不同的行爲。對不同需求強度的人應找出最適宜的工作性質內容或調整工作的要求，才能對工作行爲有適當的引導。

範例6-1

谷歌（Google）怎麼創造出激勵員工的工作環境？

高成就需求的Googlers

Google根據80/20法則，允許員工們花80%的時間在主要工作上，剩下20%的時間，他們可以從事自己較有熱情、而且相信對公司是有益的專案任務。許多員工在這20%的時間內，開發出來的許多創新產品，都為Google帶來巨大成功。Gmail就是由Google員工在20%的時間內開發出來的。無論職位高低，這項規定能讓Google員工們發

揮他們的才能，進而得到成就感。

高權力需求的Googlers

所有Google員工，無論職位高低，都可以透過Google的TGIF（Thank God It's Friday）計畫獲得權力。根據*Forbes*報導，TGIF計畫「是Google的每週全體會議，該會議允許員工們直接向公司高層提問任何關於公司的事情。」這項計畫讓Google員工能對公司產生影響，進而滿足他們的權力需求。

高歸屬需求的Googlers

Google為了滿足員工們的歸屬需求，會鼓勵工作場所的社交互動。Google為員工提供的許多福利，也都是社交互動導向，旨在幫助員工彼此之間建立起健康、穩固的關係。例如，Google員工可以免費使用指定的健身房，Google也鼓勵他們多跟其他同事們一起參與團體體育活動。Google另一種滿足歸屬需求的方式，是讓員工感覺自己是一群特殊的群體，一群為自己所屬團體感到驕傲的人。例如，Google員工認為，能被Google僱用，必須成為某個領域裡最聰明、最優秀的人，和這樣一群擁有非凡技能的人一起工作，讓他們對於自稱是Googler這件事感到非常驕傲。

資料來源：黃秋晴撰文，林易萱核稿編輯（2019/07/19）。〈三需求理論：Google怎麼創造出激勵員工的工作環境？〉。商周網址：https://www.businessweekly.com.tw/management/blog/26355

第三節　過程理論學派

過程理論的主要類型以期望理論（expectancy theory）、公平理論（equity theory）和目標設定理論（goal-setting theory）爲代表。

一、期望理論

在解釋激勵理論中，目前廣爲大家所接受的，乃是維克多．佛洛姆（Victor Vroom）提出的期望理論，又稱效價—手段—期望理論（Valence-Instrumentality-Expectancy Theory, VIE）。

期望理論認爲，企業若想要員工產生工作動機，除了獎酬本身應具有吸引力之外，在過程中必須讓員工產生適切的期望。而期望強度取決於兩項機率：一是員工會評估努力能否達成預定績效的機率；另一則是員工會評估達成績效能否帶來獎酬的機率。唯有當這兩項機率都高時，員工的期望才會提高，而工作動機也才能隨之增強。

期望理論是個體範圍的激勵理論，它將績效視爲個人從事某一層次的行爲（而非其他層次）的能力及激勵力量的聯合函數。激勵力量進而被假設是三項因素的積性函數：

M（motivation，激勵）=V（valence）×I（instrumentality）×E（expectancy）

1.效價（valence，期望值）：指個人對可能結果的預測，也是對行動產生某種特定結果可能性的看法，及個人努力獲得成功的一種信念（努力與績效的關係）。

2.手段工具（instrumentality）：指直接結果能導致或避免另一種結果的連結程度，是人們對直接和間接結果之間關係的知覺，即工作者感覺到做好工作與所獲得報酬之間的關係（績效與獎勵的關係）。

3.期望（expectancy）：指對事物具有的吸引力或排拒，意即個人主觀上對事物的情意取向或感覺態度（獎勵與滿足個人需要的關係），例如工作報酬對個人吸引力的大小。

上述方程式中的三項要素愈高，乘積愈大，則員工的動機愈強。企業應善用期望理論所蘊含的哲理，薪酬設計應本乎人性的期望。

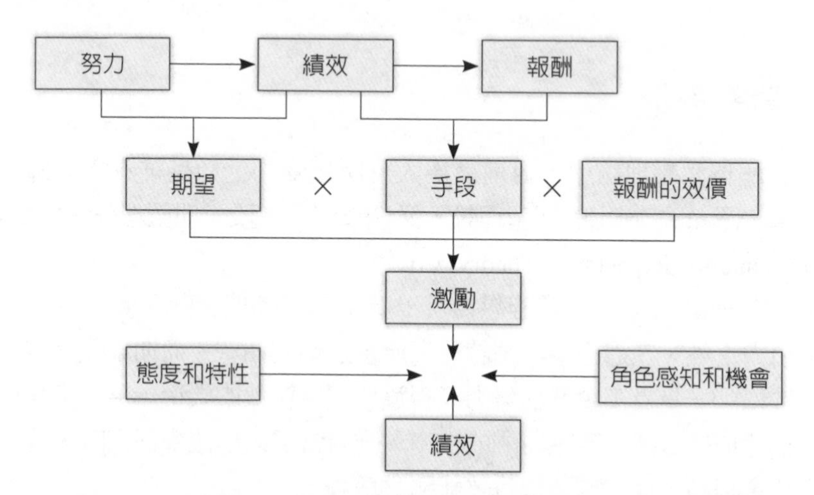

圖6-7　效價—手段—期望的相互關係

資料來源：徐成德、陳達編著（2001）。《員工激勵手冊》。中信出版社出版，頁201。

二、公平理論

公平理論是一種相當理性的激勵理論。它指出人們總是傾向於高估自己的投入量，而低估自己的報酬，對別人的投入量及所得報酬的估計則與此相反。根據美國心理學家約翰·亞當斯（John S. Adams）提出的「公平理論」認爲，人們基於自己所感受到產出（所得）／投入之比與他人的該項比例的明顯評價，來判斷自己所得的工資程度。一旦人們在工資分配中察覺到不公平，就會降低忠誠度、頻繁缺勤、跳槽，以及製造和激化勞資糾紛，因而對組織造成危害。

(一)投入與所得的比較

員工個人自覺公平合理的薪資，是以兩個因素爲基礎形成公平的信念：投入（input）和所得（outcome）的比率（ratio）。

投入（分母），是指人們關於他們對工作所做貢獻的知覺，例如：工作的數量和品量、技術水平、努力程度、能力、精力、時間等；所得（分子），代表報酬，是指員工對他所從事的工作中得到的回報知覺，例如：薪資水準、加薪幅度、升遷、福利、他人的認同和受到的賞識程度等。

棒球運動員工資與社會比較

為了說明相對比較在年度工資增加中的重要性，考慮一下游擊手亞歷克斯·羅瑞格茲（Alex Rodriquez）在2000年與德克薩斯遊騎兵（Texas Rangers）棒球隊簽訂的合同。

根據這份合同，遊騎兵隊確保羅瑞格茲在十年的合同期內，每年可以獲得至少2,100萬～2.700萬美元（包括獎勵）。然而，有兩項關鍵條款可能使他實際賺得的收入遠比這一數額更多。一項條款說明在2001～2004年賽季，他的基本薪酬必須至少比美國職業棒球大聯盟中的其他任何一位游擊手高出200萬美元。第二項條款允許羅瑞格茲在2008年賽季後中止比賽，除非他在2009年和2010年的基本薪資至少比美國職業棒球大聯盟中打任意位置的球員高出100萬美元。否則，羅瑞格茲可以自由選擇離開遊騎兵隊。

這些條款清楚無誤地使羅瑞格茲的工資釘住在其他球員的收入，這極好說明了人們以相對值來評價收入的重要性。

資料來源：朱舟譯（2005）。巴里·格哈特（Barry Gerhart）、薩拉·瑞納什（Sara L. Rynes）著。《薪酬管理：理論、證據與戰略意義》，頁133。上海財經大學出版社出版。

員工透過將他們的所得與投入比（O/I）與另一個人的所得與投入比進行比較，來判斷他們的薪資是否公平。根據一項的研究發現，員工並不將他們的比較僅侷限在一個人身上，他們往往有幾個參照性的他人，這樣，當員工評價他們的薪資是否公平時，會做好幾種對比，只有當每一種對比都被認爲是相等的時候，公平的知覺才會形成。

當員工的O/I比率低於參照性他人的這一比率時，他們覺得被付給了超低工資，極易導致對組織或管理人員的不滿；當該比率等於別人之比率時，他們感到組織的公平，會得到強有力的激勵；當比率大於參照性他人的比率時，他們又認爲被付給了超高薪資，但一段時間後，由於滿足於僥倖的心理，工作又恢復原樣。

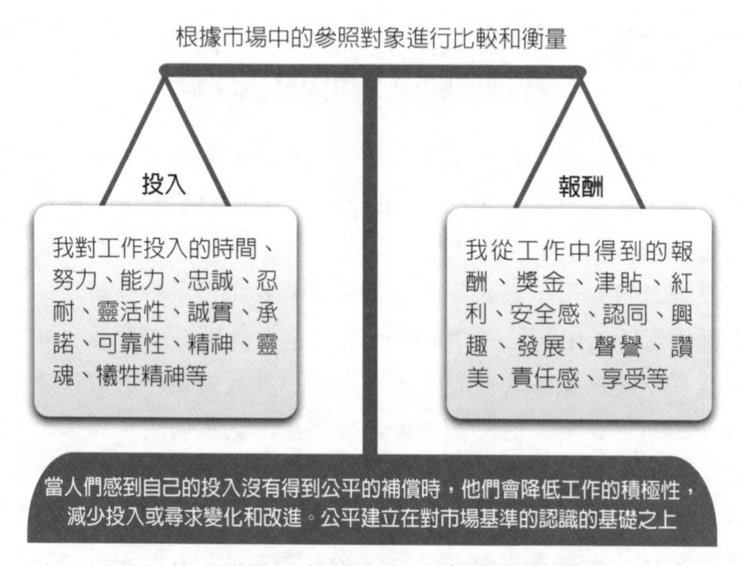

圖6-8　根據市場中的參照對象進行比較和衡量

資料來源：〈亞當斯公平理論〉，《每日頭條》，https://kknews.cc/zh-tw/career/nrb5rmq.html

(二)公平理論在薪資設計的應用

公平理論在環境的變遷與市場競爭下，傳統一面的學歷、背景、努力、能力等，可能要被職能專才及智慧資本（intellectual capital）所取代，誰能改變市場生態贏得勝利，他就是價值的代表（張錦富，1999：40-42）。

將公平理論應用在薪酬制度，可以得到三種公平的表現形式：內部公平、外部公平和員工個人公平。

◆內部公平

內部公平，就是公司的職位與職位之間的等級必須保持相對公平（薪資政策中的內部一致性）。在設計薪資制度時，薪資架構的制定，就是為了解決內部公平性。內部公平要靠工作分析、工作評價來比對與衡量。公司的薪資比率反映了每個員工的工作對公司所做的總體貢獻。要使

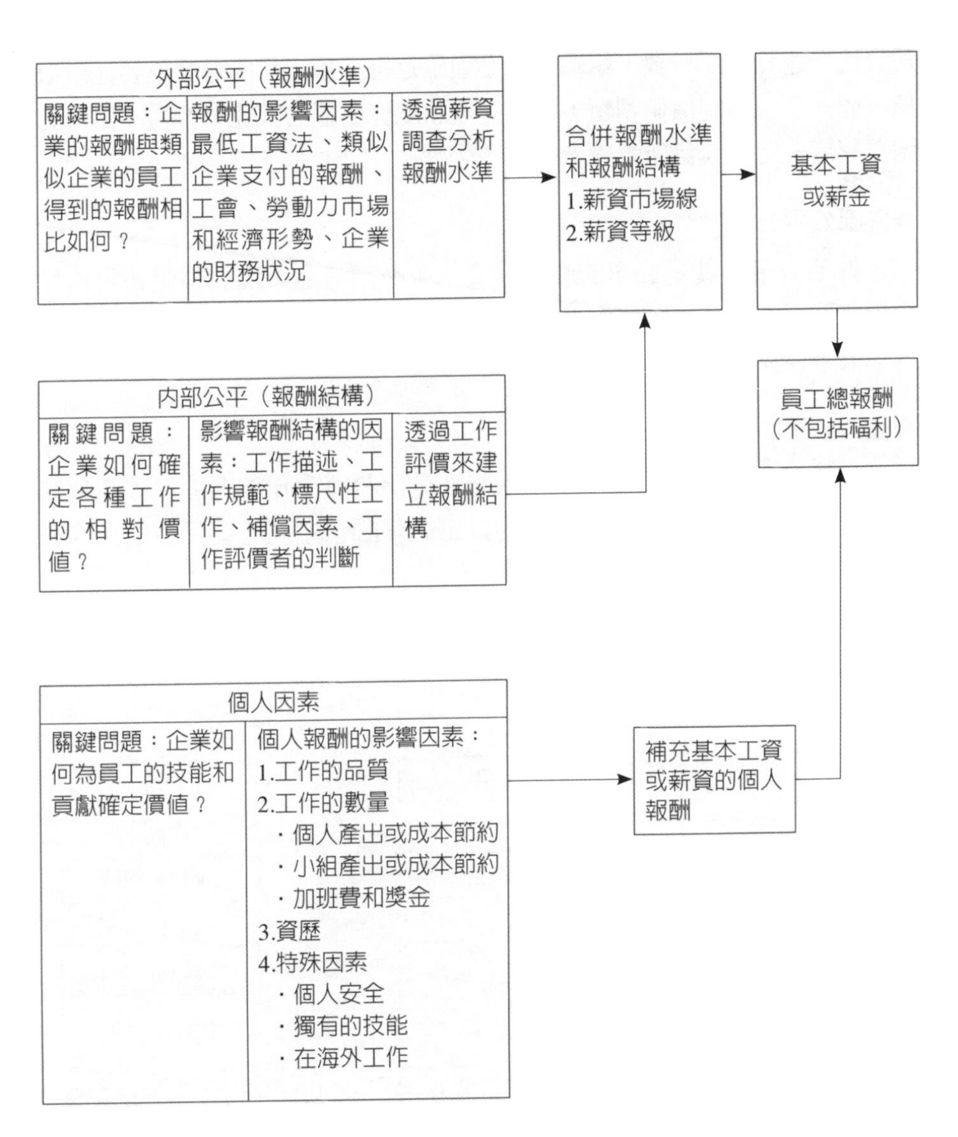

圖6-9　公平理論在薪酬決定中的作用

資料來源：Leap, Terry L. & Crino, Michael D. (1989). *Personnel/ Human Resource Management,* Macmilan, 1989, p. 382。引自陳黎明（2001）。《經理人必備：薪資管理》，頁89。煤炭工業出版社。

薪資比率達到內部一致，組織首先必須確定每一項工作的總體重要性或價值，而一項工作的價值判斷，涉及完成該工作所需的技能和努力、工作的困難程度、工作人員所承擔責任的多少等。

◆外部公平

外部公平，就是公司的整體薪資水平必須考慮市場的整體薪資給付水平，強調的是公司薪資水平與其他同業的薪資水平相比較時的競爭力。外部公平要靠薪資調查的數據來比對。

◆個人公平

個人公平，就是指員工薪資的一部分應該與公司部門或個人績效結合起來，從而保證個人績效愈好的員工的報酬也愈高。要保證個人的公平，則要透過績效考核來實現。

薪資結構設計首先需要考慮的問題，就是如何維持薪資的公平性，避免員工因為薪資不公平而心生不滿。員工在評估薪資給付公平時，會同

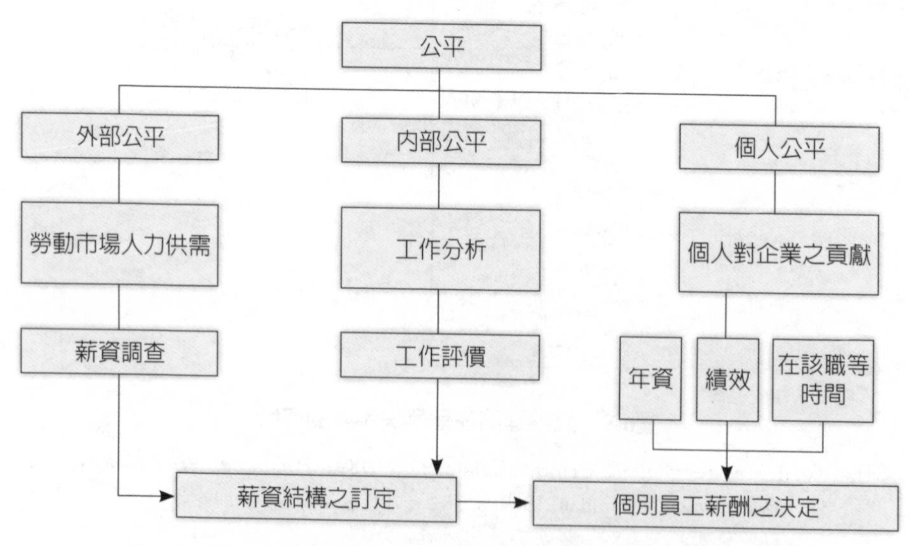

圖6-10　外部公平、內部公平、個人公平在薪酬管理上之影響

資料來源：Wallace & Fay (1983)。引自鍾振文（2003）。《薪酬滿足知覺、薪酬設計原則對於員工工作態度與績效之影響》，頁36。中央大學人力資源管理研究所碩士論文。

時考慮到內部公平與外部公平兩方面的因素。維護內部公平應建立適當的工作評價系統；外部公平問題要參考組織外部客觀的勞動力市場薪資水準；個人公平則需從績效考核著手。

每家企業的薪資政策（policy）都有所不同，但就總體而言，一個好的薪資系統應該同時考慮上述的外部競爭力、內部一致性和員工貢獻度因素。公司只有制定一個有效的薪資系統，才能吸引和保持優秀人才，才能眞正激勵員工的工作積極性，從而提高企業整體績效，保證企業可持續穩定地發展（吳聽鸝，2004：26-27）。

由於企業組織是開放性系統，必須與外界環境保持互動關係，企業所處地區的物價高低、生活成本與其他企業的薪資水準，都會對企業薪資產生決定性的影響，倘若忽略這些因素，將導致實値薪資與購買力降低，或是跟不上同業水準，進而引起員工對薪資的不滿足。爲了消除這種不滿足，企業必須在薪資設計上，提供足夠的保健因素，在符合外部公平性的原則下，給予員工適當的薪資報酬，使得企業能吸引外界優秀人才，並避免內部人員的不當流失。

三、目標設定理論

二十世紀六〇年代末葉，美國馬里蘭大學管理學兼心理學教授愛德溫．洛克（Edwin A. Locke）和蓋瑞．拉珊（Gary P. Latham）所提出的「目標設定理論」，主張工作目標的設定本身就是一個很重要的激勵因素。對很多人來說，追求一個明確目標的興奮感與其中付出的努力，會直接影響到其對工作的感受，且其重要性往往不亞於實質的獎勵。如果在工作中主管及時給予回饋，使員工瞭解進展，瞭解行爲的效率，也具有激勵作用，提高工作績效。

目標能把人的需要轉變爲動機，使人們的行爲朝著一定的方向努力，並將自己的行爲結果與既定的目標相對照，及時進行調整和修正，從而能實現目標。這種使需要轉化爲動機，再由動機支配行動以達成目標的過程就是目標激勵。目標激勵的效果受目標本身的性質和周圍變數的影響。

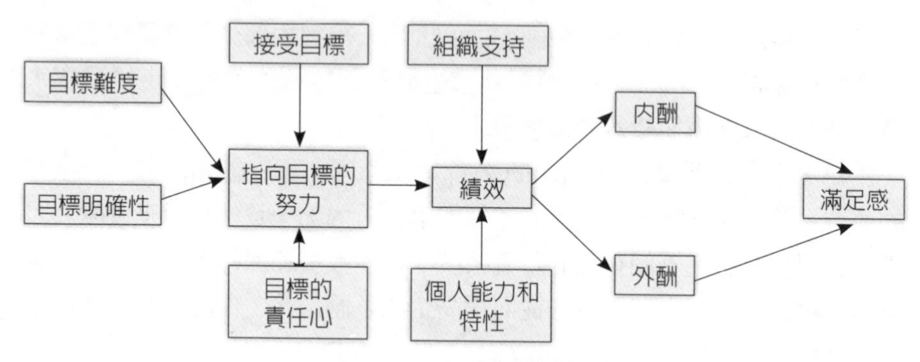

圖6-11　目標設定理論

資料來源：徐成德、陳達（2001）。《員工激勵手冊》，頁199。中信出版社。

在目標設定與績效之間還有其他一些重要的因素產生影響，包括：對目標的承諾（個體被目標所吸引，認爲目標重要，持之以恆地爲達到目標而努力的程度）、回饋（目標與回饋結合在一起更能提高績效）、自我效能感（個體在處理某種問題時能做得多好的一種自我判斷，包括：能力、經驗、訓練、過去的績效、關於任務的訊息等）、任務策略（個體在面對複雜問題時使用的有效的解決方法）、滿意感（當個體經過種種努力終於達到目標後，如果能得到他所需要的報酬和獎賞，就會感到滿意；如果沒有得到預料中的獎賞，個體就會感到不滿意）等。

第四節　增強理論學派

增強理論是由美國心理學家伯爾赫斯・史金納（Burrhus F. Skinner）所提出。增強理論認爲行爲之後果才是影響行爲的主因，易言之，個體採取某種反應之後，若立即有可喜的結果出現，則此一結果就會變成控制行爲的強化物，會增加或減少該行爲重複出現的機率。因此應強調藉著獎勵期望行爲，來激勵企業員工。

增強理論指出，凡需經過學習而發生的操作行爲，可透過控制「強化物」來加以控制與改造。增強理論方式有正強化（positive reinforcement）、負強化（negative reinforcement or avoidance）、自然消

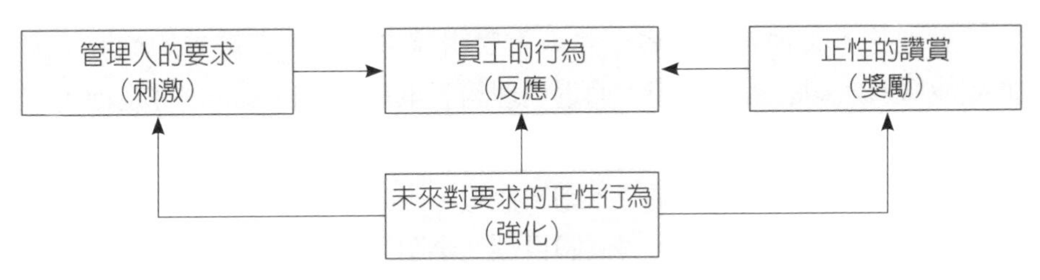

圖6-12　增強理論

資料來源：丁志達主講（2019）。「薪酬福利規劃與管理實務訓諫班」講義。台灣科學工業園區科學工業同業公會編印。

退（extinction）、懲罰（punishment）四種。正強化即用獎金、讚賞等吸引員工在類似條件下重複產生某一行爲；負強化即預先告知某種不符合要求的行爲可能引起的後果，來避免該行爲；自然消退，即對某種行爲不予理睬，使之逐漸消失；懲罰，即用批評、降薪、開除等手段來消除某種不符合要求的行爲。

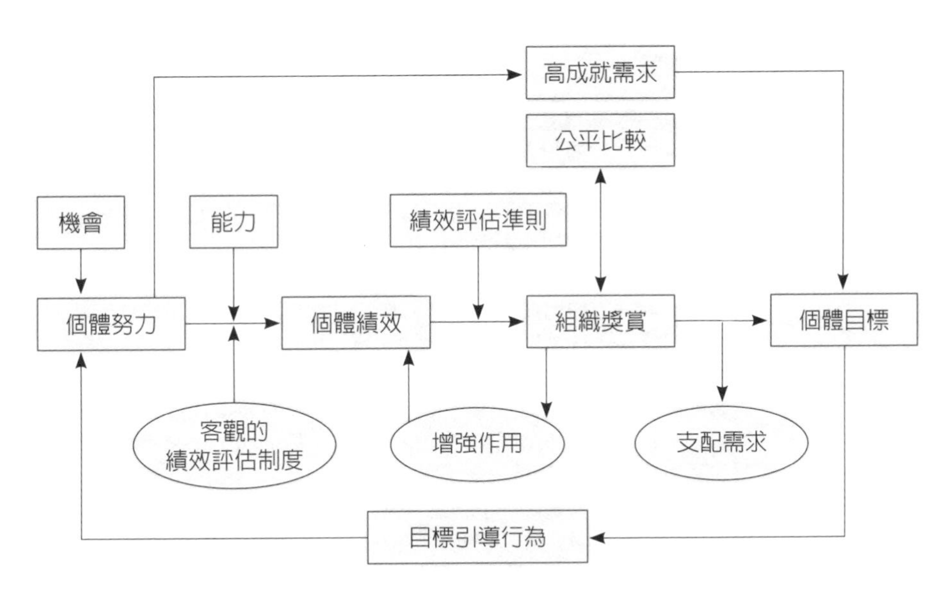

圖6-13　羅賓斯（S. P. Robbins）整合激勵模式

資料來源：羅彥棻、許旭緯（2019）。《人力資源管理》（第三版），頁8-5。全華圖書。

就理論本質而言，內容理論著重對組織中成員內在需求的瞭解，因此較能採取適切的激勵措施；而過程理論著重在激勵行為的內在及促進其實際效用，此兩大理論乃是相輔相成的，增強理論著重在運用激勵促使期望行為。管理者在設計或執行激勵工作時，應綜合激勵理論的優點來解決問題，並同時達到組織目標與個體目標（李明書，1995：45-55）。

第五節　激勵的層次性

在企業中報酬和激勵相互聯繫，不僅來自於人力資本（human capital）價值補償的需要，更來自於人力資本消耗的差異，特別是對於高科技企業中的技術創新者與管理者，他們從資料的掌握程度、資料的處理方式上，都存在極大差異，這種差異的共同要求是對於他們所承擔的大部分風險需獲得相應報酬的補償，這種差異的不同要求則是對於不同人力資本的所有者要有不同的報酬與激勵。因此，企業對員工的激勵應分層次進行。

表6-2　短期獎勵規劃總覽

方案類型	說明
年度績效獎勵辦法	根據員工所在公司和／或經營單位的年度業績來設定員工獎金。一旦公司利潤達到某一目標，公司將提撥一定數額的現金用於獎勵。通常藉由評估員工的績效來確定員工個人獎金。績效評估方案可由組織自行決定，或根據客觀標準確定。
團隊獎勵辦法	在正式成立的小組完成既定目標後，針對小組所有成員發放相同數額的獎金。此一方法用於強調團隊合作和工作任務分配的靈活性。此一規劃中的績效評估標準必須是小組所能影響的。
個人獎勵辦法	為員工提供量身訂作的獎勵方案。員工獎勵的績效標準應該在績效評估週期開始前，就與員工進行溝通。此規劃通常不適用於不需要團隊的員工，以及對工作時間和方法有高度自主權的員工。此規劃需要搭配完整的績效評估方法。
利潤分享辦法	此規劃根據單位勞動產能的提高、成本的降低、品質的改進等類似標準提供獎金。參與者分享相同數目的獎金。計算公式包括Scanlon（史堪龍計畫）、Rucker（盧克計畫）、Improshare（英波歐爾獎工計畫）或自行設計。組織人數越少，越容易確定績效和獎金之間的關係。
即時獎勵辦法	此規劃通常針對專案或特定任務提供額外的獎勵。公司事先規劃這類獎勵的總額，可採取現金、物品或表揚（象徵性的）的方式，員工通常在專案或任務完成後立即或不久後獲得獎勵。

（續）表6-2　短期獎勵規劃總覽

方案類型	說明
技術成就獎勵辦法	此規劃用於獎勵或表揚那些取得重大技術創新和技術成就的員工，可根據科學家、研究人員和工程師等不同專業的需求分配獎金。可以採取正式方式（例如專利提成費協議）或非正式方式（例如對重大發現給予大額或小額獎金，或進行表揚）。
核心員工獎勵辦法	為留住核心員工，此規劃採取以現金或股票方式獎勵員工在某特定期限持續留任或完成某特殊專案，例如開發出新產品或生產線專案方式。所涉及的現金或股票都是有限制性的，非一般獎勵。
現金分紅辦法	此規劃通常根據公司財務表現，按本薪的某個相同百分比分配獎金，提供給適用辦法的員工（「現金」是指此規劃獎金中全部或部分於短期內就可兌現的現金）。

資料來源：惠悅企業管理顧問公司。

一、一般員工激勵的層次

企業在確定獎酬內容時，最基本的原則是，獎酬資源對獲得者要有價值。對員工而言，效價（個體對他所從事的工作或所要達到的目標的估價）為零或很低的獎酬，難以激發他們的工作意願。為了滿足不同員工的需求，管理者可以列出獎酬內容的類別，讓員工自己進行選擇。一般而言，針對一般員工的激勵方式，主要有金錢、認可與讚賞、享有一定的自主權、自助式福利制度、員工持股、員工培訓與發展等。

二、知識型員工激勵的層次

知識型員工作為追求自主性、個性化和創新精神的員工群體，他們的激勵更多的來自於工作的內在報酬本身。從人力資源管理的發展歷程中，我們可以看到激勵知識型員工的基本策略：在激勵的重點上，企業對知識型員工的激勵，不是以金錢刺激為主，而是以發展成就和成長為主。在激勵方式上，它強調的是個人激勵、團隊激勵和組織激勵的有機組合；在激勵的時間效應上，把對知識型員工的短期激勵和長期激勵結合起來，強調激勵手段對員工的長期效應。在激勵報酬設計機制上，從價值創造（事前）、價值評價（事中）、價值分配（事後）三個環節來設計獎酬機制。

生產線直接作業人員獎勵辦法及審核標準

目　　的：凡生產線直接作業人員能發揮團隊合作精神、提高生產力，具有具體數據或事蹟者給予獎勵。

適用對象：生產線直接作業人員

獎勵類別：

一、團體工作績效獎
二、個人改善提案獎
三、個人熱心服務獎
四、個人工作辛勞獎

獎勵內容：

一、團體工作績效獎
- 工作效率高（30%）
- 整體離職率低（15%）
- 產品合格率高（20%）
- 環境整齊清潔（15%）
- 進步率（20%）

二、個人改善提案獎
- 對生產線流程、工具、設備、材料、安全衛生、節省人力、廢料再生、不良率降低等提出具體意見，經採納實行確實能降低成本、提高工作效率及產品品質。

三、個人熱心服務獎
- 對事故之發生能防患未然或及時消除其危害之擴大者。
- 工具、材料能妥善使用保管、減少報廢（浪費）而能提出數據，如報廢量及使用量減少等。
- 對生產線直接作業人員工作、士氣增進及溝通瞭解，促成整體目標的達成有貢獻者。
- 協助公司辦理生產線直接作業人員各項活動成效顯著者。

四、個人工作辛勞獎
- 配合公司需要能主動積極設法完成訂單產量及工作。

獎勵辦法：

類別	方式	獎品
團體工作績效獎	1.團體（以生產線為獎勵對象） 2.每月獎勵以一生產線為限	獎品或聚餐（按每人新台幣500元之價值核給）
個人改善提案獎	個人（限作業員、生產助理、領班助理、檢驗員）	獎品（價值分為600、800、1,000元三類）
個人熱心服務獎	個人（限作業員、生產助理、領班助理、檢驗員）	獎品（價值分為600、800、1,000元三類）
個人工作辛勞獎	個人（限作業員、生產助理、領班助理、檢驗員）	獎品（價值分為600、800、1,000元三類）

申請辦法：

一、申請獎勵之人選於每月10日以前由領班、管理員、主任填妥推薦單送部門經理及人力資源處審核，審核標準如附件，每月定期頒獎。

二、個人改善提案獎及個人熱心服務獎每月合計受獎人員以當月底生產線作業人員總人數3%為限。

三、個人工作辛勞獎每月合計受獎人員以當月底生產線作業人員總人數4%為限。

四、慎選獎勵人員，以達公開、公正、公平之獎勵原則，如無適當人選則應予從缺。

五、受獎事蹟公布於各工作區布告欄內。

實施日期：自民國　　年　　月　　日起實施，如有修訂，另行公告。

附件：直接生產作業人員獎勵辦法審核標準

一、團體工作績效獎

A.內容：

(一)工作效率高（30%）：以財務處週報表、月報表為審核依據。

(二)產品合格率高（20%）：由產品檢驗人員（IPI）日報表為依據。

(三)進步率（20%）：對工作效率高、產品合格率高、整體離職率低及環境整齊清潔之成績與前三個月之成績相比較。

(四)整體離職率低（15%）：每月統計一次。

(五)環境整齊清潔（15%）：依生產線環境整齊清潔比賽規則評分為依據。

B.評分標準：

(一)工作效率高：以當月份工作效率占70%，前三個月之工作效率占30%。

例如：當月份工作效率為100%；前三個月工作效率分別為120%、90%、100%，則其當月的工作效率計算為：

工作效率＝100×70%＋〔（120＋90＋100）÷3×30%〕＝101%

(二)產品合格率高：IPI所提供的數據是錯誤率，產品之合格率為：100%－錯誤率

(三)進步率高：以工作效率高、產品合格率高、整體離職率低、環境整齊清潔等四項之個別成績與過去三個月的成績做比較，如有進步則以「＋」號表示，退步則以「－」號表示。

例如：當月的成績為105，過去三個月的成績為100、95、102。

進步率＝〔105－（100＋95＋102）／3〕÷〔（100＋95＋102）／3〕＝6.06%

(四)整體離職率低：分別計算未滿半年年資者離職率和半年以上年資者離職率，然後再分別以60%、40%相乘之，並相加得出整體離職率。

例如：某一生產線有60名作業人員，其中未滿半年者有20人，半年以上者有40人，又假設有3名未滿半年離職者及2名半年以上離職者，則整體離職率為：

（3÷20）×60%＋（2÷40）×40%＝0.09＋0.02＝0.11＝11%

(五)環境整齊清潔：依據環境整齊清潔比賽規則辦理。

C.綜合分數以五大項分別排名次，表現越佳者名次越低，然後依名次分別以30%、20%、20%、15%、15%相乘之，每月擇一生產線獎勵。

二、個人改善提案獎：

對下列生產線流程、工具、設備、材料、安全衛生、節省人力、廢料再生、不良率降低等提出具體意見，經採納實行確實能降低成本、提高工作效率及產品品質。

(一)降低成本之提案：如材料、時間、人力之節省及廢料之利用等。

(二)工作效率提高之提案：如改善工具、設備之設計或作業流程之簡化等。

(三)品質提高之提案：如改善工作方法、不良率之降低或產品壽命之延長等。

(四)安全衛生之提案：如預防安全事故等。

三、個人熱心服務獎

(一)對事故之發生能防患未然或及時消除其危害之擴大者。

(二)對工具、材料能妥善使用保管，減少報廢（浪費）而能提出數據，如報廢及使用量減少等。

(三)對生產線直接作業人員工作、士氣增進及溝通瞭解，促成整體目標的達成有貢獻者。

(四)協助公司辦理生產線直接作業人員各項活動成效顯著者。

四、個人工作辛勞獎

(一)依財務處每月加班時數統計表，擇優獎勵。

(二)對特別訂單能適時完成，由提名人提出具體事證，經審核通過後獎勵。

資料來源：台灣國際標準電子公司。

創造發明獎勵辦法

第一條：總則

凡公司（以下稱「本公司」）員工，於受僱期間內，有創新發明者，其權利義務，依本辦法之規定，本辦法未規定者，適用其他有關規定或法律之規定。

第二條：定義

本辦法所稱之員工，謂創新發明完成並提出「構想揭露書」（以下簡稱「揭露書」）時，任職本公司之正式員工及試用員工。

本辦法所稱之創新發明，謂具有產業利用價值之專利法上之發明、新型、新式樣。

本辦法所稱之受僱期間內之創新發明，係指員工於僱傭關係中受本公司有關部門指示或屬其職務範圍內，或因與本公司之契約關係或其他事實而參與計畫或計畫之擬訂，而由該計畫直接完成之創新發明，或與其他員工於公司業務範圍內所參與或執行之創新發明。

第三條：權利之歸屬

員工於受僱期間內之創新發明，其權利悉屬本公司。

第四條：提出揭露書之時期

創新發明應於創作完成時，或可得確定時即行提出揭露書。

創作係屬其他計畫、設計或創作之一部分，且具有獨立之功用，或為其他計畫、設計或創作之改良者，應於其部分或改良完成時或可得確定時提出揭露書。

二人以上分別以同一創新發明提出揭露書時，應以先完成者為創作人。不能證明完成之先後者，以提出之日為完成之日。同日提出者，應併案審查。

第五條：獎勵

員工提出揭露書經部門以上主管核可，即給予每案獎勵新台幣貳仟元整之提案獎金。如該揭露書經審查委員會審核通過，並完成專利之申請程序後，即給予每案新台幣肆仟元整之申請獎金，並依「歡樂100激勵計畫」之規定給予每人1至5點之獎勵。

創新發明獲准專利確定時，創作人應依下列標準獎勵：

發明專利，創作人每人給1至5點，獎金每案新台幣參萬元整，但每人不得少於新台幣陸仟元整。

新型專利，創作人每人給1至4點，獎金每案新台幣貳萬元整，但每人不得少於新台幣伍仟元整。

新式樣專利，創作人每人給1至3點，獎金每人以新台幣貳仟元為原則，但每案以新台幣壹萬元為上限。

前項之專利獲數國核准者，每增加一國，其創作人應另發給獎金每案新台幣伍仟元整，但總數不得超過新台幣貳萬元整。

本條所規定之權利，於專利證書受撤銷時，不受影響。但其撤銷係創作人故意或重大過失所致者，應追繳之。

創新發明對本公司有特別貢獻者，總經理得參酌審查委員會之建議，加發創作人每人新台幣壹萬元以上之獎金，並酌給點數，但最多以100點為限。

公司員工對外發表技術著作需經所屬部門一級主管核可，其獎金比照本條第二項第三款辦理。

第六條：揭露書應記載事項

「構想揭露書」應記載下列事項，交法務室初期審核並呈報意見書後交審查委員會審查。

創作人姓名、所屬部門及揭露之日期；

創作之名稱；

創作之綱要及圖式；

習知技術之說明或資料；

創作之功能或目的；

創作現階段或未來預備應用之產品；

完成創作或預計完成創作之日期；

創作人簽名；

部門主管或計畫主持人、見證人之簽署。

第七條：審查之期間

審查委員會受理意見書，應儘速召開評審會，進行審查，並於開始審查之次日起，十個工作日內核定之。

前項之審查期間於必要時，得延長一次。

第八條：核定

審查創新發明，應就是否對外申請專利權及第五條第一項之獎勵，分別核定之，並應附理由。依法不得對外申請或依本公司政策不宜對外申請專利權者，亦同。

審查或複議之結果，認為向有關主管機關申請專利權時，即應給予第五條第一項之獎勵。

職務上之創新發明經審查或複議後，認毋庸向外申請專利時，但創作人願以自費申請且該申請將不損及本公司之利益時，得依創作人之請求，將其創新發明之權利，移轉予創作人。但除本辦法有特別規定外，創作人取得之專利權，本公司有免費實施權。

第九條：審查之方式

審查創新發明，應盡一切審查之能事，客觀認定。如有必要，得邀請創作人面詢或商請其提供詳細之資料。

前項之面詢或提供資料必要之時間，不得計入審查期間。

第十條：公布

創新發明受審查核定應對外申請專利者，於向有關之主管機關提出申請後呈請總經理公布之。

前項之公布內容以創作之名稱、創作人姓名及核定之內容為限。

第十一條：複議之原因

任一創作人，不同意第八條之核定時，得於收受核定之決議後一週內申請複議。但不得或不宜對外申請者，不在此限。

本公司員工不同意第八條之核定時，得於第十條之公布後一個月內，由所屬部門主管代為申請複議。

依本公司決策，決定不宜對外申請之案件，總經理得參酌審查委員會之建議，給予創作人適當之獎勵。

第十二條：複議之方法

申請複議，應以複議申請書，記載下列事項，向總經理提出：

申請複議之創作名稱、案號及公布之日期；

申請之要旨；

申請之理由及證據；

申請人所屬部門並簽名；

如為部門經理代為申請者，其簽名；

申請之日期。

申請複議不合前項之規定，無正當理由未於一個月內補正者，應逕予決定，並通知申請人。

第十三條：複議之程序

複議之結果，變更原核定者，總經理應公布之。

第七條至第九條之規定，於複議程序準用之。

對於複議之決定，不得申請再複議。

第十四條：保密義務

揭露書及其附件，以及與該揭露書有關之資料及申請文件等，於依法或經本公司核准或因其他事實公開前，概屬本公司之機密文件，全體員工均有守密之義務。

第十五條：創作人之協助義務

員工提出揭露書後，應盡其所能，協助本公司之審查及對外申請程序。員工協助本公司取得專利權之義務，不受離職之影響。

前項之協助應包括口頭及書面說明、操作展示、繪製圖式、製作說明書、提供申請專利權之審查、再審查、異議、舉發、訴願、再訴願、行政訴訟、民刑事訴訟及非訟程序有關之技術、法律及其他意見。

員工依本辦法之規定提供協助時，得使用本公司之設備及資料，但以經有關部門核准者為限。

員工依本辦法之規定提供之協助及其相關物品，本公司保留一切權利，但其協助有效果者，得酌給獎勵。

第十六條：特殊創意之獎勵

對本公司之經營、製造、行銷及其他有關事項有重大貢獻之創意，雖不符本辦法之規定，總經理仍得依各部門經理之建議，酌予獎勵。

第十七條：撤銷他人智慧財產權之獎勵

提供資料、證據，因而撤銷和本公司產品相關之他人專利權之核准或註冊者，其提供者應給1至5點，並發給獎金每案新台幣伍仟元整。

前項之獎勵不公布之。

第十八條：避免涉訟之獎勵

提供資料、證據，因而證實他人專利權之存在，致本公司避免涉及專利權糾紛者，其提供者應給1至3點。

第十九條：單位主管之責任

單位主管主動發掘得依本辦法受獎勵之創新發明，致其創作人獲獎勵者，應給與同創作人依第五條第一項應給之點數。

單位主管怠於為前項之發覺，致本公司遭受損害者，依本公司獎懲有關規定辦理。

第二十條：獎勵發給之期間

本辦法所規定之獎勵，應於應獎勵之事實確定後，一個月內發給。

第二十一條：申請費用之負擔

依本辦法之規定所為之申請，其費用應由本公司全數負擔。

第二十二條：審查委員會

審查委員會由研發部門最高主管指派適當人選數名及法務室專利工程師共同擔任審查委員。

第二十三條：本辦法自民國　　年　　月　　日實施。

第二十四條：修正

本辦法之修正，應由主管部門呈請總經理為之。

資料來源：新竹科學園區某大科技公司。

三、管理人員激勵的層次

管理人員的高層次需求的強度相對偏高些。因此針對管理人員的激勵方法主要有：針對管理人員的權力需要，高層管理人員對低階管理人員要善於授權，透過滿足其權力需要來激發工作的積極性；建立通暢的晉升系統；設計合理的經濟報酬結構，包括：基本工資、短期或年度獎勵、正常的員工福利、管理人員的特別福利等（陳趙輝、劉若維，2004：70-71）。

第六節　員工激勵制度設計

金錢不是眞正的激勵因素，但卻是最重要的保健因素。激勵措施可分爲金錢的激勵和非金錢的激勵兩種，是打動員工心靈的手段。激勵要有持續性，次數要頻繁，量（次數）比質（金錢價值）重要，但每位員工的需求、期望值是不一樣的，任何的激勵措施都應該注意員工的個別差異性，細心體察，從巨觀到微觀，施以不同的激勵方法，以達到眞正激勵的效果，讓員工持續努力不懈，保持高昂的工作士氣與鬥志。

一、金錢的激勵措施

如果企業注重創新，就必須把獎勵放在鼓勵冒險；如果組織著重成本削減，就應努力把獎賞偏重在提案改善上。

創意性的獎勵方式

- 把「謝謝」掛在嘴邊。
- 寄一封表揚信給員工的配偶和家人。
- 自願為員工做一些他最不願意做的事，例如：替他洗車。
- 記住員工的特殊日子（例如：生日）送張賀卡祝賀他。
- 因為員工的傑出表現，讓全部門休假一日。
- 把你的專屬停車位借給員工免費停車一週。
- 購買特別的文具或裝飾品，給新進員工一個個性化辦公空間。
- 給員工一本相關專業的暢銷新書。
- 在公布欄張貼一張註明具體事例的表揚信。
- 給員工公假，讓他去從事喜歡的社團活動或學習新技術。
- 在你的辦公室放一個抽獎盒，當某位員工表現出色時，他可以從盒中挑選喜歡的獎賞形式，從免費午餐到汽車油票都可以。
- 做一個員工成績剪貼簿，每當員工受到表揚時，就記下具體內容和得獎感言。
- 讓員工成為老鳥來帶菜鳥。
- 在週五下午帶員工看一場鼓舞人心的電影，然後早點送他們回家。
- 在每週的特定日子，買點零食到辦公室與員工分享，藉此瞭解員工的工作，並聽取他們的意見。

資料來源：陳芳毓（2004）。〈獎勵方式 可以玩多少創意？〉。《經理人月刊》（2004/12），頁161。

1.物質制度：員工達到一定業績，可享有一些小禮物獎勵。例如可以用感謝卡或電影票獎勵那些認眞工作的員工，甚至請吃一餐飯、喝杯飲料也可以。

2.海外旅遊：海外旅遊是一般對業務人員，特別是傳銷人員最普遍使用的獎勵方法。

創意性低成本之獎品種類

項目	獎品種類
零食點心	飲料、爆玉米花、水果、餅乾、甜甜圈、開心果……
餐點	午餐、晚餐、牛排西餐、披薩、野餐烤肉……
禮券	百貨公司、餐廳、商店、戲院、音樂會等禮券
文化禮品	訂贈雜誌、書籍贈閱、贈送報紙……
視聽製品	錄影帶、錄音帶、照片……
會員證	俱樂部、健身房、讀書會、充電會……
個人用品	T恤、夾克、馬克杯、鋼筆、計算機、日記簿、名片夾……
辦公用品	文具、每日行事表、日曆……
訓練	參加國內外訓練研習班、參加國際會議、專業會議……
體育運動	高爾夫球、網球、乒乓球等球敘……
交通	支付計程車費、代洗車、汽車裝飾品、供應停車位……
證書匾額	證書、感謝卡、感謝信、便條……
金錢	獎金、小額現金、兌換券……
獎勵員工的最大作用是告訴員工你心裡的感謝與喜悅，讓對方領悟到你的善意與感激，並期望他接受獎勵之後，能再接再厲創造佳績，促成良善的循環。	

資料來源：管理雜誌編輯部（1996）。〈一分鐘管理精華：獎勵員工不只1001種〉。《管理雜誌》，第263期，頁32。

二、非金錢的激勵措施

激勵員工不只是提供金錢報酬，還要允許他們追求自己的目標。美國管理學者葛可．拉漢（Gerald Graham）認爲，針對員工在工作上的表現親自給予立即的讚揚最有效。另外，還有四種獎勵員工有效的方法是：管理者親自寫信讚美員工、以工作表現作爲升遷的基礎、管理者公開表揚優秀員工、管理者在會議上公開表揚，並進一步激勵士氣。這些激勵方式的共同特色是不花一毛錢，或是花很少的錢，均屬於非財務性的激勵方法。

其他非金錢的激勵措施包括：

1.協助員工增進專業知能：利用一對一的在職訓練，加強員工的專業技能；運用工作輪調、工作豐富化及工作多樣化等方式，使員工樂在工作，滿足員工的期望。

2.協助員工生涯規劃。

3.員工參與管理：在扁平化的組織架構下，都採用參與管理方式來設計決策過程，與部屬共同討論並設定工作目標及執行計畫，經常不斷地將工作進展回饋給部屬，讓部屬不斷地累積工作經驗。

4.公開表揚：利用公開的場合，說出具體事例，讚許接受表揚的員工；如果員工的表現對公司營運有相當大的助益，就可以用表揚大會等形式來表揚他們。

打動人心的獎金制度

美國麻州一家貨運公司的業務人員支領固定薪資，在每次營業額有所增加時，便要求以加薪作為鼓勵，一旦加薪的願望落空，員工便心生不滿，而選擇跳槽至提供佣金的公司。高流動率阻礙了這家公司的成長。

該公司委託的顧問公司發現，只做細微的調整並無法解決真正的問題，因此在重新設計制度之前，顧問公司根據該公司欲成為區域貨運公司的目標，在該區域內選擇舊有顧客最多、競爭者最少、載貨哩程最長及空車返回哩程最短的路線，作為將來營運的主要範圍。每一筆在此範圍內產生的交易利潤，營業員可獲得5%的佣金。規則中並明訂：當公司的營業額增加至某種程度時，抽佣百分比可以增加多少。

這套以公司獲利計酬的獎金制度推行得十分成功，使得該公司的營業成長一度衝上130%！

資料來源：EMBA世界經理文摘編輯部（1999a）。〈打動人心的獎金制度〉。《EMBA世界經理文摘》，第155期，頁120。

5.邀請眷屬參加公司的活動：利用每年舉辦的遊園會、運動會、登山活動、家庭日等員工聚會，順便邀請眷屬參與。

6.員工住院探病：員工住院探病，除了關心與掛念員工的病情前往探視瞭解外，更讓同病房的病友，感受到住院員工被公司管理階層的重視。

有效的報酬策略應該是肯定金錢的價值，再輔以其他更有成本效益的報酬形式。一些其他激勵因子，像增加工作樂趣、增加工作多樣化、提高員工參與度、鼓勵團隊運作、員工自我評估制度等做法，都可以讓員工對工作持續投入，提高士氣。

三、傳銷業的激勵手法

傳銷業是一種以「人」爲主要通路的行業，銷售組織網是否穩定健全和傳銷公司能否成長息息相關。培訓是維持傳銷商品品質的方式，激勵則是打動直銷商心靈的手段。

「金香蕉獎」的由來

多年前，惠普（Hewlett-Packard, HP）公司的電腦工作小組為了一個問題傷透了腦筋，經過幾週的努力，終於有一位工程師衝進了總裁的辦公室，並高喊：「找到答案了！」總裁深深為這一位工程師傑出表現所感動，想當場獎勵一番，但身上無一物可給，情急之下，這位總裁把手伸到桌上的一盤水果上，拔下了一根香蕉來送給那位工程師，聊表謝意，而這位工程也感到被激勵了。

因為這個點子廣受喜愛，公司甚至發明了用黃金打造的香蕉領針，後來它成為公司內部競相爭取的獎品。此事件就是惠普公司最高榮譽「金香蕉獎」的由來。

資料來源：黃炎媛譯（1997）。Armstrong, David M.著。《小故事，妙管理》（*Managing by Storying Around*），頁44。天下文化出版。

安麗（Amway）直銷事業獎銜與獎勵一覽表

獎銜	資格	表揚	月結獎金	年度獎金	單次獎金	海外旅遊	其他
銀獎章	・個人小組25萬分 ・21%2組 ・21%1組＋個人小組10萬分	銀獎襟章	業績獎金	－	－	－	銀獎章研討會
金獎章	銀獎章×3個月（不須連續）	金獎襟章	業績獎金	－	－	－	金獎章研討會
直系直銷商	銀獎章×6個月（3個月連續）	・DD標章、證書 ・成功榜 ・安麗月刊	・業績獎金 ・4%領導獎金（若符合資格）	－	－	傑出直系直銷商海外旅遊累計積分	新直系直銷商研討會
紅寶石直系直銷商	個人小組50萬分	・紅寶石襟章、證書 ・成功榜 ・安麗月刊	・業績獎金 ・2%紅寶石獎金 ・4%領導獎金（若符合資格）	－	－	傑出直系直銷商海外旅遊累計積分	－
明珠直系直銷商	21%×3組	・明珠襟章、證書 ・成功榜 ・安麗月刊	・業績獎金 ・1%明珠獎金 ・4%領導獎金	－	－	傑出直系直銷商海外旅遊累計積分	－
翡翠直系直銷商	21%×3組×6個月	・翡翠襟章、證書 ・成功榜 ・安麗月刊	・業績獎金 ・1%明珠獎金 ・4%領導獎金	翡翠獎金	－	傑出直系直銷商海外旅遊累計積分	－
鑽石直系直銷商	21%×6組×6個月 *21%×7組×6個月	・鑽石襟章、獎牌 ・成功榜、懸掛肖像 ・安麗月刊、封面	・業績獎金 ・1%明珠獎金 ・4%領導獎金	・翡翠獎金 ・鑽石獎金 ・執行專才鑽石獎金*	－	・西太平洋鑽石海外旅遊 ・台灣鑽石海外旅遊 ・傑出直系直銷商海外旅遊	鑽石會議
執行專才鑽石直系直銷商	21%×9組×6個月	・執行專才鑽石襟章、獎牌 ・成功榜、懸掛肖像 ・安麗月刊、封面	・業績獎金 ・1%明珠獎金 ・4%領導獎金	・翡翠獎金 ・鑽石獎金 ・執行專才鑽石獎金*		・創辦人邀約海外旅遊 ・西太平洋鑽石海外旅遊 ・台灣鑽石海外旅遊 ・傑出直系直銷商海外旅遊	鑽石會議

獎銜	資格	表揚	月結獎金	年度獎金	單次獎金	海外旅遊	其他
雙鑽石直系直銷商	21%×12組×6個月	‧雙鑽石襟章、獎牌 ‧成功榜、懸掛肖像 ‧安麗月刊、封面	‧業績獎金 ‧1%明珠獎金 ‧4%領導獎金	‧翡翠獎金 ‧鑽石獎金 ‧執行專才鑽石獎金*	20萬	‧創辦人邀約海外旅遊 ‧西太平洋鑽石海外旅遊 ‧台灣鑽石海外旅遊 ‧傑出直系直銷商海外旅遊	鑽石會議
參鑽石直系直銷商	21%×15組×6個月	‧參鑽石襟章、獎牌 ‧成功榜、懸掛肖像 ‧安麗月刊、封面	‧業績獎金 ‧1%明珠獎金 ‧4%領導獎金	‧翡翠獎金 ‧鑽石獎金 ‧執行專才鑽石獎金*	40萬	‧全家（6人內）東南亞旅遊 ‧創辦人邀約海外旅遊 ‧西太平洋鑽石海外旅遊 ‧台灣鑽石海外旅遊 ‧傑出直系直銷商海外旅遊	鑽石會議
皇冠直系直銷商	21%×18組×6個月	‧美國亞達城「皇冠紀念日」 ‧皇冠襟章、獎牌、肖像畫 ‧成功榜、懸掛肖像 ‧安麗月刊、封面	‧業績獎金 ‧1%明珠獎金 ‧4%領導獎金	‧翡翠獎金 ‧鑽石獎金 ‧執行專才鑽石獎金*	80萬	‧彼得島旅遊 ‧創辦人邀約海外旅遊 ‧西太平洋鑽石海外旅遊 ‧台灣鑽石海外旅遊 ‧傑出直系直銷商海外旅遊	鑽石會議
皇冠大使直系直銷商	21%×20組×6個月	‧參加總公司年會 ‧皇冠大使慶祝大會 ‧皇冠大使襟章、獎牌 ‧成功榜、懸掛肖像 ‧安麗月刊、封面	‧業績獎金 ‧1%明珠獎金 ‧4%領導獎金	‧翡翠獎金 ‧鑽石獎金 ‧執行專才鑽石獎金*	160萬	‧全家（6人內）參觀總公司及彼得島旅遊 ‧創辦人邀約海外旅遊 ‧西太平洋鑽石海外旅遊 ‧台灣鑽石海外旅遊 ‧傑出直系直銷商海外旅遊	鑽石會議

*執行專才鑽石獎金領取資格為該直銷權在台灣必須有直接推薦或代推薦7組（含）以上合格小組方能領取。

資料來源：彭杏珠（1994）。《傳送最直接的關懷：台灣安麗直銷傳奇》，頁160。商周文化。

傳銷業者最常引用馬斯洛需求層級理論，說明人們之所以願意工作，是因爲他們希望從中獲得某些需求。傳銷業者據此擬定了許多豐富獎金、佣金之外的激勵措施，讓傳銷商從中獲取滿足。這些獎勵項目包括：

1.獎品制度：達成一定業績者可享有實物獎勵。
2.旅遊制度：海外旅遊是傳銷商最普遍採用的獎勵方式，業者費盡心思招待傳銷商住五星級飯店，享受貴賓式的貼心招待，眞正做到以傳銷商爲尊。
3.晉升制度：隨著業績的增加，直銷商的階級、頭銜不斷改變，身分和地位也愈來愈高，並能享有更多特殊權利。

著名企業的激勵施行方案

- 感謝的「真心話」要大聲說出來！（台灣愛普生影像科技）
- 走出辦公室，聆聽員工與通路夥伴真正的心聲（台灣樂金LG）
- 把錢放回員工口袋！退還減薪挽救低迷士氣（台積電、聯電）
- 以身作則最激勵！用「無聲的語言」說服員工（奧圖瑪投影機）
- 震不垮的希望與信心！用激勵戰勝困境（麥當勞南投埔里加盟店）
- 「即使吃泡麵也絕不裁員！」以承諾鼓舞人心（寬寬人創）
- 帶人也要帶心！和員工講相同的「語言」（中華汽車）
- 掌舵者堅持理念，激勵公司業績破百（歐萊德髮妝）
- 每天集體讀書30分鐘，讀書會讓員工變人才（歐德傢俱）
- 有福同享！對待員工像家人般體貼（金士頓記憶體模組）
- 記住每個人的名字，讓員工感覺被重視（玉山銀行）
- 挑戰金氏世界紀錄，激勵組織向心力（趨勢科技、直銷商賀寶芙）
- 高階放身段洗廁所，激勵大夥齊心努力（統一超商）
- 員工滿意度決定主管KPI！讓僱用關係變夥伴關係（DHL洋基通運）
- 老闆化身「娛樂長」，帶動員工士氣（廣達電）
- 老闆扮演「激勵長」，親自寫信和基層搏感情（南山人壽）
- 最佳員工留名公司石磚道上，激發員工榮耀感（萬寶龍）
- 砸大錢培訓，激勵員工在工作中成長（麥當勞）
- 沒有股票分紅，用願景、認同感拉抬士氣（台灣安捷倫科技）
- 老闆與員工「共患難」！高層減薪不減士氣（友達、三一集團）

資料來源：謝佳宇（2012）。〈20堂企業必學激勵課〉。《管理雜誌》，第452期（2012/02），頁26-39。

4.表揚制度：優秀的直銷商由公司在公開場合予以英雄式的表揚，不少的傳銷業者把這類的活動運用得淋漓盡致。例如安麗公司（Amway）在企業總部的一面牆上特別精心布置直銷商的「榮譽榜」，把優秀直銷商照片張貼起來，除了讓直銷商感到無比的榮耀外，也讓所有來參觀公司的直銷商下線都看得到「名利雙收」的效益。

除了上述的激勵方法外，良好的工作環境與制度，更是提升員工績效的動力。良好的工作環境，諸如在工作時不受干擾、工作夥伴處得來等；良好的制度，例如目標是否明確、完成的期限訂定是否合理、是否完整的參與整個專案等。

結　語

企業透過一些精心設計的激勵制度，讓金錢（財務）所無法滿足的成就感與榮譽感油然而生，驅策員工在工作上更上「一層樓」。一家企業的報酬系統如果被認爲是不適當的，則求職者們會拒絕接受該企業的僱用，並對現職的員工也可能選擇離開這個組織。此外，即使員工選擇繼續留在這個組織中，但心懷不滿的員工，可能開始採取沒有生產力的行動，諸如較少的積極性、幫助性和合作性（孫非等譯，1997：217）。

第七章　變動薪酬體系的應用

- 變動薪資制的意涵
- 利潤分享計畫
- 分紅入股制度
- 員工認股權憑證
- 庫藏股制度
- 持股信託制度
- 結　語

在一個企業組織中，股東、勞工與管理人員具有同等重要的地位，這個三角形的每一個夥伴，對於企業的發展都有其關鍵性的作用，最好是讓他們都成為「合夥人」，共同為企業的發展而努力。

——美國哈佛大學前校長查爾斯・艾略特（Charles W. Eliot）

故事：紅利減少？刻板印象作祟中

問：我實在搞不懂，今天拿到年度紅利，居然比去年少了一成。我一年前進入公司擔任秘書，但是，靠著半工半讀拿到公共關係學位，六個月前更升為公關部門的一員。我不但達到業績目標，獲得上司嘉許，工作量也增加了。但是，紅利居然減少。我該怎麼辦？（南非・約翰尼斯堡）

答：你的信中漏掉兩個重要資訊，今年你們公司的整體表現如何？只是其中有一個「比去年差」，那你就知道為什麼今年紅利會減少一成了。另一個可能，則是純粹因為行政作業的疏忽。你的舊主管跟新主管可能沒有討論過你的薪資，而人力資源部門在你轉換工作崗位時也沒想到這點。這種官僚體系的錯誤在所難免。

不過如果你的公司和部門的績效都比去年好，你就絕對要正視這第三個可能性：你也許達到你的績效，但「績效」是相對的。公司很可能根據對你的期望以及團隊其他成員的績效來進行評估。你的表現或許贏得讚賞，但並沒有公司當初想像的那麼好，也可能比不上同事的表現。

要想知道到底是怎麼回事，唯一的辦法就是直接找上司相談，跟老闆約個時間，沉著點詢問紅利為何會減少。這次談話的主要目的是「瞭解」，所以多聽少說話，而且要動作快。不要任由疑惑滋長，要是不加以處理，疑惑早晚會變成憤怒。

另外還有一點（只要是一邊上班一邊修習學位的人都應該考量）：以我們的經驗看來，你有辦法半工半讀，晚上上課拿到學位，那麼大可另尋高就。公司裡通常會有「刻板印象」（embedded reputation）的問題，就算你拿到更高的學位、提高工作能力也無法改變這個事實。如果你真的希望看到教育的投資報酬，那麼帶著新履歷到其他地方，找家有機會展現你實力的公司效力吧！

小啓示：如果要獎勵員工過去的一年的貢獻，就應視其績效表現來訂定獎金發放的標準，分配紅利的前提是當年度企業有盈餘。美國投資專家華倫．巴菲特（Warren E. Buffett）說：「不要為薪水工作，為你的興趣工作，這更容易獲得成就。」

資料來源：楊美鈴、胡瑋珊譯（2007）。傑克．威爾許（Jack Welch）、蘇西．威爾許（Suzy Welch）著。《致勝的答案——威爾許爲你解開74個事業難題》，頁180-181。天下遠見文化。

一般而言，員工財產形成可分爲直接薪資與非直接薪資兩種，前者包含薪資所得，以及其他的津貼、獎金（例如加班費、不休假獎金、生產獎金……）等，至於非直接薪資，也就是德國上世紀六〇年代提出的「投資性工資」，分紅入股或職業投資即是。

傳統的薪酬手段已跟不上全球化及企業間競爭白熱化的步伐，變動薪酬即按業績和競爭優勢支付薪酬，它是薪酬體系中一個正在擴張的領域。員工薪資逐漸朝「低底薪、高獎金」的浮動薪資方案（variable pay programs）調整。未來企業的薪酬制度將不再採用固定模式，而將視個人績效、對組織整體的貢獻度來計酬。按件計酬、工作獎金、利潤分享、紅利及目標獎金都屬可變薪酬制的一環，它與傳統薪酬給付不同的是，沒有固定的年薪，它取代以往依照消費者物價指數（consumer price index）來調薪的觀念。

變動薪資制除了具激勵性外，也兼顧到人事成本的考量，因爲紅利、目標獎金及其他形式的變動薪酬，都不會產生固定年薪調升時所帶來的固定開銷與額外的成本。

醫師控減薪　部基：僅獎勵金減少

衛生福利部基隆醫院（簡稱「部基」）有醫生投訴，嚴重特殊傳染性肺炎（COVID-19）疫情以來「薪水被砍15%」並有離職潮。部基指出，醫生薪資和防疫津貼都沒有減少，但是受疫情影響，部基有收治染疫患者，導致一般民眾前往就醫的意願降低，急診與醫療的收入減少，就會影響到醫師的獎勵金，不過醫師的薪資與防疫津貼都是正常發放。

部基副院長羅景全說，醫生的薪水收入主要有兩部分，一是薪資，一是獎勵金，疫情期間有第三部分是防疫津貼，疫情發生近兩年，醫院營收一直受到影響，但醫生的薪資和防疫津貼並沒有減少，也都依規定發放。但醫院營收方面受到影響，因此每位醫生可拿到的獎勵金比疫情前來得少。疫情期間，任何醫護人員壓力都非常大，特別是急診醫生工作非常辛苦，但院方也進行更多的溝通和關懷，至於人事進出，不同時期都有人進來，也有人離開，疫情以來並沒有離職潮。

資料來源：游明煌（2021）。〈醫師控減薪 部基：僅獎勵金減少〉。《聯合報》（2021/07/15），B2新北基隆要聞。

表7-1　各類員工獎酬特性比較

獎酬種類	優點	缺點
技術入股	・公司無盈餘仍可發行 ・僅需經董事會決議 ・技術作價抵繳股款股數無法令限制	・需取得鑑價報告，認定較易產生爭議 ・員工於取得股票年度以市價課稅
現金增資員工入股	・公司無盈餘時仍可發行 ・可限制員工2年內不得轉讓 ・可充實公司營運資金 ・僅需董事會通過	・有股本膨脹疑慮 ・須以認購價認購，員工誘因低 ・經理人受歸入權限制，取得即課稅但無法立即轉賣股票

（續）表7-1　各類員工獎酬特性比較

獎酬種類	優點	缺點
員工股票分紅	‧個別員工無配發上限 ‧員工無償取得 ‧母公司及從屬公司均適用	‧公司無盈餘時不得發放 ‧公司不得限制員工轉讓及收回 ‧員工於取得年度以市價課稅
員工認股權憑證	‧公司無盈餘時仍可發行 ‧認股時點可充實公司營運資金 ‧公開發行公司得限制員工2年內不得行使認購權 ‧公開發行公司母子公司均適用	‧須以認購價認購，員工誘因低 ‧經理人受歸入權限制，取得即課稅無法立即轉賣股票 ‧員工須於行使認購權年度課稅 ‧轉讓對象及數量須經董事會決議
庫藏股轉讓員工	‧可避免因發行新股造成股本膨脹 ‧可限制員工2年內不得轉讓 ‧轉讓員工價格可低於市價 ‧上市上櫃公司可轉讓子公司員工	‧須有盈餘才能實施 ‧須準備足夠收購股票資金 ‧員工須出資認購 ‧上市上櫃公司的轉讓數量及對象須經董事會決議、轉讓價格低於買回均價時須經股東會同意
限制員工權利新股	‧公司當年無盈餘仍可發行 ‧可低於面額或無償配發 ‧可限制員工在一定年限內不得轉讓 ‧員工未達成約定之服務或績效條件時，公司可買回或無償收回	‧限制僅公開發行公司、興櫃公司及上市上櫃公司適用 ‧從屬公司不得適用 ‧發行數量總額及個別員工認購數量有限額

資料來源：黃曉雯（2012）。〈員工獎酬新亮點：限制員工權利新股〉。《會計研究月刊》，總第318期（2012/05），頁61。

第一節　變動薪資制的意涵

薪酬，一般可分為固定薪給及變動薪酬，固定薪給透過工作評價決定；而變動薪酬的決定，一般需與公司、組織及個人的目標達成相關聯。變動薪資在薪酬管理系統中已相當受到重視的一種報償制度，一般企業普

遍採用以績效爲準的變動薪資（獎金）計畫，且適用於各階層人員。變動薪資可分爲短期獎勵和長期獎勵，前者如業績獎金和銷售佣金，後者則爲利潤分享制、股票分紅制、股票選擇權制及庫藏股等。

變動薪資的主要特徵，是在每一個薪資計算時段內，依據工作表現核發獎勵性質的報酬給員工，如此可避免因調升本薪而累加企業的薪資成本，又稱爲權變性薪資（contingent compensation），依計算性質，可歸納出三種類型：

1.現金利潤分享（cash profit sharing）：因組織資金運用所得獲利，例如營運、資產報酬、投資報酬等而額外給予員工的薪資。
2.成果分享（gain sharing）：因爲工作團隊或整體組織績效改善，例如成本降低、顧客滿意度增加等，因增加的財務獲利，進而給予員工薪資。
3.目標分享（goal sharing）：因爲工作目標達成所給予的獎勵，例如銷售員達成其銷售目標等（王鵬淑，2009：4-5）。

圖7-1　全面性的獎酬制度設計關鍵思考

資料來源：資誠聯合會計師事務所（2015）。「員工獎酬策略與工具運用探討——從加薪四法談起」講義，頁11。高科技產業薪資協進會編印。

第二節　利潤分享計畫

利潤分享計畫（profit sharing plan）是達成盈利目標（如資產報酬率或淨收入）爲基礎發放的獎勵，是員工作爲人力資本所有者和企業的物質資本所有者（股東）共同分享企業利潤的一種分配模式。企業根據盈餘狀況決定是否進行利潤分享和分享的比例分配方法的特點是，企業員工只參加企業利潤的分享，不承擔企業的虧損和經營風險。

在實施企業利潤分享制的初期，能夠與企業的物質資本所有者共同分享企業利潤的主要者，是企業的高層管理人員，以後才逐漸擴大到一般員工，它是一種不完全的人力資本參與企業利潤分配的模式。一方面，它體現出了企業物質資本所有者對企業員工應擁有參與利潤分配權益的承認；但另一方面，在企業利潤分享下，企業員工並沒有成爲眞正意義上的企業的所有者，也就是說，企業員工在一定條件下能夠成爲企業利潤的分享者，但不是企業所有權的分享者（高偉富，2004：432）。

範例7-2

華為利潤分享成功的案例

執行長和一般員工所得的落差，在全球都大到驚人。2014年國際貨幣基金組織（International Monetary Fund, IMF）研究指出，過度的不平等會使經濟成長趨緩，最後自尋苦果，而且行為經濟學的觀點也表示這種情況有害員工的士氣和生產力；此外，如果發放大筆的高層紅利，對公司的公關形象而言簡直就是惡夢一場。但「利潤分享計畫」就成為可能的解決方案，既能處理財富分配問題，也能處理員工投入的問題。

中國的電信巨擘華為（HUAWEI），這是一家私人企業，股權都在員工手中。華為於1987年由任正非創立。草創初期，任正非就設計了員工持股制度（Employee Stock Ownership Plan, ESOP），他覺得對於老闆來說，最安全的做法就是不要「擁有」這家公司。由於華為並未公開上市，而是由員工持有，也就代表公司的營收有一大部分會直接由員工享有。在華為的例子裡，過去二十年間的總淨利潤還比支付給員工的總淨利潤少了許多，講得明確一點，員工的薪水、紅利和股利股息加起來，是公司年度淨利潤的2.8倍。

華為的ESOP能夠滿足人類的兩種需求，一方面強調華為屬於所有員工，一方面也強調任正非期望所有員工都能像個公司負責人，要全心全力投入。有這種創業精神，就能讓公司整體一同學習、創新，支持華為的使命：透過溝通提升生活品質。

過去，員工持股制度只適用於中國籍員工，從2012年開始，華為推行了同樣適用於非中國籍員工的新的利潤分配制度。

資料來源：林俊宏譯（2015）。大衛・德克雷默（David De Cremer）。〈華爲：一個利潤分享成功的案例研究〉。《哈佛商業評論》，https://www.hbrtaiwan.com/article_content_AR0004674.html。

無論在古希臘、羅馬時代強調的倫理經濟（以柏拉圖和亞里斯多德爲代表），或是在現代資本主義強調的企業社會責任（corporate social responsibility, CSR）的時代，企業的活動必須嚴守「適當的利用資源」、「提供適當的資訊」及「合理的分享利潤」三個標準，才能達成社會安定與發展。其中「合理的分享利潤」指的就是企業主與受僱者之間的利潤分享，通常企業主與受僱者之利潤分享，就是以分紅、入股及分紅入股的方式進行。

第三節　分紅入股制度

我國最早實施員工分紅制度的企業，是由王雲五主持的上海商務印書館，在民國前八年就已經實施。民國十八年，國民政府在研訂《工廠法》時，曾參考法國的制度，納入紅利股份、儲蓄生利等辦法。民國三十五年，大同股份有限公司實施「工者有其股」制度，鼓勵員工認購公司股份，並且以贈股或無息貸款方式，讓員工成為股東，是我國最早實施員工入股制度的企業。

基本上而言，分紅入股制可分為三類：一為分紅，係指員工參與稅後盈餘的分配；二為入股，係指員工的入股權，成為公司的合夥人；三為分紅入股，即藉著稅後盈餘的分配，使員工取得公司的股權。

一、分紅制

分紅制度是將公司自消費者手中取得的利潤重新在股東與受僱人員之間做合理的分配。依據《勞動基準法》第29條規定：「事業單位於營業年度終了結算，如有盈餘，除繳納稅捐、彌補虧損及提列股息、公積金外，對於全年工作並無過失之勞工，應給予獎金或分配紅利。」又，《公司法》第235-1條第一項規定：「公司應於章程訂明以當年度獲利狀況之定額或比率，分派員工酬勞。但公司有累積虧損時，應予彌補。」

分紅係一種變動性的報酬，每年隨企業盈餘的多寡而有所變化，使員工的努力與報酬有所關聯，如此自可提升員工士氣，提高生產力。

美商金士頓科技公司（Kingston Technology Corp.）創辦人之一杜紀川，曾提供一億美金供做員工分紅而名噪一時。他雖強調分紅的必要性，但管理者仍須隨時隨地關懷身邊的員工，讓其有歸屬感與被重視。

二、入股制

依據《公司法》第267條第一項規定：「公司發行新股時，除經目的事業中央主管機關專案核定者外，應保留發行新股總數百分之十至十五之股份由公司員工承購。」可知入股制度之建立，《公司法》對雇主係採強制保留定額之股份由員工自由認購的。但員工入股與否，聽任員工之意願，倘其自願放棄認股權利，亦不得影響其原有之職務。

表7-2　《公司法》第235-1條之主要重點說明

主要重點	說明
員工分紅制度改以員工酬勞分配取代	·盈餘分派不得再有員工分紅與董監事酬勞等事項。 ·應於章程中訂定依獲利狀況分派之。
獲利狀況係指稅前利益	·計算員工酬勞之基礎為稅前利益，而非員工分紅所用的稅後盈餘。 ·公司尚有累積虧損時，應先保留彌補數額（先彌補虧損再分派酬勞）。
員工酬勞分派額度	·於章程明定以當年度獲利狀況之定額或比率，分派員工酬勞。 ·比率訂定的方式可以固定數（例如2%）、一定區間（例如2%～10%）或下限（例如2%以上、不低於2%）三種方式之一為之。
員工酬勞分派次數與發放時點	·員工酬勞係以稅前利益計算，以一年分派一次（財務角度）。 ·發給員工時，一次全額發放或分次發放，均屬可行，由公司自行決定。
發放方式	·員工酬勞得以股票或現金為之。 ·如以股票發放員工酬勞，得以老股或發行新股為之。
《公司法》第235-1條	公司應於章程訂明以當年度獲利狀況之定額或比率，分派員工酬勞。但公司尚有累積虧損時，應予彌補。 公營事業除經該公營事業之主管機關專案核定於章程訂明分派員工酬勞之定額或比率外，不適用前項之規定。 前二項員工酬勞以股票或現金為之，應由董事會以董事三分之二以上之出席及出席董事過半數同意之決議行之，並報告股東會。 公司經前項董事會決議以股票之方式發給員工酬勞者，得同次決議以發行新股或收買自己之股份為之。 章程得訂明依第一項至第三項發給股票或現金之對象包括符合一定條件之控制或從屬公司員工。

資料來源：資誠聯合會計師事務所（PwC Taiwan）（2015）。「員工獎酬策略與工具運用探討——從加薪四法談起」講義，頁11。高科技產業薪資協進會編印。

三、分紅入股制

分紅入股，係指既分紅又入股，亦即事業單位於每年年終終了結算，分發紅利時，將一部分之紅利以現金分配給員工外，並得將一部分之紅利改發本事業單位之股票，使員工暨享有企業盈餘所發之紅利，亦可獲取企業的股票。依據《公司法》第240條第一項規定：「公司得由有代表已發行股份總數三分之二以上股東出席之股東會，以出席股東表決權過半數之決議，將應分派股息及紅利之全部或一部，以發行新股方式爲之；不滿一股之金額，以現金分派之。」

四、員工分紅費用化

台灣早年實施的員工分紅制，依修正前《商業會計法》第64條規定：「商業盈餘之分配，如股息、紅利等不得作爲費用或損失。」將員工分紅視爲公司盈餘之分配，不須認列薪資費用，僅須於「業主權益」之會計科目上作帳面調整，將盈餘科目改列資本科目處理之。透過分紅入股之形式，因股票之面額（一般爲10元）與一般公司股票之市價上之落差，員工取得股票價值遠高於直接從公司取得現金。

員工分紅不作爲費用僅視爲公司盈餘分配之會計處理，實隱藏公司費用並不實膨脹公司盈餘之隱憂；雖公司透過員工分紅配股與公司員工分享公司經營成果，促進勞資融合，增進員工對公司向心力，然因大量分紅配股，稀釋原有股東權益，原有股東可分配之盈餘減少，且分紅配股不作爲公司費用與國際上一般公認會計原則不符。2006年5月24日修正公布的《商業會計法》第64條規定：「商業對業主分配之盈餘，不得作爲費用或損失。但具負債性質之特別股，其股利應認列爲費用。」將盈餘分配不得作爲費用或損失處理之規定限縮在分配予「業主」之情形，換言之，盈餘僅有分配於「股東」之情形，不用列於費用，員工分紅不屬於盈餘分派，從而員工分紅之會計處理，參考一般公認會計原則規定，應列爲「費用」（蔡朝安，2014：3-13）。

自2008年1月1日開始實施的「員工分紅費用化制度」後，所有公開發行公司都必須以「市價」來認列員工分紅費用，非公開發行公司則須以「面額」或「公平價值」認列，它不僅可提高財報的透明度，而且讓股東看到沒有虛增的淨利，也是企業社會責任實踐的眞實做法。

員工分紅配股是我國高科技產業吸引人才之關鍵制度，不但可以激勵員工士氣，更提高公司績效與價值，對台灣電子業發展貢獻良多。但「員工分紅費用化制度」實施後，除對企業之財務報表產生影響外，對企業提供員工之薪資獎酬制度亦造成實質之衝擊。爲減輕相關之影響，金融

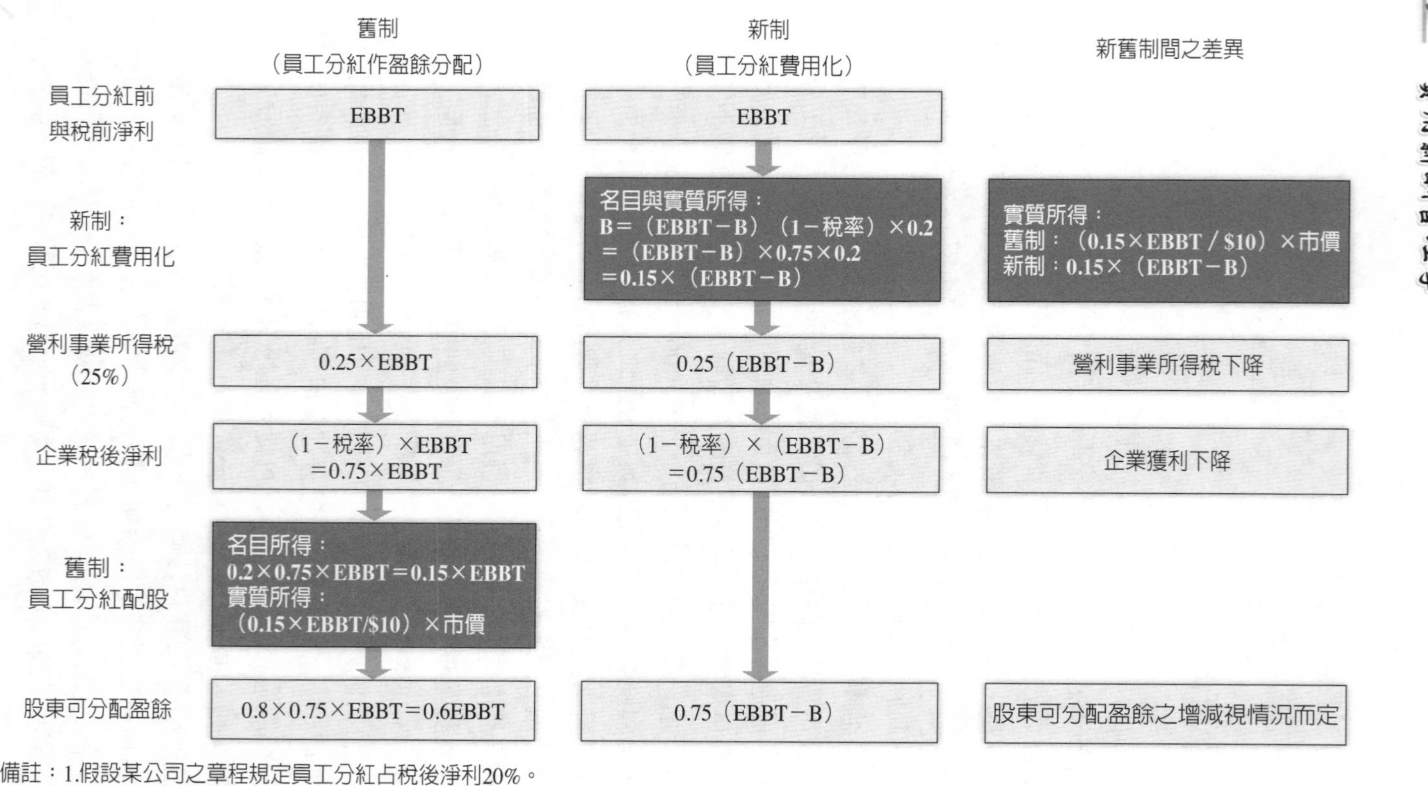

備註：1.假設某公司之章程規定員工分紅占稅後淨利20%。
2.員工分紅前與稅前淨利（Earnings Before Bonus and Tax, EBBT）。
3.舊制員工分紅是列在稅後淨利之後，而新制是列在所得稅前的帳列費用。
4.自民國99年度起，營利事業所得稅率由25%調降為17%。

圖7-2　員工分紅費用化制度實施前後之比較

資料來源：李伶珠（2008）。〈企業與員工如何因應員工分紅費用化後時代的薪酬制度〉。《會計研究月刊》，第272期（2008年7月號），頁57。

監督管理委員會（金管會）乃採取相關配套措施，一是員工認股權，另一是庫藏股的建置，俾在股東及員工權益之間求取平衡，增加企業在激勵員工獎酬制度上的靈活度。」

第四節　員工認股權憑證

爲了避免員工領取獎金後馬上跳槽，許多公司透過給予員工認股權的方式來激勵員工。員工認股權（employee stock option），是指員工可以在一定期間內以「約定認購價格」認購「特定數量」公司之股份的權利。公司給予員工認股權時，可能會跟員工約定要達成特定條件（例如服務滿一定年限，或公司的盈餘目標須達到特定指標），員工才能獲得該認股的權利。

員工認股權，表示員工有機會以特定價格購買公司股票是一種很好的機制。這項政策能夠讓員工分享公司的利益，對於留住最好與最聰明的人才是一項很棒的工具。認股權的價值取決於公司的成長、盈利能力和在市場上的表現。根據《經濟百科全書》解釋，認股權是「一種可在一定日期，按買賣雙方所約定的價格，取得買進或賣出一定數量的某種金融資產或商品的權利。」簡單的說，認股權是指對某一物品的購買選擇權利，它首先給予購買某一物品的權利。認購權意味著持有者有權利但沒有義務去購買某一物品的權利（中國企業家協會，2001：121）。

《公司法》第167-2條規定：「公司除法律或章程另有規定者外，得經董事會以董事三分之二以上之出席及出席董事過半數同意之決議，與員工簽訂認股權契約，約定於一定期間內，員工得依約定價格認購特定數量之公司股份，訂約後由公司發給員工認股權憑證（第一項）。員工取得認股權憑證，不得轉讓。但因繼承者，不在此限（第二項）。章程得訂明第一項員工認股權憑證發給對象包括符合一定條件之控制或從屬公司員工（第三項）。」的獎酬工具。此制度係透過與員工簽訂認股權契約，以激勵政策之方式，於員工達成績效目標時，可以較優惠價格向公司認購一定數量股票，以吸引優秀員工並激勵員工爲公司創造績效，以提升公司經營

之效率。

認股權的運作方式，通常是在招聘員工時，約定在若干年內，可以分年認購公司股票若干股，而其認購價格通常係以該員工報到當天之股市收盤價格為準；又對在職員工亦可每隔數年辦一次股票認購權計畫，並訂定某一日作為計畫開始日，以當日之股票收盤價為認購價格，如果員工報到或計畫開始後，股票持續上漲，則持股員工可賺取股票差價；如股票下跌，股票認購權則形同虛設。

公司的高級管理人員時常需要就公司的經營管理，以及策略發展等問題獨立地進行決策，諸如：公司購併、公司重整以及長期投資等重大決策，它給公司帶來的影響，往往是長期性的，效果往往要在三至五年後，甚至十年後才會體現在公司的財務報表上。在執行計畫的當年，公司的財務指標記錄的大多數是執行計畫的費用，計畫帶來的收益可能很少或者為零，甚至是負數。如果一家公司對高級管理人員的報酬結構，完全由基本工資及年度獎金構成，那麼出於對個人私利的考慮，高級管理人員可能會傾向放棄那些短期內會給公司財務狀況帶來不利影響，但是有利於公司長期發展的計畫。為了解決這類問題，公司設立了一種新型激勵機制，將高級管理人員的薪酬與公司長期業績聯繫起來，鼓勵高級管理人員更多地關注公司的長期持續發展，而不是僅僅將注意力集中在短期財務指標上。

股票認股權是公司給予高級管理人員的一種權利，持有這種權利的高級管理人員，可以在規定時間內，以股票認股權的行權價格（exercise price）購買公司的股票，這個購買的過程稱為行權（exercise），在行權以前，股票期權持有人沒有任何現金收入，行權過後，個人收益的行權價與發權日市場價之間的差價，高級管理人員可以自行決定在任何時間出售行權所有股票（張文賢主編，2001：142-143）。

認股權憑證的優點，可以激勵員工經營公司，於提升公司股價後，用較優惠價格認購一定數量股票，與員工分享公司未來經營成果，俾利於公司留才，相對於員工分紅或配股，員工取得分紅或股票後，可以直接處分股票並離開公司，而認股權憑證，更能吸引優秀員工於一定期間內留在公司，為公司打拚，以利公司長久經營發展。例如，亞馬遜（Amazon.com, Inc.）是一家總部位於美國西雅圖的跨國電子商務企業，業務起始於網路書店，不久之後商品走向多元化。相對較低的基本工資、沒有短期激勵措施，但慷慨的股票認股權計畫就構成了公司薪酬體系的主要特點，那些渴望成功、願意用可能更大的長期收穫來交換短期經濟收入，以及為了成功不怕近乎瘋狂的辛苦工作方式的人被吸引過來。亞馬遜的薪酬體系絕對是和它的經營策略、員工結構、企業文化及發展定位協調一致的（陳紅斌、劉震、尹宏譯，2001：11-15）。

台積民國110年發行限制員工權利新股案之內容

1.董事會決議日期：110/04/22
2.預計發行價格：無償發行
3.預計發行總額（股）：不超過普通股2,600仟股，每股面額10元。實際發行股數將於發行限制員工權利新股案經股東會及主管機關核准後另提董事會決議之。
4.既得條件：
一高階主管自獲配限制員工權利新股後，須符合以下各項條件方可既得：
(i)於各既得期間屆滿日仍在職。
(ii)各既得期間內未曾有違反任何與本公司簽訂之合約及本公司之工作規則等情事。
(iii)達成本公司所設定高階主管績效評核指標〔即既得期間屆滿之最近一年度績效考核等第至少為「S」（含）以上〕與公司營運成果指標。
一各年度可既得之最高股份比例為：
發行後屆滿一年50%、屆滿二年25%以及屆滿三年25%。
各年度可既得之實際股份比例與股數須再依公司營運成果指標達成情形計算，詳細說明如下。
一將各年度可既得之最高股數設定為110%，其中100%依下列本公司股東總報酬率（Total Shareholder Return, TSR，包含資本利得與股利）指標相對達成情形計算可既得股數後，再由薪酬委員會評估本公司環境、社會及公司治理（Environmental, Social, and Governance, ESG）成果為調整項，於可既得股數正負10%區間內調整之。計算結果到股為止，未滿一股者無條件捨去。
本公司TSR相對標準普爾500 IT指數TSR：
優於指數X個百分點時，既得股數比例為50%＋X *2.5%，最高為100%與指數持平時，既得股數比例為50%落後指數X個百分點時，既得股數比例為50%－X *2.5%，最低為0%
5.員工未符既得條件或發生繼承之處理方式：遇有高階主管未達既得條件者，由本公司無償收回已獲配股數並予以註銷；於例外情形（包括但不限於發生繼承），

則依本次限制員工權利新股發行辦法辦理。

6.其他發行條件：依本次限制員工權利新股發行辦法規定。

7.員工之資格條件：

(i)本獎勵計畫適用對象以限制員工權利新股給予日當日在職且達到一定績效表現之本公司全職高階主管為限。具資格之高階主管亦須是(1)對本公司營運決策有重大影響者，或(2)本公司未來核心技術與策略發展之關鍵人才。

(ii)具資格之高階主管得獲配股數將參酌公司營運成果，以及個人職級、工作績效及其他適當參考因素，由董事長與總裁核定後提報薪資報酬委員會及董事會同意。

8.辦理本次限制員工權利新股之必要理由：為吸引及留任公司高階主管，並將其獎酬連結股東利益與ESG達成情形。

9.可能費用化之金額：

依不超過普通股2,600仟股之限制員工權利新股及民國110年3月普通股平均收盤價（除息調整後）新台幣598元，並以評價模型計算，暫估費用化總金額約為新台幣856佰萬元。如於民國110年8月底發行，依前述假設估計，暫估民國110年至113年之費用化金額分別約為新台幣204佰萬元、464佰萬元、142佰萬元及47佰萬元。

10.對公司每股盈餘稀釋情形：

依目前本公司已發行股數及不超過普通股2,600仟股之限制員工權利新股計算，暫估民國110年至113年費用化金額對每股盈餘可能影響金額分別約為新台幣0.0071元、0.0166元、0.0041元及0.0014元，對本公司每股盈餘可能之稀釋尚屬有限，故對股東權益尚無重大影響。

11.其他對股東權益影響事項：本公司預計以買回庫藏股註銷方式抵銷股本膨脹影響，將另提董事會決議之。

12.員工獲配或認購新股後未達既得條件前受限制之權利：既得期間除繼承外，高階主管不得將該限制員工權利新股出售、質押、轉讓、贈與他人、設定，或作其他方式之處分。其他權利受限制情形，依本次限制員工權利新股發行辦法辦理。

13.其他重要約定事項（含股票信託保管等）：本公司將以股票信託保管之方式辦理本次發行之限制員工權利新股。

14.其他應敘明事項：本次限制員工權利新股之各項條件，如因主管機關指示或相關法令規則修訂而有修訂或調整之必要時，擬提請股東常會授權董事會或其授權之人全權處理所有發行限制員工權利新股相關事宜。

資料來源：〈台積電董事會核准110年發行限制員工權利新股案、上限260萬股，暫估費用化總金額8.56億〉。公開資訊觀測站重大訊息公告（2021/04/22 20：00）。

第五節　庫藏股制度

庫藏股制（treasury stock）起源於美國的企業，除了員工分紅配股及員工認股權憑證之外，也是公司可考慮使用的獎勵方案之一。庫藏股制度，係指上市上櫃公司自市場中買回自己公司已經發行流通在外的股票，且不準備註銷而是等待日後重新出售者稱之。換句話說，公司買回已經發行在外之自身股票，在尚未再出售或尚未辦理減資註銷前，所存的股票就是所謂的「庫藏股」。它的特性和未發行的股票類似，沒有投票權或是分配股利的權利，而公司解散時也不能變現。一般而言，公司自公開市場買回自家股票後再轉售給員工，但通常公司轉讓給員工的價格不會太高，而且員工原則上也可以立即出售以實現獲利，因此也有達到部分的激勵效果（吳坤明，2002：32-34）。

表7-3　《證券交易法》第28-2條

股票已在證券交易所上市或於證券商營業處所買賣之公司，有下列情事之一者，得經董事會三分之二以上董事之出席及出席董事超過二分之一同意，於有價證券集中交易市場或證券商營業處所或依第四十三條之一第二項規定買回其股份，不受公司法第一百六十七條第一項規定之限制： 一、轉讓股份予員工。 二、配合附認股權公司債、附認股權特別股、可轉換公司債、可轉換特別股或認股權憑證之發行，作為股權轉換之用。 三、為維護公司信用及股東權益所必要而買回，並辦理銷除股份。 前項公司買回股份之數量比例，不得超過該公司已發行股份總數百分之十；收買股份之總金額，不得逾保留盈餘加發行股份溢價及已實現之資本公積之金額。 公司依第一項規定買回其股份之程序、價格、數量、方式、轉讓方法及應申報公告事項之辦法，由主管機關定之。 公司依第一項規定買回之股份，除第三款部分應於買回之日起六個月內辦理變更登記外，應於買回之日起五年內將其轉讓；逾期未轉讓者，視為公司未發行股份，並應辦理變更登記。 公司依第一項規定買回之股份，不得質押；於未轉讓前，不得享有股東權利。 公司於有價證券集中交易市場或證券商營業處所買回其股份者，該公司依公司法第三百六十九條之一規定之關係企業或董事、監察人、經理人、持有該公司股份超過股份總額百分之十之股東所持有之股份，於該公司買回之期間內不得賣出。 第一項董事會之決議及執行情形，應於最近一次之股東會報告；其因故未買回股份者，亦同。 第六項所定不得賣出之人所持有之股份，包括其配偶、未成年子女及利用他人名義持有者。

資料來源：《證券交易法》（修正日期：民國111年11月30日）。

庫藏股與分紅入股制度兩者最大的不同點在於：庫藏股制度由公司公開運作，員工分紅入股則在公司內部運作，如此一來，只要員工對公司的信心足夠，將可發揮一定的效用。

一般認爲，以庫藏股方式獎酬員工，因不用發行新股，可避免原股東股權稀釋而降低每股可分配之盈餘，且因發行程序上僅須經董事會特別決議，較爲簡便。爲了達成激勵員工之效果，庫藏股更可以低於買回價格之方式轉讓予員工。

表7-4　《公司法》對庫藏股的規定

《公司法》第167-1條
公司除法律另有規定者外，得經董事會以董事三分之二以上之出席及出席董事過半數同意之決議，於不超過該公司已發行股份總數百分之五之範圍內，收買其股份；收買股份之總金額，不得逾保留盈餘加已實現之資本公積之金額。 前項公司收買之股份，應於三年內轉讓於員工，屆期未轉讓者，視為公司未發行股份，並為變更登記。 公司依第一項規定收買之股份，不得享有股東權利。 章程得訂明第二項轉讓之對象包括符合一定條件之控制或從屬公司員工。
《公司法》第167-2條
公司除法律或章程另有規定者外，得經董事會以董事三分之二以上之出席及出席董事過半數同意之決議，與員工簽訂認股權契約，約定於一定期間內，員工得依約定價格認購特定數量之公司股份，訂約後由公司發給員工認股權憑證。 員工取得認股權憑證，不得轉讓。但因繼承者，不在此限。 章程得訂明第一項員工認股權憑證發給對象包括符合一定條件之控制或從屬公司員工。
《公司法》第167-3條
公司依第一百六十七條之一或其他法律規定收買自己之股份轉讓於員工者，得限制員工在一定期間內不得轉讓。但其期間最長不得超過二年。

資料來源：《公司法》第五章股份有限公司第二節股份（修正日期：民國110年12月29日）。

員工權利新股（RSA）留才策略

科技業人才荒，不但是現在進行式，更是未來式，為留住人才，近來吹起發行限制員工權利新股（Restricted Stock Awards, RSA）風潮。RSA的設計可以附帶條件，員工達成條件後，才可擁有處分股票的權利。以台積電（TSMC）為例，公司發行的限制員工權利新股綁定許多條件，除了鎖定高階主管，既得期間仍在職、考績至少為S等級以上，並且和股東利益與企業社會責任（環境、社會、公司治理，簡稱ESC）成果連結。以該公司預計發行2,600千股推估，費用化成本最高來到8.56億元。

台積電自從取消股票分紅後，改為每季發放員工現金分紅，但當季分紅可能會延後一到兩季發放，目的是鼓勵員工持續有好表現，這在留才方面已發揮一定效果。這次發行RSA提升市場形象遠大於留才效果。但對企業而言，發行RSA還有一定的好處，其中最大誘因可以無償發給員工，達到留才效果。

相對認股權規定員工至少要拿出一定金額，RSA對員工的激勵效果大，因為只要達到公司要求的業績、服務年資、考績等條件，就可無償拿到股票。不過過去發行RSA的產業，多半集中在科技、生技等產業，主因是這類產業相對重視研發，但研發不可能短期內達成，公司因此透過這些獎酬工具吸引員工。

RSA係發行人發給員工之新股附有服務條件或績效條件等既得條件，員工於既得條件達成前，其股份之權利受有限制。企業可依自身需求設計受限制的股票權利，例如限制股票不得轉讓之期間、不得參與表決權、不得參與配股、配息。未來員工提前離職或在職表現不符績效標準，企業可依發行辦法之規定收回股票並辦理註銷。RSA主要精神在於：

1. 獎勵員工未來的表現，而非過去的表現。員工可先確定努力達到目標可得到的獎勵。
2. 避免員工拿到大筆分紅或股票後立即跳槽。

資料來源：賴昭穎（2021）。〈企業留才 除了RSA還有哪些招〉。《聯合報》（2021/05/30），A8財經要聞。

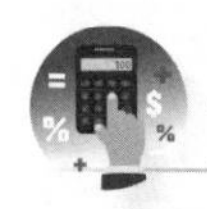

第六節　持股信託制度

數位新經濟時代人才競逐愈來愈激烈，全球都在找好手，尤其中階技術人才若短缺，產業發展也會面臨瓶頸。微軟（Microsoft）是第一家採用員工持股計畫（Employee Stock Ownership Plans, ESOP）作爲激勵員工工具的企業，從此許多美國企業開始使用員工持股計畫作爲留才的工具誘因。

國內近年來實施的一般入股計畫，大部分都是指單純的年度分紅或附屬於《公司法》第267條第一項：「公司發行新股時，除經目的事業中央主管機關專案核定者外，應保留發行新股總數百分之十至十五之股份由公司員工承購。」和同法第二項：「公營事業經該公營事業之主管機關專案核定者，得保留發行新股由員工承購；其保留股份，不得超過發行新股

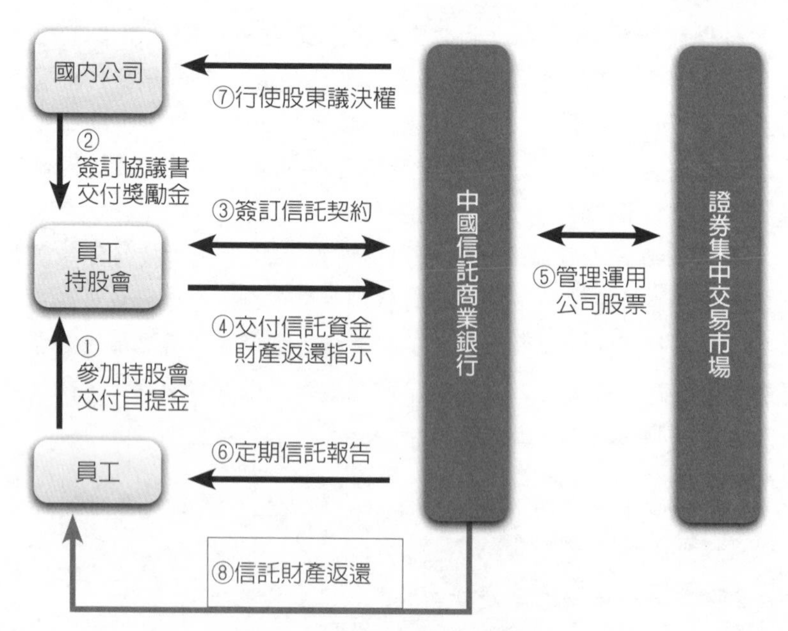

圖7-3　員工持股信託架構圖

資料來源：中國信託銀行網址：https://ecorp.chinatrust.com.tw/cts/static/business/trust_staff_holding.jsp

總數百分之十」規定。這一部分，一直到1992年財政部核准開辦「企業員工持股信託」，爲員工認股制度業務奠定了基本框架。

員工持股信託制（Employee Stock Ownership Trust, ESOT）是一種使員工擁有公司的股票，以享受租稅與貸款優惠的員工退休與福利計畫，自1970年代中期開始在美國流行。

一、員工持股計畫的做法

員工持股計畫的做法，基本上有兩類：

一類是不利用信貸槓桿的員工持股計畫，也被稱爲股票獎勵制度。公司直接將股票交給員工的持股計畫委員會（小組），由委員會相應建立每個員工的帳戶，然後每年從企業利潤中按持股計畫委員會掌握的股票分得紅利，並用這些紅利來歸還原雇主或公司以股票形式的賒帳，還完貸款後股票即屬於每個員工。

另一類是利用信貸槓桿的員工持股計畫，這種形式的做法是首先成立一個員工持股計畫信託基金，該基金向銀行貸款購買原雇主手中的股票，購買的股票由信託基金掌握並放在一個「懸置帳戶」內，而不是直接分給每個員工。隨著貸款的償還，按一個事先確定的比例逐步將股票轉入個人帳戶。給予員工持股的貸款必須是定期的，貸款利息和本金的償還要有計畫，每年要從公司利潤中按預定比例提取一部分歸還銀行貸款。

二、員工持股信託計畫的做法

員工持股信託計畫做法，是公司在實施計畫時，先成立「信託基金委員會」，公司每年提撥現金或股票，委託專業金融機構管理。雖股票是由信託機構收取，但是它是存入每個員工所設立的帳戶中。提撥金額通常是根據相對的薪資、服務年資或兩者的一種組合。當員工於離職或退休時，員工取得其個人帳戶內之股票或在一個收購協議讓渡下，由信託公司購買回來。

(一)員工持股信託制

員工組成「員工持股委員會」，與信託公司訂定信託契約，信託公司依員工持股委員會代理的指示，定期購入該公司股票；企業、員工持股委員會、信託公司三者間運作，形成基本持股信託模式。

範例7-5

員工持股信託委員會章程

一、入會資格

本公司正式員工且其服務年資滿一年以上。

二、當然喪失會員資格

會員因資遣、退休、死亡或其他原因離職者，當然喪失其會員資格，但留資（職）停薪人員，如申請停繳不在此限。

三、申請退出本會

退會申請應於每月十五日前提出，並自送達本會之次月起生效，申請退出本會者，不得申請再加入本會。

四、信託基金

會員之提存金和公司之獎勵金合併稱為信託資金。

五、會員之提存金

(一)基本提存：

會員得在其月薪資總額10%之上限內，以每一個基數新台幣壹仟元，自由選擇每月提存基數，惟最高以十二個基數為限，由本公司按月自薪資中提撥。

(二)追加提存：

全公司符合加入本會資格人員最高可提存總基數扣減會員每月基本提存總基數後之所餘基數，得提供予有增額提存意願之會員於不超過其原最高可提存基數一倍範圍內追加提存，申請追加提存之總基數若超逾所餘基數時，比例分配之。

六、公司之獎勵金

本公司依會員每月基本提存及追加提存總金額之20%，提撥為獎勵金。

七、全年提撥十二次

於每月薪資發放時提存，全年提撥十二次。

八、信託資金運用

(一)信託基金委由金融機構信託部，以本會所開立持股信託專戶之名義，代為運用、管理，並以取得及管理本公司股票為目的。

(二)若遇有現金股利或股票分配時，均依持股信託專戶所載各會員持股比例分配，並全數滾入繼續運用、管理。

(三)本公司辦理現金增資認股時，各會員得依認股基準日持股信託專戶所載持股股數，占本公司原有發行股數比率，分別出資認購，並全數滾入繼續運用、管理，如有會員不認購者，本會得依公平原則決議由其他會員認購之。

九、停繳寬限

(一)申請停繳寬限期間不得少於三個月。

(二)如遇有會員當月份所領薪資低於其每月選定之提存金額時，視同自當月起停繳，如欲恢復提存，則須俟三個月後再自行提出復繳申請。

十、懲罰金

(一)會員選擇申請退會者，須繳交累積獎勵金之半數予本公司，作為中途退會之懲罰金，但符合下列情形之一者，不在此限：

1.因重大急難或其他不得已之重大事由，經本會同意免除懲罰金者。

2.半年內將依本公司退撫辦法第六條屆齡強制退休者。

(二)本公司收取之懲罰金，依次月五日持股信託專戶所載各會員持股比例分配，並全數滾入繼續運用、管理。

十一、組織

(一)本會設委員七人，其中主任委員由總經理或總經理指定之人選擔任，其他六名委員由勞資雙方各推派三名本會會員擔任，勞方委員由台灣肥料業產業工會聯合會推派，資方委員由總經理自會員中指派，任期均為三年，連派得連任。

(二)總幹事由主任委員指定之。總幹事之職掌及轄下幹事之設置，由總幹事擬訂，提本會決議。

(三)本會每半年開會一次，但必要時得經主任委員或半數委員之提議，召開臨時會。本會由主任委員召集，其決議應有過半數委員之出席，出席委員三分之二以上之同意行之。

十二、各會員同意由主任委員代理與受託人締結信託契約，其效力及於各會員。

十三、會員持股信託所表彰之本公司股東大會表決權及選擇權，均由受託人行使，但受託人應聽從主任委員基於本會決議之指示。

十四、費用

本信託資金運用及管理所生費用，均由受託人依信託契約所定之收費標準，自各會員信託資金中扣除之。但會員停繳寬限期間之上述費用，則由本公司逕自會員薪資中扣繳後送交受託人，或依會員與受託人之約定辦理。

資料來源：林永茂（2004）。〈凝聚向心力：員工持股信託制度——員工持股信託委員會章程草案要點〉。《台肥月刊》（2004/07），頁37-38。

員工持股委員會之特徵要點如下：

1.依員工共同意願，自願組成員工委員會。

2.信託公司信託財產之運用，僅限於取得委託人所服務公司的股票，不准取得其他公司的股票。

3.信託資金來源，包括公司獎勵金與員工提撥資金。

員工持股信託成立之步驟

第一步驟：事先規劃工作

1.先成立籌備委員會及工作小組。
2.確定發起人人數及對象（20-30人）、完成章程。
3.研議規劃協議書、發起人聲明書、信託契約等。

第二步驟：成立員工持股信託委員會

1.發起人大會：發起人填具發起人聲明書並召開發起人會議兼第一次會員大會，成立員工持股信託委員會。
2.持股信託委員會：決議通過章程、選任委員、推派代表人。

第三步驟：員工申請入會

1.舉行員工說明會，公開招募會員。
2.參加員工填具入會申請書正式入會。

第四步驟：簽訂協議書

1.商議公司獎勵金：由持股會與公司商討獎助辦法及獎助金額。
2.草擬協議書：訂定獎助辦法及雙方權利義務關係。
3.簽訂協議書：由持股會與公司雙方代表共同簽訂。

第五步驟：簽訂員工持股信託契約書

1.商議員工持股信託契約書：由持股會與信託機構雙方共同協議。
2.草擬信託契約書：規定有關信託目的、信託人資格、信託資金之提存方式、信託資金之運用管理方式、信託報酬、信託終止之財產處分、信託事務之委任及其他雙方之權利義務關係。
3.簽訂信託契約書：由持股會與信託機構雙方共同簽訂。

第六步驟：申請開設稅籍統一編號、各種帳戶（由信託機構負責辦理）

1.申請開設國稅局稅籍統一編號：
戶名：【○○銀行信託部受託保管○○公司員工持股信託專戶】。
2.開立銀行存款帳戶。
3.開立證券商股票交易帳戶：戶名：【○○銀行信託部受託保管○○公司員工持股信託專戶】。

第七步驟：運用、管理

1.信託資金匯入信託專戶內。
2.購買（股）公司上市股票。
3.按每月信託人別分戶管理。
4.所購得之（股）公司上市股票全數分配予每位信託人，並於信託帳戶分別計入。

資料來源：中國石油公司。

4.資金運用係採用集體運作；彙總加入員工之提存金與獎勵金，集體購入公司股票，共同管理，而員工權益則以各員工信託金額比例個別分配。

5.企業支付之獎勵金，視同爲員工薪資所得；信託受益亦視同各員工之盈餘所得，因此皆需依薪資或盈餘所得予以課稅。

(二)員工持股信託制對員工的誘因

員工持股信託計畫依員工是否獲得特殊利益而定。一般而言，員工持股信託制對員工的誘因有：

1.達到強迫儲蓄的效果。員工爲享有公司所提供之獎勵金額外福利，必須自己相對從薪資所得中提撥一部分資金，非經退出（離職），此信託不得領回而達到強迫儲蓄的效果。

2.員工如果因故中途離職，不但可領回自己提存的部分，除另與雇主之間有特別約定外，一般均可連同雇主提撥之部分一併領回，不像選擇勞退舊制員工的退休金，需服務一定年資方可領取。

3.員工可獲得高保障，在成立員工信託持股信託時，員工需共同組成「員工持股信託委員會」，並推舉一代表人與受託人簽訂信託契約，其資產均由受託人保管，此信託資產與受託人或企業本身的資產分開，對企業員工享有《信託法》之保障。

4.員工在公司的經營中具有一些發言權。員工認股計畫的確能提升員工的士氣及滿意度，但前提還是得先讓員工感受到眞實的所有權，也就是說，除了在財務上擁有股份外，員工還可以隨時掌握公司經營現狀，並有適度參與業務的權利。實證顯示，員工認股計畫若能再加上參與管理的方式，對組織績效的助益甚大。

表7-5　獎酬工具之種類與法令規定

項目	做法	相關限制	財稅認列規範
年終獎金、績效獎金或職務加給等	依據公司績效、員工個人表現等因素加以發給	不適用（N/A）	按實值發放金額認列公司費用與個人所得
現金增資由員工認購	《公司法》第267條第一項規定：「公司發行新股時，除經目的事業中央主管機關專案核定者外，應保留發行新股總數百分之十至十五之股份由公司員工承購。」	・員工新股認購權利不得獨立分離轉讓 ・得限制在一定期間內不得轉讓，但期間最長不得超過二年	・企業於給予日依公平評值立即認列費用 ・員工認股價格與取得時市價價差為員工個人所得
認股權憑證	・公司與員工得簽訂認股權契約，約定於一定期間內，員工得依約定價格認購特定數量之公司股份 ・公開發行公司可發給國內外子公司員工	・上市櫃公司發行認股權之認股價格得低於票面金額，但不得低於發行日之收盤價 ・自發行日起屆滿二年後，得依認股辦法請求履約，認股權憑證存續期間不得超過十年	・企業依公平價值於既得期間平均攤提酬勞成本，認列費用 ・依公司所定之認股辦法行使認股權者，執行權利日標的股票之時價超過認股價格之差額部分，核屬所得稅法規定之個人其他所得，不得列報為公司之損失或費用。
庫藏股轉讓員工	公司得依規定買回其股份，轉讓股份予員工	・轉讓價格除經股東會特別決議外，不得低於實際買回股份之平均價格 ・《公司法》第167-3條規定：「公司依第一百六十七條之一或其他法律規定收買自己之股份轉讓於員工者，得限制員工在一定期間內不得轉讓。但其期間最長不得超過二年。」	・企業依公平價值於既得期間平均攤提酬勞成本，認列費用 ・員工認股價格與取得時市價價差為員工個人所得

（續）表7-5　獎酬工具之種類與法令規定

項目	做法	相關限制	財稅認列規範
公司股東持股信託之孳息轉讓予員工	大股東可將其持有公司之股票交付信託，將該信託股票之孳息與配發之股利作為員工獎酬之用	不適用（N/A）	・企業財報需認列費用，然稅負上不得列報費用 ・員工以實質取得之金額或股票市價認列個人所得
員工分紅配股（需針對《公司法》第235-1條修正作相對調整因應）	・於公司章程訂明員工酬勞分配之成數 ・章程得訂明員工酬勞分配對象，包括符合一定條件從屬公司員工 ・得發給老股、新股或以現金支付	不得限制員工不得轉讓	・企業於發放當年以實值發放金額總額或股票市價認列費用 ・員工以實質取得之金額或股票市價認列個人所得
限制型股票（限制員工權利新股）	・公司發行股票公司依《公司法》發給員工之新股附有服務條件或績效條件等既得條件，於既得條件達成前，其股份權利受到限制 ・既得條件完成時，員工取得股票之所有股東權利，毋須再支付對價	・民國100年7月1日公告修正《公司法》 ・發行限制員工權利新股給予單一員工之數量，不得超過申報發行總數之百分之十	・在發新股給予員工的當日，計算相關限制員工權利新股的價值，並在「既得期間」攤銷為費用，並可在申報營利事業所稅稅時列為減除項目 ・既得條件沒達成，公司須收買已發行的限制股票，應認列為薪資費用 ・既得條件達成後，員工取得股票所有權時，即為可處分日，員工若賣出股票，其超過認購價格的差額部分，須以「其他所得」申報個人綜合所得稅

資料來源：PwC Taiwan資誠（2015）。「員工獎酬策略與工具運用探討——從加薪四法談起」講義，頁32-34。高科技產業薪資協進會編印。

結　語

台灣企業的薪酬結構，偏好以年終的獲利分紅作為變動薪酬的基礎。隨著階層與職級愈高，變動薪酬的收入占比也愈高，決定個人變動薪酬高低的主因是個人績效表現，這就是所謂的「績效連動的薪酬制度」（performance-based compensation）（李吉仁，2022）。

企業實施變動薪資的獎酬制度，適用時點、適用效果、適用對象、公司會計處理及員工之稅務負擔等並不相同。企業在選擇適用員工獎酬的變動薪資制度時，應考慮企業本身之獲利能力、資金狀況、資本組成、公司未來發展等因素而定。

從公司治理（corporate governance）的原則，員工認股權、分紅、入股的主要適用對象，應該視其決策會對企業有長期、重大影響者，或者是企業營運的關鍵人物，為了留才而給予誘因的獎酬。

第八章　獎工制度設計

- 獎工制度設計
- 獎工制度類別
- 史堪隆計畫
- 團體獎勵計畫
- 年終獎金制度規劃
- 結　語

> 一個人除非做自己喜歡的事，否則很難有所成就。
> ——華特・迪士尼公司創辦人華特・迪士尼（Walter Elias Disney）

故事：職缺決定報酬

某天，動物園裡來了一隻獅子，卻被分到猴子區，因此獅子就抗議了。

獅子：為什麼我會被分在這裡？

園方：抱歉，因為猛獸區缺額已滿，請你在這裡委屈一陣子。

於是，獅子不情願地留下來了。

日子一天天過去，獅子卻每天只能吃香蕉，因此獅子又抗議了。

獅子：為什麼我只能吃香蕉？

園方：抱歉，因為你占的是猴子的缺，所以配給只有香蕉。

小啓示：「天下沒有白吃的午餐」，是經濟學的一個諺語，指不付出成本而獲得利益是不可能的。水往低處流，人往高處爬，職缺的高低，決定個人的收入，所謂一分耕耘，一分收獲。

資料來源：丁志達整理。

從工廠工人的按件計酬制度、高階主管的股票選擇權辦法、每月優秀員工享受的特殊待遇，到銷售人員的佣金制度，人們設計出這些獎勵方法。獎勵的目的非常簡單，就是為了提高生產率。雇主之所以將薪酬與產出相掛鉤，就是為了讓員工付出更多的勞動，從而降低單位生產成本。在薪酬管理中，對於業績突出或創造了豐厚經濟效益的員工要給予更多的回報，但常規的分配形式不能滿足這樣的需求，因此就設計了獎工（獎金）制度（incentive wage system），以誘使員工生產的更多，賺取更高的工資。

第一節　獎工制度設計

獎工制度，係依照一般員工對於工作品質或工作數量所表現的程度，擬定一套薪資獎酬制度，分別給予報酬，以激勵員工的工作意願，提高員工的工作或生產效率，進而使員工得到額外的獎金而言。

一、獎工制度設計要點

獎工制度設計可以依照適用不同的族群分爲：個人激勵性薪資設計（例如按件計酬制）、團隊激勵性薪資設計（例如營業部業績獎金），以及全公司通用激勵性薪資設計（例如利潤分享制）。例如：信義房屋的獎工制度是由「合作分工」的概念出發（高底薪、低抽成獎金），個人經紀人每個月除了可以獲得個人業績獎金（佣金8%）之外，還可以分得所屬分店實績4%乘以（×）總目標達成率的團體獎金。此外，公司每月也將提撥稅前盈餘的3.5%，作爲幕僚員工團體獎金。團體獎金係由該分店的所有業務人員，不論當月業績多寡，一律按人頭均分。

獎工制度包括兩個基本要素：標準和獎金（獎勵）。標準，係指在指定時間內所完成的產量，若產量超過所定標準，或每單位所花時間較標準爲少，則對員工給予獎金。至於獎金的額度，則與在標準產量所給予的工資率成比例。所以說，獎工制度是一種補助性、激勵性的薪資管理制度。

獎工制度是按照直接參加工作的員工做某項工作時，所耗費時間較該項工作之標準工時爲節省時，給予獎金，作爲激勵。獎工制度之設立，一方面要配合生產管理、品質管理、成本管理外，另一方面也必須使勞資雙方均能獲得滿意。

在獎工制度設立時，必須事先考慮下列幾項要點：

1.獎工制度宜限於直接參加作業人員，以其做某工作所需要之時間可以準確衡量者爲宜。

表8-1　獎金給付制度在管理上的意義

獎金制度在管理上的功能	・員工收入增加 ・企業利潤提高 ・提高員工的進取心 ・維繫員工的向心力 ・增加部門間的合作氣氛 ・增強管理上的權力 ・創造更多的需求力 ・消弭勞資間的隔閡
良好獎金制度的必要條件	・要有明確標準 ・具有激勵作用 ・計算必須簡單 ・獎金發放力求迅速
獎金制度應避免事項	・不可變成變相待遇 ・不可影響群體關係 ・不宜影響工作品質

資料來源：丁志達主講（2012）。「薪酬福利規劃與管理實務訓練班」講義。台灣科學工業園區科學工業同業公會編印。

表8-2　計時制與計件制薪資制度比較表

項目	計時制	計件制
計算方式	工人所得工資＝工作時數×每日工資率	工人所得工資＝生產件數×每件工資率
適用範圍	1.產品品質優劣較產量為重要 2.工作不方便必須以時間計算者 3.主雇間關係密切者 4.規模較小或工作簡單之企業單位	1.工作性質重複，工作狀況不變，易於計件者 2.工作之監督困難者 3.需鼓勵生產或工作速度及數量提高者 4.每件工作需單獨成本計算者
優點	1.計算簡單，可免計算的紛爭 2.工人不需時間督促，品質可確保 3.總人工費用較易掌握 4.勞資關係穩定	1.成果支付，具鼓勵作用 2.按績計酬，較為公平 3.工人為提高效率，有助創造發明，改善工作 4.產品別人工費用較易掌握
缺點	1.優劣員工難區分，欠公平 2.產品別人工費用無法核計 3.缺乏向上提升作用，相互使生產效率降低 4.工人為求表現可能妨害工人健康	1.總工資無法預計 2.標準制度與維護困難 3.品質無法有效確保 4.督導要有效需增加管理費用

資料來源：鄭富雄（1984）。《效率管理與獎金制度》，頁163。前程企管。

2.獎工制度是以「時間」爲衡量之尺碼，對節省「時間」之員工予以獎勵，故不宜涉及其他因素，譬如對材料、費用開支之節省等，它應屬其他獎勵，而不宜列爲獎工制度之內。

3.適合於已有標準工時之作業，其產品可以施行檢驗者。

4.適用直接員工較多的工廠。

5.獎工制度之設立標準，必須十分明確，並適合於組織內現有標準之工作時間之作業，如此才能禁得起考驗，以免糾紛事端之發生。

6.某項工作的「標準時間」一經建立，除非加工設備變更、工作方法變更或材料變更等外，「標準時間」不宜常改變，以免工作人員被追加趕工而縮短標準時間而失去興趣。

7.獎工標準宜適中，標準過低，缺乏激勵作用；標準過高，則失去獎勵意義。

8.屬於研究性質、精密度極高之少量產品，或工作中時常會發生阻礙及等待材料等情形者，不宜實施。

9.獎工核算最好使受獎者知道如何計算，如此才能激勵員工工作意願。

10.工作時間的節省非完全歸功於員工之努力者，在計算獎金上應有彈性或給付上限的限制。

11.管理及間接人員以不列入爲宜，以免失卻公平立場。

12.獎金之最大金額應不宜超過薪資之三分之一爲宜，因爲如果標準工時之估計爲可靠時，則由於員工之加緊工作，實際所能節省工時之最大範圍亦不應該少於估計工時之三分之二，否則估計工時必有錯誤。（陳樹勛，1989：222-223）

二、獎工制度設計原則

獎工制度的基本理論是，希望員工一同分擔企業營運的風險，營運良好時，企業將支付員工優渥的薪資，因爲企業有能力負擔；營運不佳時，員工的薪資會被縮減，以符合共體時艱的原則。企業體認到，假如組織的成功關係到員工的利益時，員工除了付出勞力外，還會比較願意投入

智慧和心血。

獎工制度設計，有下列幾項原則要遵守：

1.以能滿足勞資及管理方面之願望與需要爲原則。
2.應使產品單位成本減少及售價降低，俾使股東及顧客均感滿意。
3.需與其他管理（例如生產控制、品質控制、成本與預算等）發生良好之聯繫。
4.以越簡單越好，使員工易於瞭解及計算自己可獲得之獎金。
5.必須建立精確計算標準，通常多利用時間研究以確定各種工作之時間標準。例如生產、設備、材料、方法或其他控制條件有所變更時，則此標準必須適時予以修正之。
6.不能限制員工之工資收入，因其無一定最大收入金額之規定。反之，如員工收入甚高，而無相當之努力代價時，則此種獎工制度必難有效維持於永久。
7.必須保證員工於實施獎工制度前之基本工資率，將爲未來獎工制度內之最低工資率。

獎工制度之採用與修正，尤需勞資雙方獲得眞誠之協議（李潤中，1998：156-157）。

三、實施獎工制度應具備的條件

獎工制度最普遍的分類基礎，視這個計畫是被應用於個人、團體或者組織的層面。此外，獎工制度還會根據它們是應用於非管理性員工，或專業與管理性員工來分類。

實施獎工制度，應具備的條件有：

(一)須有完整之管理制度

因實施獎工制度必須應用各項管理制度標準及工作紀錄，故舉凡行銷、資材、生產、人事、財務等作業流程，資料記錄、標準設定等均需要有完整之管理制度做基礎，才能使標準值的設定合乎實際需要。獎工制度能否順利推廣，發揮短期效果，前後一段時期各項管理制度建立占了相當

的因素。

(二)設定的標準值應具有客觀性

凡屬異常值的實績，於設立標準時應予以剔除，以免設定值不合理而造成獎金偏高或偏低致失去設定意義。

(三)每一成員對獎工制度應相當瞭解

任何制度成敗與員工「接受程度與合作態度」息息相關。事前應讓員工充分瞭解標準設定、評核方式、獎金發放等方法，使員工在瞭解該獎工制度之目的後，自動自發的發揮潛能，達成短期效果。

(四)應有能充分發揮潛能的評核項目

獎工制度設定，對於公司與員工應兩蒙其利。訂定評核項目，應使員

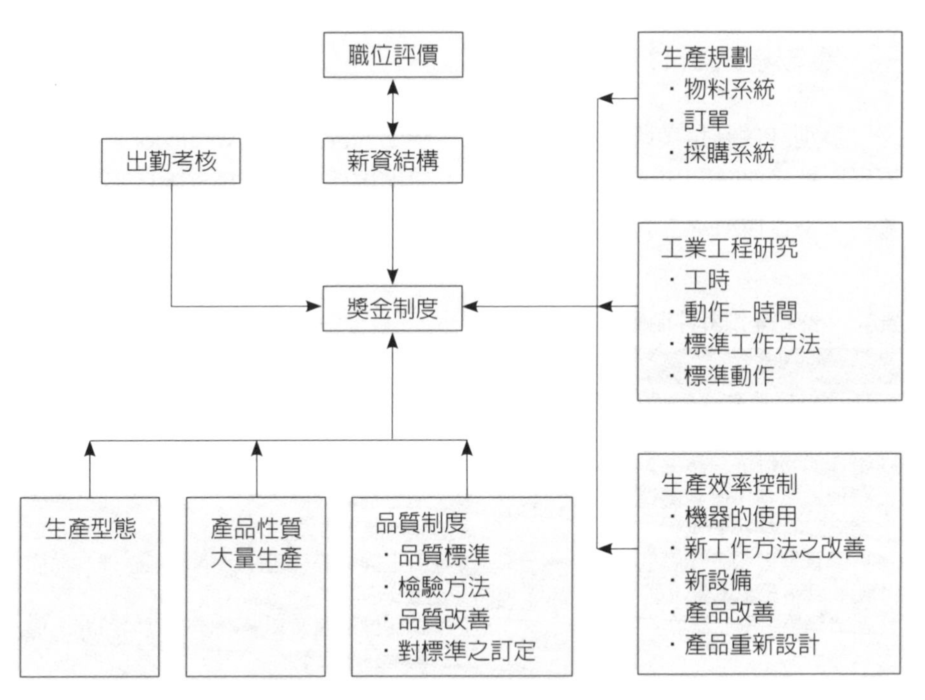

圖8-1　影響直接人工獎金制度的因素

資料來源：林政惠。「報酬管理與制度設計」講義，頁54。

工能充分具有「切身感」及具有發揮潛力之餘地，才能激勵員工自我突破。

第二節　獎工制度類別

現行的獎工制度，有的是依據科學方法推理設定者，例如：泰勒差別計件制（Taylor's Differential Piece-Rate Plan）、甘特獎工制（Gantt's Task & Bonus Plan）、艾默生效率獎工制（Emerson's Efficiency Plan）等；有的是依據經驗而設定者，例如海爾賽獎工制（Halsey's Premium Plan）、羅文獎工制（Rowan's Premium Plan）等。各類獎工制度均用公式來計算，其使用的變項代號為：

E＝薪資；N＝產量；R＝每小時的工資率；S＝標準工作時間；
T＝實際工作時間；P＝獎金百分比

一、泰勒差別計件制

差別計件制是美國人弗雷德里克．泰勒（Frederick W. Taylor）於1895年根據動作與時間研究的結果所創立，係指按件計酬，訂定兩種不同的工資率：未達標準之工資率和已達標準之工資率。

表8-3　泰勒差別計件制優缺點對照表

優點	缺點
・標準係根據動作與時間研究所訂定，較正確而且客觀。 ・工作與報酬成正比率，使優秀熟練者與勤奮者可得到優渥的報酬，具有高度的激勵作用。 ・可讓管理者和工作者的權責界線分明，合乎分工專責原理。 ・計算簡易，易於瞭解。	・標準雖客觀，但運用動作與時間研究來計算，非一般中小企業能力所及。 ・無最低之工資保證，若無法達到工作標準多次，則恐怕會遭到淘汰的命運，因而不能使員工維持最基本之生活。 ・優等員工與劣等員工之待遇差別懸殊，易引起彼此間之爭執。 ・工作高於標準者，給予計件的高額薪資，增加生產產品的成本。 ・過度偏重企業的利益，對員工無保障可言。

資料來源：丁志達主講（2012）。「薪酬福利規劃與管理實務訓練班」講義。台灣科學工業園區科學工業同業公會編印。

(一)制度的要點

1.依工作的難易簡繁，以動作和時間研究設定工作的標準時間。

2.同一性質的工作設定兩種不同的工資率，凡達到或超過標準者給予高工資，以資獎勵，反之，則給予低工資。

3.若繼續獲得低工資率的員工，自然會受淘汰。

(二)計算公式

E（當完成量在工作規定標準以下）＝NR1

E（當完成量在工作規定標準以上）＝NR2

E＝工資（收入）

N＝產量（完成工作件數或數量）

R1＝未達標準之工資率

R2＝已達標準之工資率

(三)範例

甲、乙二位員工，每日工作8小時，每件產品標準工作時間爲0.16小時，超過工作標準者，每件給予工資60元，未超過標準者，每件給予工資45元。某一上班日，甲君完成54件，乙君完成46件產品，依照泰勒差別計件制，甲、乙君工資給付如下：

1.計算公式：

每日工作標準量＝8（小時）÷016（小時）＝50（件）

2.甲君實得工資（完成量在工作規定標準以上）：

54（件）×60（元）＝3,240元

3.乙君實得工資（完成量在工作規定標準以下）：

46（件）×45（元）＝2,070（元）

二、甘特獎工制

美國人亨利・甘特（Henry C. Gantt）有感於泰勒差別計件制過於嚴格，不能保證員工之最低薪資，故加以修正，若達到工作標準以上者，除

表8-4　甘特獎工制優缺點對照表

優點	缺點
．有保障基本計時薪資。 ．具有高度的激勵作用。 ．訂定的標準時間較合理。 ．領班亦可得獎金，可增進工作成果。	．標準時間之計算不易精密確實，中小企業較難適應。 ．獎金按個別工作計算，易造成員工投機取巧心理。

資料來源：丁志達主講（2012）。「薪酬福利規劃與管理實務訓諫班」講義。台灣科學工業園區科學工業同業公會編印。

了可領取計時工資外，還可領取計時工資三分之一的獎金；若未達到工作標準時，僅能領取計時工資，其目的在獎勵員工於限期內完成工作，使機器充分運用，以減低成本。

(一)制度的要點

1.設定一定時間之作業標準。

2.未達作業標準者，仍可獲得計時工資。

3.達到或超過標準者，則可多得20%～50%之獎金。

4.各領班於所屬員工獲得獎金達某種程度時，亦可獲得獎金。

(二)計算公式

E（工作在標準以下）＝TR

E（工作在標準以上）＝TR＋1/3TR＝TR（1＋1/3）

(三)範例

甲、乙二位員工，每小時工資均爲130元，某一上班日，甲君完成150件，乙君完成180件產品，該工作每件標準工時爲3分鐘，依照甘特獎工制，其甲、乙君可領到工資計算如下：

1.計算公式：

每小時工作件數：60（分鐘）÷3（分鐘）＝20（件）

每日8小時件數：20（件）×8（小時）＝160（件）

2.甲君實得工資（工作在標準以下）：

130（元）×8（小時）＝1,040（元）

3.乙君實得工資（工作在標準以上）

（130元×8小時）＋〔1/3×（130元×8小時）〕＝1386.67（元）

三、艾默生效率獎工制

美國人哈靈頓．艾默生（Harrington Emerson）於1908年所創造。艾默生效率獎工制係按員工的工作效率，分別予以不同的獎勵。所謂工作效率，乃以一定期間內所做各項工作的標準時數之和除以（÷）實際工作時數之和。

(一)制度的要點

1.設定一定期間的工作標準，未達67%標準者，仍可獲得基本計時工資，其目的在保障員工的計時工資。

2.員工的工作效率達到67%基準以上者，以計件核發員工的獎金，獎金的百分率隨效率增加。

3.獎金以每週或每月結算一次。

(二)計算公式

E（工作效率在67%以下）＝TR

E（工作效率在67%～100%之間）＝TR＋P（TR）

E（工作效率超過100%以上）＝e（TR）＋PTR

e＝工作效率

P＝獎金率

工作效率在67%以下者，艾默生效率獎工制計算公式僅為E＝TR而已。換言之，以員工工作時間核算工資而沒有獎金。至於獎金率（P）則可參考艾默生效率獎金比率表，就可以找得到某員工的工作效率之獎金了。

表8-5　艾默生效率獎金比率對照表

工作效率（%）	獎金率%（P）	工作效率（%）	獎金率%（P）
67-71.09	0.25	89.40-90.49	10
71.10-73.09	0.5	90.50-91.49	11
73.10-75.69	1	91.50-92.49	12
75.70-78.29	2	92.50-93.49	13
78.30-80.39	3	93.50-94.49	14
80.40-82.29	4	94.50-95.49	15
82.30-83.39	5	95.50-96.49	16
83.40-85.39	6	96.50-97.49	17
85.40-86.79	7	97.50-98.49	18
86.80-88.09	8	98.50-99.49	19
88.10-89.39	9	99.50-100.00	20

註：工作效率超過100%，效率每增加1%，其獎金百分率亦增加1%。

資料來源：康耀鉎（1999）。《人事管理成功之路》，頁114。品度出版。

(三)範例

某位員工每日工作8小時，每小時工資為160元。某一上班日，該員工完成50件工作，每件標準工時為0.3小時。依艾默生效率獎工制及艾默生效率獎金比率表，可得知該員工該日可領到的工資額是多少。

1.總標準工時：

0.3（小時）×50（件）＝15（小時）

2.工作效率：

67%×（15÷8）＝125.6%

3.查艾默生效率獎金比率表，可求得獎金率為45.6%，然後代入艾默生效率獎工制計算公式，可求得該員當日得到的工資為：

E＝e（TR）＋P（TR）

＝125.6%×（8×160）＋0.456×（8×160）

＝1607.68＋538.68＝2191.36（元）

四、海爾賽獎工制

海爾賽獎工制係加拿大籍弗雷德里克・海爾賽（Frederick A. Halsey）所創立。他原在加拿大的謝布克（Sherbrooke）地區擔任一家機械公司的經理，在實際管理與經驗過程中研究改進的結果，由於試行頗具成效，故爲後人所採用，也可說是一種計時與計件的混合制，其目的在鼓勵員工增加速度，以節省的工作時間作爲獎工計算的基礎（給予節省工作時間之5%工資率作爲獎金），並有保障員工之最低工資。

表8-6　海爾賽獎工制優缺點對照表

優點	缺點
・標準工作時間大多係以過去的平均時間為準，易於採行，且對員工有最低薪資保障。 ・員工對節省之時間雖未工作，仍可得獎金，可鼓勵他們努力工作。 ・工作效率的提高，時間的節省，勞資雙方共蒙其利。	・標準時間依過去的紀錄或經驗，而非以科學方法訂定，難易程度彼此不同，可靠性成問題。 ・勞資共享節省時間的利益，計算上難取得公平合理。 ・因獎金按個別工作計算，則狡詰者可對某一項工作全力以赴，以期獲得獎金，而對他項工作則懈怠敷衍，易造成投機心理。

資料來源：丁志達主講（2012）。「薪酬福利規劃與管理實務訓諫班」講義。台灣科學工業園區科學工業同業公會編印。

(一)制度的要點

1.根據過去的工作經驗，訂定工作的標準時間。員工能在標準時間內超過標準完成工作，按其所結餘時間的多少給予獎金，否則，仍按其實際工作時間的長短給予工資。

2.獎金的數額，依節省時間的二分之一計算（50-50獎金制）。

3.獎金的給予，對不同的工作分別計算。

4.以日給工資保證最低工資。

(二)計算公式

E（工作在標準以下）＝TR

E（工作在標準以上）＝TR＋P（S－T）R或

E（工作在標準以上）＝TR＋50%×（S－T）R

(三)範例

某一工人工資率爲25元／小時，預計做4小時可完成工作，但他在3小時內完成了工作，獎金率爲50%，則他的收入（工資與獎金）是：

E（收入）＝3（T）×25（R）＋0.5（P）×｛4（S）－3（T）｝×25（R）＝87.5（元）

五、羅文獎工制

羅文獎工制是蘇格蘭籍詹姆斯·羅文（James Rowan）所創立，爲海爾賽獎工制之修正而成。規定標準工時與保障計時工資都和海爾賽氏相同，只是獎金是以節省時間占標準工作時間之百分比來計算，故有獎金自行控制之特點。

(一)制度的要點

1.其標準時間爲過去工作時間的平均數，員工無法於標準時間內完成工作者，仍保障其計時薪資。

2.獎金之多寡，隨其所節省時間與標準工作時間之比例增加。

3.無論標準時間如何，員工不能獲得兩倍於其計時制之薪資。

4.獎金金額隨節省時間越大成反比例減少。

(二)計算公式

E（工作在標準以下）＝TR

E（工作在標準以上）＝TR＋〔（S－T）÷S〕TR

(三)範例

某一工人完成工作的實際時間爲6小時，標準時間爲8小時，每小時的工資率爲20元，那麼該工人的工資是：

E＝6×20＋〔（8－6）÷8〕×6×20＝150元

從羅文獎工制之計算公式，可知（S－T）÷S恆小於1，隨著時間節省越多，其獎金比例愈小。是故，羅文獎工制之設立，旨在激勵未熟練工，並防止熟練工的過度高額獎金。

六、百分之百獎工制

百分之百獎工制（100 Percent Premium Plan）又稱爲直線計件制（Straight Piece Work System），它與海爾賽獎工制與羅文獎工制相類似，所不同者在於員工所得的獎金，則以節省時間價值的全部來計算。

表8-7　百分之百獎工制優缺點對照表

優點	缺點
・計算簡便。 ・有最低薪資保障。 ・節省時間可享受百分之百的獎金，具有很高的激勵作用。	・訂定工作標準必須運用時間研究與工作抽樣等科學方法計算較麻煩。 ・工作流程未達標準的工廠，不宜輕率的採用。

資料來源：丁志達主講（2012）。「薪酬福利規劃與管理實務訓誎班」講義。台灣科學工業園區科學工業同業公會編印。

(一)制度的要點

1.根據時間研究來決定每小時的作業標準，而工資係依時間來決定。

2.員工所得的獎金係以節省時間價值的全部來計算。

(二)計算公式

E（工作在標準以下）＝TR

E（工作在標準以上）＝TR＋（S－T）R×100%

(三)範例

如某工人工資率爲150元／小時，該日工作時間爲8小時，該日此員工完成某零件60件，而該零件的標準工時爲每件0.15小時，依照百分之百獎工制計算，該員工的當日工資爲：

E＝TR＋（S－T）R×100%
＝8（小時）×150（元）＋（0.15×60－8）×150（元）×100%
＝1,350（元）

七、盧克計畫

盧克計畫（Rucker Plan）在原理上與史堪隆計畫（Scanlon Plan）相當，但計算方式要複雜得多。盧克計畫的基本假設是，工人的工資總額保持在工業生產總值的一個固定水平上。盧克主張，研究公司過去幾年的紀錄，以其中工資總額占生產價值的比例作爲標準比例，以確定獎金的數目。

計算方法是計算每元工資占生產價值的比例，例如：每生產1美元的產品，花費成本包括：

電力、物料及消耗品 0.6元

每元增值0.4元

在每元增值中，勞工成本爲0.2元，那麼勞工成本在增值部分的比例就是50%，則經濟生產力指數（EPI）＝1÷0.5＝2

預期生產價值是經濟生產力指數與勞工成本之積。如果我們設預期生產價值爲200,000，實際生產價值（280,000）超過了預期生產價值，則說明出現了節約額。節約額的公式如下：

節約額＝實際生產價值－預期生產價值
＝280,000－200,000
＝80,000

工人對於價值的貢獻率爲50%，因而獎勵應當按照增值比例進行計算，應得金額爲：80,000×50%＝40,000。

獎金分配給各別員工時，也按其工資與工作時數進行分配，把75%給工人，25%留給公司作儲備金（徐成德、陳達編著，2001：169-181）。

八、佣金制

佣金制，主要用於銷售領域人員的獎酬，具有使報酬與績效產生直接關聯的優點，但其缺點就是有些超過員工控制範圍的事物會對銷售產生逆向影響，例如：某個產品可能會因一項技術上的突破，而使其在一夜之間被其他新產品取代。

佣金制的計算類別有：

1.收入＝每一件產品單價×提成比率×銷售件數
2.收入＝底薪＋（銷售產品數×單價×提成比率）
3.收入＝（銷售產品數×單價×提成比率）－（定額產品數×單價×提成比率）

九、其他獎金制

全勤獎金、效率獎金、品質獎金、減少浪費獎金和防止災害獎金均是獎工制度的一環。

1.全勤獎金：凡員工在一定時間期內，既未請假，又無遲到、早退現象，可給予若干全勤獎金（勤勞獎金）。
2.效率獎金：凡員工工作效率達到或超過一定標準時，可給予若干效率獎金，至於獎金之多寡，得按效率之高低核算之。
3.品質獎金：凡員工出品的品質達到或超過一定標準時，可給予若干品質獎金。其獎金之多寡，一般企業常按出品不良率之多寡計算。
4.減少浪費獎金：凡員工減少浪費達到或超過一定限額時，可按其減少浪費之多寡，給予金額不等之獎金。
5.防止災害獎金：凡員工擔任較有危險性之工作，而在一定期間內從

未發生災害者，可給予若干獎金。（李潤中，1998：156）

第三節　史堪隆計畫

管理學中最重要的權益分享計畫是史堪隆計畫（Scanlon Plan），在1937年由美國鋼鐵工人聯合會副總裁約瑟夫・史堪隆（Joseph Scanlon）提出的一項勞資合作計畫，其要點是，如果雇主能夠使大蕭條期間倒閉的工廠重新開工，工會就同意與公司一起組成生產委員會，努力降低生產成本，是一「利益分享」（gain sharing）的概念。

史堪隆計畫的目的，是減少勞工成本而不影響公司的正常運轉，使組織的目標和員工的目標同步化。獎勵主要是根據員工的工資（成本）與企業的銷售收入的比例，激勵員工增加生產，以降低成本。經驗表明，史堪隆計畫的成敗並不取決於公司的規模或者技術類型，而是取決於員工參與計畫的程度和公司管理層的態度是否積極（張一馳編著，1999：276）。

一、降低成本利益的分享

史堪隆計畫並非一項公式，也並非一項方案，也不是一套程序，基本上，這是產業生活的一種方式，可說是一項管理的哲學思想，其所依據

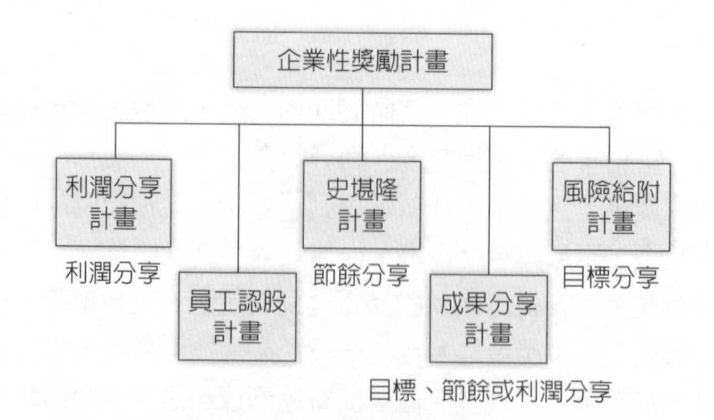

圖8-2　企業性獎勵計畫

資料來源：鄧誠中、紀麗秋編著（2019）。《薪資管理》，頁132。國匠科技。

表8-8　X理論與Y理論

X理論	Y理論
·員工內心基本上都厭惡工作，在允許的情況下，都會設法逃避工作。 ·因為員工不喜歡工作，因此必須以懲罰的方式來強迫、控制或威脅他們朝向組織目標工作。 ·員工會逃避職責，並盡可能聽命行事。 ·大多數員工視工作保障為第一優先，並無雄心大志。	·員工會把工作視為同休息或遊戲一般自然。 ·當員工認同於工作中的任務時，他們會自我督促與自我控制。 ·一般員工會學習承擔職責，甚至主動尋求承擔職責。 ·創新能力普遍分散在所有員工身上，而不是只有管理人員才有此能力。

資料來源：道格拉斯·麥格雷戈（Douglas McGregor）／引自：戚樹誠（2007）。《組織行爲》，頁108。雙葉書廊出版。

的幾項假定與「理論Y」完全吻合（員工是願意工作的，並期望自己做得出色，也從工作中獲得滿足感）。但史堪隆計畫與目標設定不同，其不同之點，乃在史堪隆計畫是運用於整個組織，而非僅應用於主管與部屬的關係，或規模較小的群體。

史堪隆計畫的一大特色，是一套關於組織績效改善後所獲得的經濟利益如何分享的措施，但是這絕不是我們通常所謂的「利潤分享」的制度，而是一種降低成本利益分享的獨特制度。建立此項制度後，絕不能取代我們原有的薪資制度，它是建立在薪資制度的上層的一種制度；它的第二大特色，是組成一系列的委員會，藉以對組織中任何人所想到的足以改善營運比率的方法作一討論和審查，並對其中認爲有價值的可行方法付諸實施。1944年，史堪隆又進一步完善了這一計畫，提出用工資總額與銷售總額的比例來衡量工作績效（許是祥譯，1988：142-195）。

史堪隆計畫的要點包括：(1)工資總額與銷售總額的比例；(2)與降低成本相聯繫的獎金；(3)生產委員會；(4)審查委員會等四個方面。

二、史堪隆計畫之內容

史堪隆計畫之勞動成本生產力，是以過去二年至五年之內正常或接近正常的生產勞動成本（工資成本）爲基準。當勞動生產力基準決定後，可採用該項勞動成本對營業額（商品產值）的百分比率作爲度量，然後每

月做一次評估，如有盈餘，則由公司與員工分享，大部分成本結餘中，員工分享75%，而公司分享25%。在史堪隆計畫下所有節省的成本是支付給所有的員工，而不是僅支付給那個提出建議的人。有些公司發現，定期地檢討並將發生的任何改變列爲考量，再據此修正公司的史堪隆計畫，對組織很有助益。公司分享較少的原因是，公司另可享有勞力成本效益提高之下，較少的廢料以及較佳的工具和設備使用方法等方面的獲益。

(一)計算公式

員工獎金＝節約成本×75%
＝（標準工資成本－實際工資成本）×75%
＝〔（商品產值×工資成本占商品產值百分比）－實際工資成本〕×75%

其中，工資成本占商品產值的百分比由過去的統計資料得出。

(二)範例

某公司去年商品產值爲10,000,000元，總工資額爲4,000,000元，目前的商品產值爲950,000元，那麼：

標準工資成本爲950,000×（4,000,000÷ 10,000,000）＝380,000
實際工資成本只有330,000（假設值）
節約成本＝380,000－330,000＝50,000
員工獎金＝50,000× 0.75＝37,500
其餘的25%，則爲企業預留的儲備金，以供日後的需要。

第四節　團體獎勵計畫

由於近年來自動化程度提高，以及生產方式的改變，團體性獎勵的運用愈來愈受到重視，因許多工作的個人績效已無法單獨衡量，必須以團體或部門績效爲衡量基準，例如發電廠每月的發電量及發電成本，就很難明確切割至個別員工。其次，團體性獎勵可以鼓勵員工彼此間相互合作，

範例8-1

史堪隆計畫獎金核計方法

	單位：千元
銷售額	$ 92,000
存貨增加或減少	10,000
產量（以售價計）	$102,000
減：銷貨退回及折讓	2,000
調整後之產量	$100,000
認定之勞動成本	30,000
減：實際勞動成本	25,000
節餘或盈餘	$ 5,000
減：準備金	500
可分配金額	$ 4,500
公司分享——25%	$ 1,125
員工分享——75%	3,375
所納入薪資總額（刪除新進人員、帶薪假等項目）	$ 22,500

獎金：$3,375÷$22,500＝15%（以此占每月薪資之比例發放給員工）

資料來源：羅業勤（1996）。《獎工計畫——理論與實務》，頁4-22。自印。

特別適用於彼此工作高度關聯的任務小組。第三，可發揮群體規範的力量，透過同儕壓力來促使那些原本績效落後的員工也能迎頭趕上（諸承明，2007：183）。

IBM是需要「高績效」人才，在IBM的「高績效」文化中，主要包括三個方面：第一個叫「win」（必勝的決心），第二個是「execution」（又快又好的執行力），第三個是「 team」（團隊精神）（黃海珍，2006：49）。

團隊獎勵計畫（Group Incentives Plan）可以促進團隊內各成員之間的合作精神，也可以利用團隊壓力，防止及減少個別員工的工作標準不一致的情況。集體統一計算獎勵，還可以節省不少行政費用和時間。團隊精神包括與同事相處的情形、是否具備樂於助人的熱心態度；與同事協同合作的意願與成果；以及最緊要的是對組織的認同程度。目前台灣高科技公司普遍採行的員工分紅制度，可算是最具代表性的公司整體性獎勵計畫。至

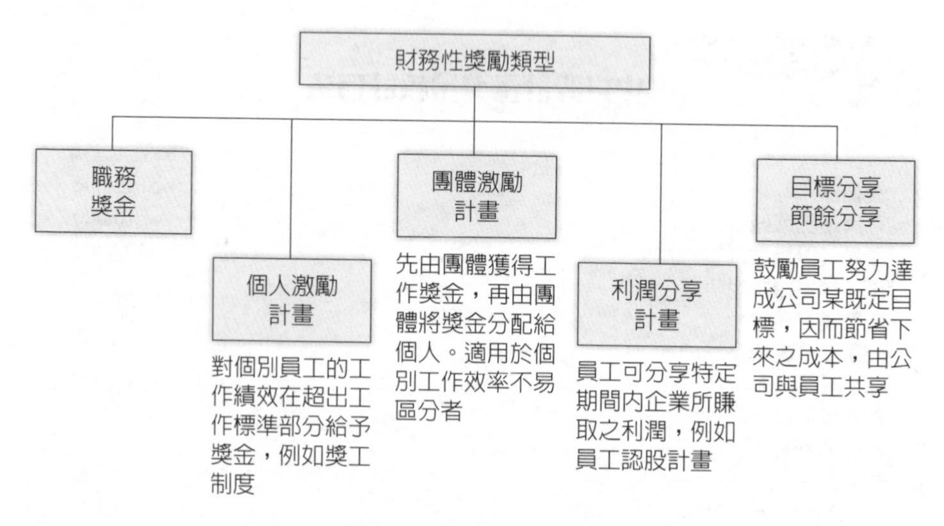

圖8-3　財務性激勵類型

資料來源：鄧誠中、紀麗秋編著（2019）。《薪資管理》，頁128。國匠科技。

於史堪隆計畫是歷史悠久也最負盛名的全面性獎勵計畫。

團體獎勵計畫主要有兩種，一種是節約成本爲基礎（例如現收現付制）；另一種以分享利益爲基礎（例如史堪隆計畫）。

以節約成本額爲基礎的獎勵制度，能夠使員工努力提高效率，減少工時，節省原料，然後從員工的節約中獲得獎金。以分享利益爲基礎的獎勵制度目的是將企業的部分利益，分給全體員工，以激發員工付出更大努力與最佳的合作精神。例如：康明斯引擎公司（Cummins Engine）是世界最大的柴油引擎製造商，爲了改善績效設計出一套差異報酬方案，一方面可以鼓勵個人提升績效，一方面又可以鼓勵整體工廠改善績效。這個報酬制度是以安全事故的發生率、準時交運記錄、每人每日生產力、支出占總預算率等數字來計算團隊報酬。此外，公司還有兩項要求：顧客對產品的接受率必須達到99.5%以上，以及所需花費必須要從該方案所創造的利益來支出。這個方案實施後，康明斯引擎公司的營收明顯增加，成本降低，生產力提升了。可見適當的報酬方案，可以幫助企業達到很大的效果，對於提升績效有很大的貢獻（EMBA世界經理文摘編輯部，2000：128-131）。

各類獎金發放管理準則

第一節　總則

第一條（目的）

為激發本公司員工之工作潛能，提高工作效率，提升工作品質，藉以發揮整體經營績效，特定訂本準則。

第二條（適用對象）

本公司正式編制員工均適用之。

第三條（權責劃分）

本公司獎金管理之功能單位為人力資源處。由人力資源處於辦理獎金發放作業時，簽報總經理核定各類獎金發放幅度。

個別員工之獎金發放作業，由各單位主管提出建議，送人力資源處初審、彙整後，呈總經理核定。

第四條（經費來源）

獎金經費來源，以公司當年度經營績效決定之。

第五條（獎金計算基礎）

本公司員工各項獎金發放，一律以發放當月之「本薪」（含主管職務加給）為計算之依據。

第六條（獎金項目）

獎金項目分為工作獎金、績效獎金和考核獎金三類。

第二節　工作獎金

第七條（工作獎金衡量因素）

本公司員工工作獎金，應由各級主管衡量其年度對公司的貢獻程度、個人勤惰及獎懲情況擬定後呈核。

第八條（工作獎金發放計算期間）

自當年一月一日至十二月三十一日止，服務滿一年者發給一個月薪給，未滿一年者得按比例發給。

第九條（工作獎金發放增減標準）

一、員工全勤及請事、病假者，其工作獎金依下列比例增減之：

1.當年度內全勤者，照應發工作獎金金額增加百分之十。

2.當年度請事、病假者，按其請假日數比例減發工作獎金。

3.員工因工作不力、表現欠佳，以致年度內考核丙等者，則不予核發工作獎金。

二、員工在當年度內曾受獎勵或處分者，其工作獎金依下列比例增減之：

1.嘉獎一次增發其工作獎金百分之二；記功一次增發工作獎金百分之六；記大功一次增發工作獎金百分之十八。

2.申誡一次減發工作獎金百分之二；記過一次減發工作獎金百分之六；記大過一次減發工作獎金百分之十八。

第三節　績效獎金

第十條（績效獎金衡量因素）

員工績效獎金由員工績效考核結果以及單位評等結果之衡量因素為依據。

第十一條（單位等級考核分配）

依據本公司企劃部門在年度內對各單位考核結果的資料為依據。

第十二條（績效獎金發放標準）

員工績效獎金發放，先從獎金總額中依單位等級考核結果分配至各單位，再由各單位所分配之獎金額度依員工績效考核結果分配至各員工，其公式如下：

一、單位分配獎金額度公式

單位分配獎金額度＝績效獎金總額×〔（該單位之單位等級考核係數×該單位月薪給總額）÷（各單位之等級考核係數×各單位月薪給總額）〕

二、單位等級考核係數

單位等級考核係數	營業單位	管理單位
一等單位	1.2	1.2
二等單位	1	0.95
三等單位	0.8	

三、員工分配獎金額度公式

員工分配獎金額度＝該單位績效獎金總額×〔（員工績效考核係數×個人月薪給）÷（該單位員工績效考核係數×個人月薪給）〕

四、員工績效考核係數

績效考核等級	優等	甲等	乙等	丙等
績效考核係數	1.2	1	0.8	0

第四節　考核獎金

第十三條（考核獎金預算）

公司提撥年終考核獎金總額係以全公司員工「月本薪（含主管職務加給）」的一個月總額做預算，再依個人績效等第核給之。

第十四條（發給考核獎金方式）

公司依照年終考核結果發給員工考核獎金，其計算公式如下：

一、考核獎金係數：

考核等第	優等	甲等	乙等	丙等
係數	1.2	1	0.8	0

二、個人考核獎金計算公式：

個人考核獎金＝考核獎金總額×個人獎金係數×個人月薪給／Σ（全行個人獎金係數×個人月薪給）

第五節　附則

第十五條（附則）

本準則經總經理核定報奉董事會（常董會）核備後施行，修正時亦同。

資料來源：丁志達主講（2021）。「薪資管理與設計實務講座班」講義。財團法人中華工商研究院編印。

第五節　年終獎金制度規劃

獎金的目的在激起員工的工作熱忱，爲公司的業績和利潤提供貢獻。從薪資管理學的角度探討，年終獎金應是屬於企業非經常性的支付項目，亦就是企業可以依照當年度實際營運狀況，提撥部分盈餘作爲當年度企業感謝員工一年努力的貢獻，這項輔助獎金若是在企業營運正常運作，具有激勵員工趨向正面發展的工作態度，日常工作事務員工發揮個人潛能，具有教導、誘因激勵效果（鄭榮郎，2002：101-103）。

管理者雖然都知道年終獎金的發放並非激勵員工的唯一途徑，但是年終獎金一旦決定發放，它的公正性還是比獎金的多少更來得重要，任何企業在制定年終獎金的發放政策時，都要考慮同業的發放標準和本身的經營績效，否則不足以留住人才，更何況年節一過，就是一年一度各行各業「招兵買馬」的旺季。

一、年終獎金的意義

年終獎金有兩種意義，第一種爲員工一年辛勤，不管功勞、苦勞，統統有獎，最典型的行業就是外商投資的企業、部分高科技產業，年終獎金形成制度化，無論營運業績好壞，只要員工當年度在企業服務滿一年，每年固定給予一個月或二個月年終獎金（或七月、一月各發一個月）；另一種是論功行賞，年終獎金的多寡，按一年來的工作表現以及營業績效作決定，爲國內一般行業所採用。

二、年終獎金發放的原則

年終獎金的發放，有下列兩點基本原則：

(一)營運透明原則

企業訂定年終考績標準時，一方面要顧及企業的財務負擔能力，但更要考慮該項給付標準能否滿足員工一年來的貢獻，否則員工挫折感會因而產生。

(二)基準標準原則

標準化年終獎金制度必須對人員績效考核、年終獎金的計算方式有明確及公平的標準，並爲所有員工所瞭解與接受，才能達到公平的原則。

這幾年來，外商來台投資的企業與科學園區內的大部分廠家，年終獎金紛紛採用「雙軌制」，除了固定不按個人考績發給年終獎金外，另外以企業當年度營業業績爲前提，有「賺錢」時，提出部分「利潤」」按個人績效的考核等第，發給不同等級與金額的「績效獎金」（或特別獎金），當年度「無利潤」時，則不發給。

由於經營環境的瞬息萬變，企業每年的利潤難於掌握，有些企業年終獎金的發放，比照「平均股利」的模式，也就是採用平均年終獎金的方式，景氣好、獲利高時，員工年終獎金部分提列保留，留待將來發放，不但可維持每年發放的比例，還可鼓勵員工繼續留在公司努力，不失爲上策。

年終獎金核發辦法

○○年○○月○○日第○○屆○○次董事會議修正通過

一、為激勵從業人員士氣，發揮工作潛能，降低成本，促進年度營利目標之達成，特訂定本辦法。

二、年終獎金之核發，以公司該年度未提撥年終獎金前結算有盈餘為前提，並於提撥後不得發生虧損。其提撥標準如下：

(一)年度結算營業利益達成預算目標達95%至100%時，提撥1個月薪資總額；達成85%未達95%時，提撥0.5個月薪資總額；未達85%時，不得提撥年終獎金。

(二)超過營業利益預算目標100%時，另自超過營業利益預算目標部分提撥20%，作為年終獎金。

三、核發對象：核算年終獎金年度十二月底仍在職之人員始得發給。服務未滿一年人員按全年工作月數比例計算，未滿一個月以一個月計，特准病假人員比照辦理。

四、年終獎金總額分配方式：

(一)達成營業利益目標提撥之獎金作為一般發給，按全體人員薪資比例平均分配。

(二)超過營業利益目標提撥之獎金，另按個人（含副總經理、總經理、董事長）年度考核結果及主管職位責任輕重分配如下：

1.個人獎金：單位獎金按各單位（指總管理處或各廠）人員薪資比例分配後，再按下列公式計算：

個人獎金＝單位獎金×（個人權數÷Σ單位人權數）

個人權數＝個人考核係數×個人職位係數×個人月薪

個人考核係數對照表

年度考核	優等	良等	甲等	乙等	丙等
考核係數	1.2	1.1	1	0.9	0

個人職位係數對照表

職位	總經理	副總	一級（正副）主管	二級、三級主管	其餘人員
職位係數	1.4	1.3	1.2	1.1	1

2.副總經理、總經理、董事長因平時未發給績效獎金，另按各廠月績效獎金年度累計實績最高發給月數發給獎金。

五、年終獎金以當年度十二月份薪資為計算基準核發。

六、本辦法經提報董事會核定後實施，修正時亦同。

資料來源：莊智英（2002）。〈有效激勵制度塑造優質企業文化〉。《台肥月刊》，第43卷第2期（2002/02），頁11-12。

範例8-4

台塑集團2010～2022年度發放年終獎金概況

年度	平均每股稅前盈餘/元	年終獎金＋慰勉金
2010	6.64	6.01個月＋1萬元慰勉金
2011	4.44	4.74個月＋5千元慰勉金
2012	1.04	2.83個月＋5千元慰勉金
2013	3.66	4.24個月＋1萬元慰勉金
2014	2.36	4.1個月＋5千元慰勉金（新制實施）
2015	5.33	6個月
2016	7.84	6個月（上限）＋1.4萬元勤勉金
2017	9.00	6個月（上限）＋2.2萬元勤勉金
2018	5.21	5.83月＋1.5萬元勤勉金
2019	4.84	4.94月+2萬元勤勉金（新制修訂）
2020	2.70	3.66月
2021	9.25	7個月（上限）
2022	3.37	4.06個月
說明：台塑企業四大公司（台塑、南亞、台化、塑化）年終獎金計算原則，是以四大公司平均稅前每股盈餘4.1元核發4.5個月本薪為基準，EPS每增（減）1元，加（減）發年終0.6個月本薪，上限7個月本薪，下限3個月本薪。		

資料來源：丁志達（2023/02）。

結　語

被心理學家稱之爲「外部激勵因素」（extrinsic motivators）的獎勵措施，並不會改變可左右人類行爲的態度。獎勵並不能促成人們長期「承諾」投入任何價值或行動，而僅能暫時改變人們的作爲。

獎工制度若要實施成功，首先必須在獎金的計算與給付公式要合理且可行，並且讓員工充分瞭解其公式內容，在執行過程中，公司和員工之間要能互信，獎酬與績效相關資訊要正確客觀，公司定期評估獎工制度的適用性，尤其是經營方式改變或環境變遷時，要能及時修訂制度。另外，公司爲有效實施獎工制度應避免延遲發放獎金或發放獎金的時間相隔太長。

第九章　專業人員薪酬管理

- 高階經理人薪酬管理
- 主管人員薪酬管理
- 科技人員薪酬管理
- 業務人員薪酬管理
- 派駐海外人員薪酬管理
- 結　語

要讓一個人保持忠誠的最好方法，就是讓他的荷包不慮匱乏。

——愛爾蘭俗諺

故事：各有專長

有一位喝了不少墨水的紳士要過一條河，當他坐上渡船後，與船主進行了這麼一段話：

紳士問：你懂數學嗎？

船主說：不懂。

紳士問：那你三分之一的生命沒有意義的。那麼你知道歷史嗎？

船主說：不知道。

紳士：唉！你生命的一半是白過的。那你懂詩歌和音樂嗎？

船主說：不懂。

紳士：那你虛度了大部分美好的年華。最後我還想問你懂得哲學嗎？

船主說：我真的什麼也不懂。

紳士問：那你就等於失去90%的生命。

就在這時候，一陣風吹翻了小船，兩人都掉進了河裡。

船主大聲問到：你會游泳嗎？

紳士答道：不會。

船主說：這下你將失去整個生命。

小啟示：《張忠謀自傳》（上冊）記載：「人生的轉捩點，有時是這麼的不可預期，機械科系畢業的我，因為和福特汽車公司講薪水不成，弄巧成拙，自己有點惱羞成怒，選擇了另外一門行業，竟為我和半導體結下一生的緣。」

資料來源：丁志達整理。

隨著經濟全球化進程的加快，企業面臨的市場壓力和風險無處不在，機遇和挑戰並存，專業人員的合理報酬給付，是企業吸引人才，降低經營風險的有效途徑。

表9-1　人才競爭市場上各種職位組別的特徵

職位組別	主要人才競爭市場	次要人才競爭市場	相關市場行情
資深／最高階層管理者	・相同的或可相互比較的行業 ・相同規模或可相互比較的規模	・國內的 ・國際的	・薪資 ・獎金 ・其他短期激勵 ・規模和範圍的資料，如銷售額、直接管理的員工人數、資產規模等 ・變動薪資目標 ・長期激勵 ・額外福利 ・津貼 ・呈報的部門
中階管理者	・相同的或可相互比較的行業 ・相同規模或可相互比較的規模	・國內的 ・國際的	・薪資 ・獎金 ・其他短期激勵 ・薪資範圍 ・規模和範圍的資料，如銷售額、直接管理的員工人數、資產規模等 ・長期激勵 ・變動薪資目標 ・呈報的部門
基層主管	・相同規模或可相互比較的規模 ・當地的 ・地區性的	相同的或可相互比較的行業	・薪資 ・獎金 ・其他短期激勵 ・薪資範圍 ・管理範圍 ・與被管理員工的薪資差異 ・與輪班人員、中高階層人員等的薪資差異

（續）表9-1　人才競爭市場上各種職位組別的特徵

職位組別	主要人才競爭市場	次要人才競爭市場	相關市場行情
專業人員	·當地的 ·地區性的	·相同的或可相互比較的行業 ·國內的 ·國際的	·薪資 ·獎金 ·其他短期激勵 ·薪資範圍 ·與輪班及中高階層人員等的薪資差異 ·聘僱等級（招募廣告中的等級） ·與畢業後工作年資相關成熟曲線的薪資行情
技術人員	當地的	·一般性行業 ·相同的或可相互比較的行業	·薪資 ·獎金 ·其他短期激勵 ·薪資範圍，單一等級或薪級 ·聘僱等級 ·與輪班、中高層人員等的薪資差異 ·其他的薪資給付系統，如大額加薪
行政助理人員	當地的	·一般性行業 ·相同行業或可相互比較的行業	·薪資 ·獎金 ·其他短期激勵 ·薪資範圍，單一等級或薪級 ·聘僱等級 ·成熟曲線行情
非技術人員／半技術人員	當地的	一般性行業	·薪資 ·獎金 ·其他短期激勵 ·薪資範圍，單一等級或薪級 ·聘僱等級 ·其他的薪資給付系統，如大額加薪

資料來源：惠悅企管顧問公司。

第一節　高階經理人薪酬管理

高階經理人（Chief of Executive Officer, CEO，經營者）位居企業最高的管理職位，一般而言，他們的薪酬所得往往是占組織薪酬支出費用總

考慮因素
企業本身的性質： ・規模大小 ・行業性質 ・本企業在行業的位次 ・盈利的總體狀況等
影響企業經濟效益的外部因素： ・行業環境 ・經濟環境 ・競爭環境 ・政府行為（如行政管制與優惠、非自然壟斷等）
經理市場的形成情況： ・同行業經理人員的收入水平 ・其他行業經理人員的收入水平 ・企業所在地區的收入水平 ・企業職工的平均收入水平 ・企業前任經理的收入水平等
企業經營成果： ・公司財富保值增值情況 ・主要財務指標等
經營者自身業績： ・經營者的決策能力和管理能力 ・主要財務指標等 ・相關財務指標等
其他考慮

→

報酬方案
構成：基本年薪 風險收入（年度獎金、遠期收入） 報酬的總體水平 風險收入的比重 經營者內部收入的差異 風險收入的支付方式 業績評價的標準與方法 任期內的綜合考慮 處罰條款等

圖9-1　制定經營者報酬計畫的考慮因素

資料來源：中國企業家協會（2001）。《經營者收入分配制度：年薪制、期股期權制設計》，頁50。企業管理出版社。

額中最重要的一部分，而企業之所以會付高薪給領導公司策略方向與經營發展的高階經理人，主要的目的除了希望這些位高權重的經理人能夠發揮長才，爲企業創造更高的價值與成長外，也考慮到高階經理人培植不易，替換成本極其昂貴，甚至也會擔心一旦高階經理人投靠到競爭對手的團隊，對公司經營將會造成某種程度上不利的影響。

高階經理人的薪酬組合，常會出現下列四種給付方式：

一、固定薪和變動薪的分配比率

高階經理人的薪資設計，首先考量固定薪與變動薪的分配。變動薪的設計機制，在於對經理人造成激勵效果，使此種具有激勵效果的分配方式，能夠完全契合經理人風險傾向。在個人薪酬受到公司經營績效影響而變動的情況下，變動薪對於經理人有很大的激勵與風險承擔作用。當薪酬包含固定薪與變動薪兩部分時，經理人一方面必須以保守的態度與管理方式確保公司穩健地營運成長，這樣才可以保障其基本的固定薪收入；另一方面，也必須適度地採取一些較具有風險性的決策作爲，追求企業突破的績效成長，也爲自己爭取更多變動薪收入的部分。

表9-2　高階經理人職責

1.在企業經營的複雜環境中，進行目標規劃、發展方針和經營策略的決策。 2.在複雜的職能部門和經營管理部門的需求中尋找對稀有資源的合理配置。 3.占領各種各樣生產經營活動行為的制高點，能夠辨認分析各種經營失控造成的問題，並即時快捷地加以解決。 4.控制並激勵部屬，處罰他們的不良行為，解決部門間的矛盾衝突等。

資料來源：約翰．科特（John P. Kotter）（1982）。《總經理》（The General Managers）；引自王凌峰編著（2005）。《薪酬設計與管理策略》，頁111-112。中國時代經濟出版社出版。

二、薪酬結構的設計

年薪制，是以高階經理人爲實施對象，以年度爲考核週期，根據高階經理人的業績、難度與風險，合理確定其年度收入的一種薪酬分配制度。一般而言，高階經理人的薪酬可分爲四個部分：本薪、福利、津貼、績效導向的激勵性薪資。

企業大虧　美執行長還加薪

《紐約時報》報導，新冠病毒讓世界陷入經濟危機，造成美國許多企業2021年裁員減薪，但大企業執行長薪酬卻不受影響甚至逆勢成長。波音737MAX客機停飛且業務大跌，大裁三萬人且虧損120億美元（約新台幣3,373億元），執行長戴維·凱爾洪（Dave Calhoun）仍拿到2,110萬美元（約台幣5.9億元）薪酬。

郵輪業因疫情2021年完全停擺，挪威郵輪公司（Norwegian Cruise Line）虧損40億美元，兩成員工休無薪假，執行長弗蘭克·德爾里約（Frank Del Rio）的薪酬卻增逾一倍，達3,600萬美元。薪酬指的是薪水、配股、獎金加上其他福利。

經濟政策研究所統計，美國企業執行長現在薪酬是公司一般員工的320倍，在1989年，這個數字是61倍。

資料來源：陳韋廷報導（2021）。〈裁勞工肥老闆 去年大虧 美執行長還加薪〉。《聯合報》（2021/04/26），國際A10版。

(一)本薪

本薪（基本薪資）具有外部競爭性的涵意，隨著產業性質的不同，其薪資水準也有所差異。本薪的訂定，主要來自於企業內部的薪資報酬委員會（compensation committee）決定的，它通常以內部的經理人工作分析與外部的薪資調查報告來作爲考量的依據。

上市公司的高階主管，受市場投資人所委託，代爲行使企業之經營管理，二者之間共存共榮，但是，經營權與所有權分開的代理關係，其中也有利益衝突與監控的問題，2008年金融海嘯發生，意外引出華爾街的肥貓（fat cat）問題，要求匡正與防堵，薪資報酬委員會乃在此背景下因應產生，逐漸蔚爲趨勢。它成立的原始用意乃在防弊，要擔負起高階主管薪酬制度及實際運作執行的合理性。如要進行薪酬給付合理性評估，其背後就必須要有專業能力者支撐。除了監控，同時還要有建議權。

範例9-2

福特汽車薪酬委員會

薪酬委員會希望福特汽車（Ford Motor）經理人的薪酬在全世界的汽車行業中具有競爭力，同時與其他大型美國公司相比有競爭力。委員會每年檢查一份外部顧問提交的關於福特經理人薪酬項目的報告。該份報告討論了薪酬的各個方面，以及相對於其他大型公司，福特項目的相對地位。在這份報告中，委員會在對薪酬項目的各部分的自主分析，及其對各位經理人的技能、經驗和成就的評價基礎上，決定經理人的薪酬。

薪酬顧問使用一份由該顧問和福特公司選出的幾家領先公司所提供薪酬調查數據，來形成自己的薪酬數據。通用汽車公司和克萊斯勒公司被包括在該項調查中。其他行業中的18家領先公司也被包括在內，是因為經理人的就業市場範圍遠不止於汽車行業。公司的選擇取決於公司規模、聲譽和業務的複雜性。

薪酬委員會在考慮了公司的規模和成功與否，以及調查所涵蓋的工作類型之後，據以決定了經理人的薪酬。福特公司薪酬項目的一個目標是，使本公司的薪酬接近於調查所涉及的公司組群的平均薪酬，並按公司的規模和績效進行調整。

資料來源：朱舟譯（2005）。巴里・格哈特（Barry Gerhart）、薩拉・瑞納什（Sara L. Rynes）著。《薪酬管理——理論、證據與戰略意義》，頁32-33。上海財經大學出版社。

薪資報酬委員會要進行下列方面的評價報告：

1.企業資產經營實績情況。
2.成本收入和利潤分析報告。
3.財務決算報告。
4.審計報告。
5.監事會的意見等。

本薪（固定薪）的決定，是發生在高階經理人實際的績效表現之前時。實證研究發現，大多數的薪資報酬委員會以主要的競爭者爲標竿對象，並且將薪資訂在這些公司裡最高與最低薪之間。

表9-3　薪資報酬委員會設置及其職權（摘錄）

薪資報酬委員會組織規程（第3條）
股票已在證券交易所上市或於證券商營業處所買賣之公司依本法設置薪資報酬委員會者，應訂定薪資報酬委員會組織規程，其內容應至少記載下列事項： 一、薪資報酬委員會之成員組成、人數及任期。 二、薪資報酬委員會之職權。 三、薪資報酬委員會之議事規則。 四、薪資報酬委員會行使職權時，公司應提供之資源。 前項組織規程之訂定，應經董事會決議通過；修正時，亦同。
薪資報酬委員會成員組織（第4條）
薪資報酬委員會成員由董事會決議委任之，其人數不得少於三人，其中一人為召集人。 薪資報酬委員會成員之任期與委任之董事會屆期相同。 薪資報酬委員會之成員因故解任，致人數不足三人者，應自事實發生之即日起算三個月內召開董事會補行委任。 薪資報酬委員會之成員於委任及異動時，公司應於事實發生之即日起算二日內於主管機關指定之資訊申報網站辦理公告申報。
薪資報酬委員會之成員資格（第5條）
薪資報酬委員會之成員，應取得下列專業資格條件之一，並具備五年以上工作經驗： 一、商務、法務、財務、會計或公司業務所需相關科系之公私立大專院校講師以上。 二、法官、檢察官、律師、會計師或其他與公司業務所需之國家考試及格領有證書之專門職業及技術人員。 三、具有商務、法務、財務、會計或公司業務所需之工作經驗。
薪資報酬委員會職權（第7條）
薪資報酬委員會應以善良管理人之注意，忠實履行下列職權，並將所提建議提交董事會討論。但有關監察人薪資報酬建議提交董事會討論，以監察人薪資報酬經公司章程訂明或股東會決議授權董事會辦理者為限： 一、訂定並定期檢討董事、監察人及經理人績效評估與薪資報酬之政策、制度、標準與結構。 二、定期評估並訂定董事、監察人及經理人之薪資報酬。

（續）表9-3　薪資報酬委員會設置及其職權（摘錄）

薪資報酬委員會設置及其職權（摘錄）
薪資報酬委員會履行前項職權時，應依下列原則為之： 一、董事、監察人及經理人之績效評估及薪資報酬應參考同業通常水準支給情形，並考量與個人表現、公司經營績效及未來風險之關連合理性。 二、不應引導董事及經理人為追求薪資報酬而從事逾越公司風險胃納之行為。 三、針對董事及高階經理人短期績效發放紅利之比例及部分變動薪資報酬支付時間應考量行業特性及公司業務性質予以決定。 前二項所稱之薪資報酬，包括現金報酬、認股權、分紅入股、退休福利或離職給付、各項津貼及其他具有實質獎勵之措施；其範疇應與公開發行公司年報應行記載事項準則中有關董事、監察人及經理人酬金一致。 董事會討論薪資報酬委員會之建議時，應綜合考量薪資報酬之數額、支付方式及公司未來風險等事項。 董事會不採納或修正薪資報酬委員會之建議，應由全體董事三分之二以上出席，及出席董事過半數之同意行之，並於決議中依前項綜合考量及具體說明通過之薪資報酬有無優於薪資報酬委員會之建議。 董事會通過之薪資報酬如優於薪資報酬委員會之建議，除應就差異情形及原因於董事會議事錄載明外，並應於董事會通過之即日起算二日內於主管機關指定之資訊申報網站辦理公告申報。 子公司之董事及經理人薪資報酬事項如依子公司分層負責決行事項須經母公司董事會核定者，應先請母公司之薪資報酬委員會提出建議後，再提交董事會討論。

資料來源：《股票上市或於證券商營業處所買賣公司薪資報酬委員會設置及行使職權辦法》（修正日期：民國109年01月15日）。

(二)福利

高階經理人的福利，一般包含提供房舍、轎車（含司機）、子女就讀國際學校的學雜費補助、年度假期提供度假的開銷費用的報銷帳等。

(三)津貼

津貼是公司提供的另一項給付報酬，諸如在法律、稅法、財務等方面提供私人顧問、喪失或終止職位或委任之賠償金。

(四)績效導向的激勵性薪資

在高階經理人的薪資設計中十分常見績效導向的激勵性薪資，其具有影響高階經理人行為的作用。短期的激勵性質薪資，採用現金形式給付，而長期激勵性質的薪資，多以股票形式給付，其目的在於結合高階經理人與其他所有權人之利益取向，以激勵性報酬的方式間接控制高階經理人的行爲，使之能以組織長期的經營績效爲前提，降低高階經理人爲了自利而危害所有權人利益的可能性。常見的長期激勵性質的薪資，有股票認股權與員工分紅入股制。

三、績效目標與獎酬訂定

實際目標達成率與預期目標達成率目標設定的難易程度，對於高階經理人風險承擔行爲的影響，是在討論目標達成率最被關切的問題之一。在績效薪資制度下，關於變動薪設計的目標設定，必須持續性地隨著公司績效表現而調整，以確認高階經理人的決策方向能爲公司創造利益。

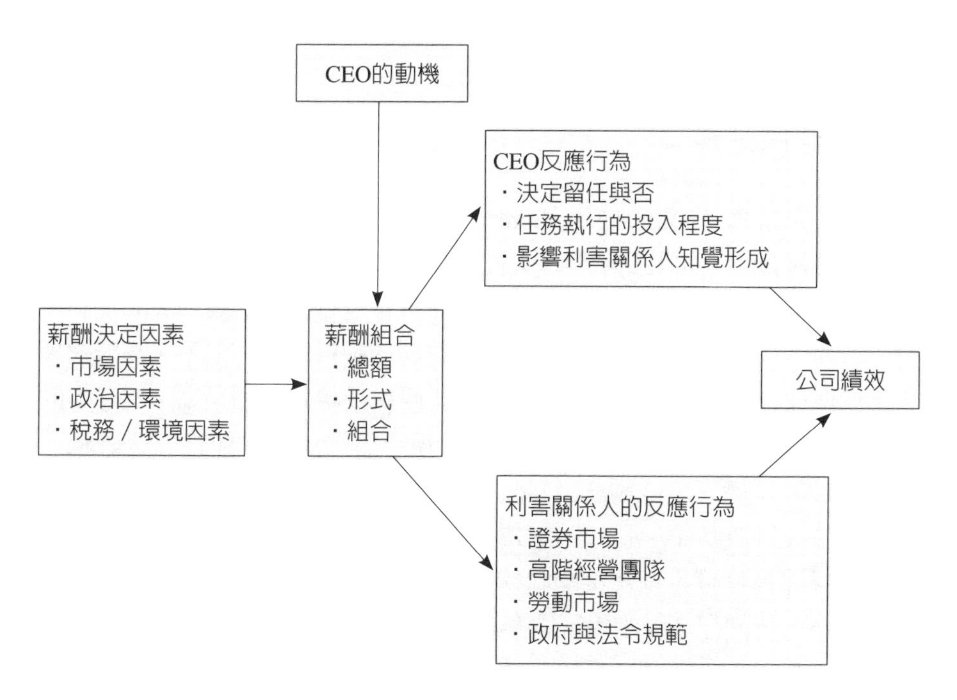

圖9-2　高階經理人（CEO）薪資結構的因果關係

資料來源：Finkelstein, Sidney & Hambrick, Donald C. (1988). "Chief executive compensation: A synthesis and reconciliation." *Strategic Managerial Journal*, 543-558。引自李思瑩（2003）〈高階經理人薪酬決定因素之實證研究〉，頁8。中央大學人力資源管理研究碩士論文。

四、績效評核方式

高階經理人報酬制度實施的前提是績效，這涉及到職責執行情況考核和業績評價方法等問題。研究公司治理的學者長期以來一直在思考著究竟以「會計基準」還是以「市場基準」的績效指標來評核高階經理人的績效。

在會計基準原則下，高階經理人能夠藉由內部會計報表上的操作，如更改費用編列、資產重置、現金流量或其他科目及記帳程序等，提升其績效表現，因而會計基準原則對於高階經理人而言，是較有利益保障的做法；而學者建議採用市場基準原則，因爲市場基準原則具有較強的激勵與監督作用，使高階經理人所追求的利益能夠與所有權人（股東）的利益更趨於一致。

五、金色降落傘

金色降落傘（golden parachutes）係指有一個合同規定，當公司被購併或惡意接管時，如果高階經理人被動失去或主動離開現在職位，他可以獲得一筆離職金。一方面，金色降落傘保證了離職的高階經理人的福利，另一方面，在某些情況下，購併或接管有利於股東權益，但是，高階經理人出於保住自己職位的考慮，會竭力阻止購併或接管。如果高階經理人的薪酬中有「金色降落傘」這一部分，出現上述情況的可能性將會降低。例如，2001年傑克·威爾許（Jack Welch）執行長從奇異（GE）領取高額退職金4億1,700萬美元，包括GE提供每月租金8萬美元的曼哈頓公寓、鄉村俱樂部會員證，以及美國職棒大聯盟（MLB）紅襪隊與國家籃球協會（NBA）紐約洋基隊的貴賓席套票。又如，美國波音公司（The Boeing Company）在2020年1月10日的一份聲明中說，前首席執行官丹尼斯·米倫伯格（Dennis A. Muilenburg）離職可獲得大約6,220萬美元，包括養老金和長期激勵收入等，但沒有離職補償金和2019年獎金。另外，米倫伯格今後有權以每股大約76美元購買近7.3萬股波音股票。波音股價2021年1月10日爲將近330美元。波音新任董事長大衛·卡爾霍恩（David Calhoun）

評估標準
· 公司經營績效
· 公司規模
· 市場力量同儕薪資水準
· 經理人個人特色
· 經理人的角色或職位
公司治理結構
· 股權結構
· 董事會組成
· 薪酬委員會組成
· 市場效率性對公司的控制機制
· 公開揭露的資訊
權變因素
· 公司策略
· 研發投入程度
· 市場成長性
· 需求穩定度
· 產業規範
· 國家文化
· 國家稅務制度

→

高階經理人薪資
· 薪資水準
· 長期性薪資比重
· 薪資與績效的關聯性

圖9-3　高階經理人薪資設計之基本架構

資料來源：Barkema, Harry G. & Gomez-Mejia, Luis R. (1998). "Managerial compensation and firm performance: A general research framework." *Academy of Management Journal*, 41(2).

則在1月13日出任首席執行官。

高階經理人的薪酬給付，通常是由董事會決定，而其薪資結構設計乃依據上述多項決定因素爲考量。一般而言，在風險趨避的假設條件下，高階經理人偏好更高比例的固定薪部分，更高的薪資水準及較低的績效薪資比重，如此可以降低其風險揭露的機率，並保障其固定收益。

第二節　主管人員薪酬管理

主管人員的薪酬制度是經過仔細而均衡地考量各種因素之後，逐步地發展出來的。一項主管人員變動薪計畫，以主管人員自身的經營效果爲

基礎，以其行業中其他主管人員作爲參照，例如：股票認股權（股票期權）是主管人員可變薪的一部分。

根據調查發現，企業一般給最高階主管的薪酬，是根據企業整體財務績效而定；中階管理者則是結合企業績效、市場利率等因素來決定薪資報酬；較低階的主管則採用市場利率、企業內部薪酬分配及個人績效爲薪酬的基礎。通常位階愈高的管理者，其可以獲得的報酬較高，但必須負擔的責任相對較大，而且愈高階的管理者，其報酬所得中有較高的比例是屬於彈性的薪酬（溫金豐等著，2020：312）。

一、設計主管人員薪酬制度考慮因素

設計主管人員薪酬制度時，必須審愼評估可能影響薪酬制度實施效果之所有環境因素。這類因素包括下列三大類：

(一)第一類：有事實或資料爲依據的公司內在因素

這類因素包括：事業的定義與範圍、組織結構的分權程度與決策過程、個別職位設計中的職權問題、策略規劃和目標設定之程序、績效評量的方法，及薪酬管理制度中的各項成份。

(二)第二類：主管的公司內在因素

這類因素所考慮的有：執行薪酬計畫所需的管理魄力、人力資源的計畫和安排，以及管理風格之配合。

(三)第三類：影響公司營運的所有外在因素

這類主要考慮的有：產業環境中競爭者的行動和產業的穩定性，以及政府和社會的行動所構成的政治環境。

企業在開始規劃主管人員的給付薪酬時，應仔細的評估以上各種因素，從這些分析中發展出一種可作爲指標的基準準則，使各項薪酬的因素能均衡的調和在一起。

二、主管人員薪酬制度的組合

在企業經營的不同階段中，主管人員之薪酬需求和型態都有很大的差異。一家剛草創的企業的薪酬，可能極度地偏向長期的誘因，特別是股票認股權而給予較低的薪資；但是一家成長中的企業，則可能著重於年度獎勵計畫，並以較高的薪資來聘請特殊的專才；一家成熟的企業，則可能著重薪資或薪酬制度中的安全因素，如以高薪爲基礎的「退職金」；衰退期的公司行號，則有可能著重在遣散費或薪酬制度中的其他遞延因素上。

設計一套完整的主管人員薪酬給付制度，通常包括下列四種組合而成：

(一)基本薪資

基本薪（本薪）的訂定，必須同時注意兩個原則：內部公平性及外部公平性。內部公平性，藉由工作評價程序或正式的薪資分級體系來確定；外部公平性，藉同業間薪資調查來比較各個職位所支付的薪資而定。

(二)年度或短期的獎金

近年來，對所有的產業而言，很明顯的有朝著年度紅利或獎金計畫發展的趨勢。伴隨而來的另一趨勢，是發展以績效爲基礎的獎金計畫。薪資與紅利的計算需考慮內部與外部的影響因素，再做仔細的斟酌。高紅利多少能彌補一些基本薪資的不足（若紅利高，所彌補的程度自然更大），反過來說，高的薪資對低的紅利而言，何嘗不是另一種平衡的作用。

(三)長期獎勵

股票認股權（ESOPs）是一種長期獎勵，其目的是進一步把主管人員個人利益連在一起。股票認股權雖然有各種形式的計畫，但最典型的股票認股權計畫，是給予主管人員以某一指定日公司股票的市場價或低於當時市場價，購買一定數量股票的認購權利。這種報酬形式，在股票價格上漲時，對手邊有認股權的主管人員特別有吸引力，買低賣高，賺到差價。

(四)福利與額外津貼

主管人員的福利通常比一般員工所得的福利要高一些，因爲這種福利與主管人員的高薪相對應。額外津貼是公司提供給一小部分主要的主管人員的特殊的額外福利，例如：提供停車位、購車補助、俱樂部會員證、高爾夫球證、健康檢查等。無論在何種情況下，評估一套主管人員薪酬制度時，一定要審慎的檢討各項福利或津貼措施在全部福利計畫中是否具有內部效能（組織目標的達成）與內部一致性。此外，還需考慮這些福利措施是否能密切配合各項現金薪酬之元素的搭配及考慮競爭性的做法。

越來越多的企業在設定主管人員薪資、獎金、福利的薪酬水準時，是根據整套的薪酬制度來考慮，而不再視爲四個獨立的計畫（陳明璋總主編，1990：169-183）。

三、股票認股權

股票認股權是一種結合管理階層個人利益與企業長期利益的方式。雖然從理論上講，透過執行主管人員股票認股權制度，主管人員的利益與其他股東的利益保持了一致，但在實際情況中，這種一致性只存在於公司股票價格上漲時，而當股價下跌時，這種一致性就消失了。假設一個股東以每股20元購買該公司股票，當股價下跌到12元一股時，該股東每股便損失8元，但擁有股票認股權的主管人員（假設認股權獲得價爲20元）卻沒有任何損失，因爲他可以選擇不在此時行使該認股權。但不論是大環境或其他不可抗力因素，當企業處於衰退時期，這樣的激勵方式恐怕無法吸引管理者。

從實行主管人員股票認股權的公司本身來看，採用這一制度的目的其實有兩個：激勵主管人員和留住人才。因此，爲了達到激勵主管的目的，許多公司採用了所謂「掉期認股權」的制度。如上例，當股票市價從20元一股下跌到12元時，公司就收回所發行的舊認股權而代之以新認股權，新認股權的售予價爲12元一股。在這種「掉期認股權」工具安排下，當股票市價下跌時，其他股東遭受損失，而主管人員卻能獲利。爲了達到留住人才的目的，許多公司對主管人員股票認股權附加限制條件，一般的做法是，規定在認股權授予後幾年內（通常二年內），主管人員不得行使該認股權，如此一來，當主管人員在上述限制期間內離職，則他會喪失剩餘的認股權，這就是所謂的「金手銬」（經理人的“金手銬”——股票期權，http://finance.sina.com.cn/view/management/2000-04-20/29197.html）。

第三節　科技人員薪酬管理

有關科技人員的工作評價方法比管理人員尤爲困難。科技工作的內涵困難度與重要性常因時、因事而異。在每次的專案工作中，個人所擔任的工作既不相同，其責任之輕重更難以衡量。

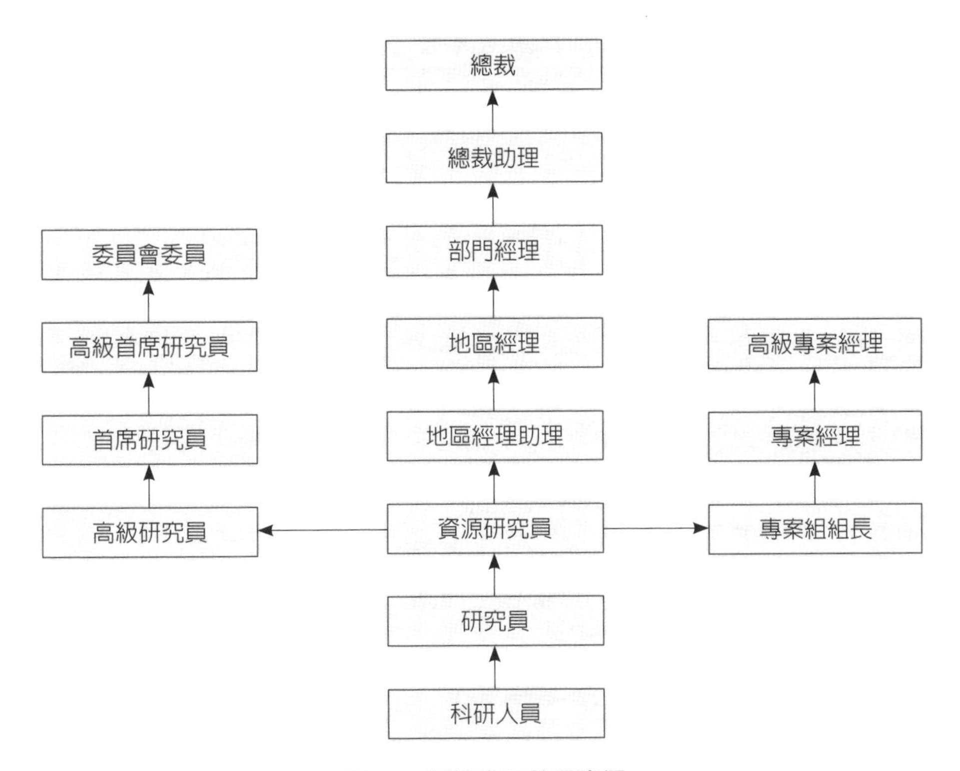

圖9-4　雙梯職涯發展路徑

資料來源：徐芳譯（2001）。Raymond A. Noe著。《雇員培訓與開發》（*Employee Training & Development*），頁257。中國人民大學出版社。

目前對於科技人員的核薪方法大約依照教育程度與年資來訂定，除非「才能」特別傑出，否則只要教育程度與年資相同，其薪資亦大抵相同。一般說來，眞正的加薪都是伴隨升遷或頭銜的改變而來，但科技人員通常因晉升不易，或由於不適任管理工作而根本不能晉升，因此，科技人員另實施一套雙梯職涯發展路徑（dual ladder paths），係指爲解決專業技術人員的職業發展困境，提供一個有效的晉升管理方法，是爲管理（經理）人員和專業研發（技術）人員設計一個平行對等的晉升體系。例如：研發人員可以由助理工程師、工程師、總工程師、工程顧問到高級工程顧問的職銜。

根據蒐集了國內一百四十六家大型企業的實證資料顯示，高科技產業

表9-4　高科技人員對報酬內容的價值定位參考

·與頂尖專家工作的機會 ·對工作決策有相當的自主權 ·優美的工作地點 ·舒適的工作環境 ·在「領先」的公司工作 ·建設性的組織氣氛 ·彈性工作時間 ·提供雙軌個人發展升遷的機會 ·保持領先「同群」的前程機會 ·公開、充分溝通的管理 ·對重要專案能澈底參與 ·提供個人意見充分表達的機會 ·對公司的「將來」扮演重要影響或主導角色 ·為明天而努力，不做重複性及規劃性的工作 ·穩定性的長期專案 ·能對上級充分表達個人需要的機會 ·公司業務不斷轉向擴充發展，以繼續提供新機會 ·公司提供良好休閒設施 ·加薪速度快 ·用不完或沒空用的休假，公司可以提供報酬 ·提供參與多樣專案計畫的機會 ·讓員工可以自由在管理工作與專業工作間來回調動 ·適合家庭的工作環境

資料來源：美國南加州大學李斯敬之研究報告。

激勵獎金占全部薪酬比例較其他產業略高，員工分紅占年度盈餘比率則顯著高於傳統製造業，而平均調薪幅度亦較其他產業顯著爲高。此外，高科技產業在全勤獎金、發明獎金、久任獎金、員工無償配股與員工優惠認股等制度上的實施比例，均較其他產業爲高，而且產業間的差異已達顯著水準（諸承明，2001：99）。

第四節　業務人員薪酬管理

薪酬制度是影響業務人員流動率的最主要因素之一，企業想要留住業務人員，必須給予公平、合理的待遇，讓業務人員辛勞所付出的代價與薪資成正比，然後再給予適當的激勵。

業務人員的變動薪與商業經營目標密切相關，這是一個具有高度風險性和高度可視性（能見度）的薪酬體系，需要不斷地關注和全方位地設計支持。

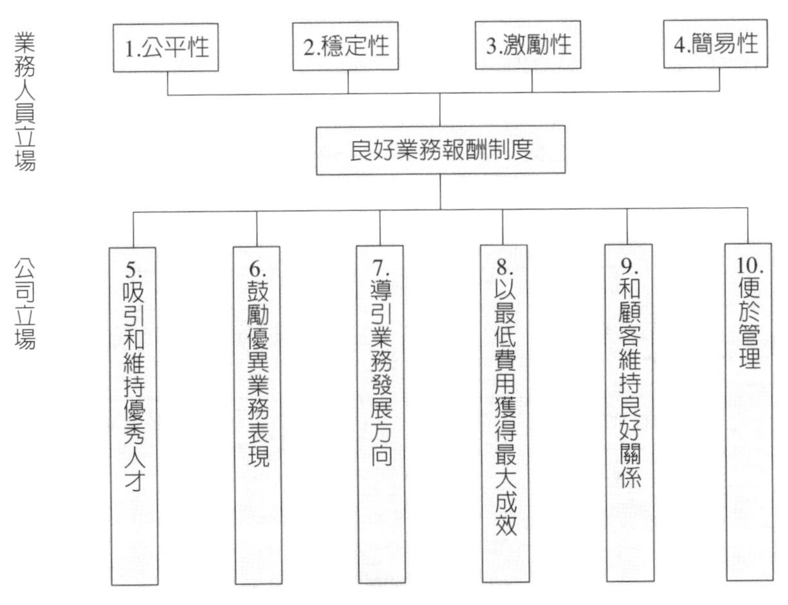

圖9-5　良好業務報酬制度必備要素

資料來源：陳偉航（2002）。《No.1業務主管備忘錄》，頁111。麥格羅・希爾。

一、設計業務人員薪資的原則

設計業務人員的薪資結構時，公司必須確定給予業務人員的薪資在業界具有競爭力，否則人才容易流失，同時發放的獎金目標，至少要讓60%～70%的業務人員都能達到目標，且要與公司的營收掛鉤，產生福禍相依的共存關係。

設計業務人員薪資制度時，需把握下列幾項關鍵原則：

(一)針對職務本身非針對個別業務人員而設計

設計業務人員薪資制度時，公司首先需要考慮這個職務的特性，而不是個別員工的需求，否則，公司得到的只是幾個明星業務人員，而不是一支高效銷售團隊。

(二)遊戲規則不要太複雜

企業衡量業務人員工作表現方法不要過多，否則不容易向業務人員說清楚。如果業務人員不能完全瞭解給薪的規則，他們很難受到激勵，產生努力的動機，使得原有的美意盡失。

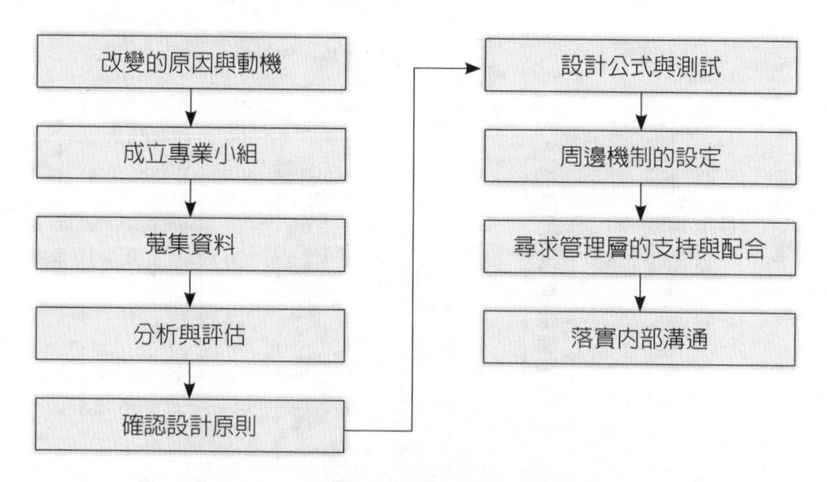

圖9-6　銷售獎金制度變革的推動步驟

資料來源：李彥興（2005）。〈提升銷售獎金效益的三大關鍵〉。《工商時報》（2005/10/21），D3版。

(三)獎勵業務員超過預期的表現

如果企業告訴業務人員當他們達成銷售目標時，可以獲得五萬元的獎金，那麼企業應該準備二至三倍的預算，以適時獎勵業務人員的超水準表現。

(四)考慮淡旺季的因素與業績達成率的關係

設計薪資結構時，必須考慮淡旺季的因素，確實掌握業務人員完成一筆交易所需的時間及精力，給予業務員的薪資才會公平。

(五)佣金給付的合理性

無論佣金是以交易額的比例計算，或是固定的金額，佣金的數目都必須合理。

(六)不要忽略了底薪的重要性

企業的業務屬性不同，適合的薪資結構也不同。衡量的標準原則是，產品越需要業務員的銷售功力才能賣出，薪資就越需要以佣金爲主，以底薪爲輔。

(七)鼓勵業務團隊合作

當一位業務員發揮助攻效果，幫助同事完成交易時，公司也應該給予獎金，才能鼓勵業務員彼此合作。

(八)謹慎更動薪資辦法

許多企業在景氣榮景時，怕業務人員賺得太多，在景氣不好時，又怕業務員賺得太少而患得患失，因此只要公司所設定的銷售目標合理，而且薪資結構還能達成激勵業務員的目的，公司在更動業務人員薪資制度時，就要格外謹慎（EMBA世界經理文摘編輯部，2002：136-141）。

二、業務人員薪資給付的型態

一般業務人員薪資給付的型態，有下列三種給付方式的規劃：

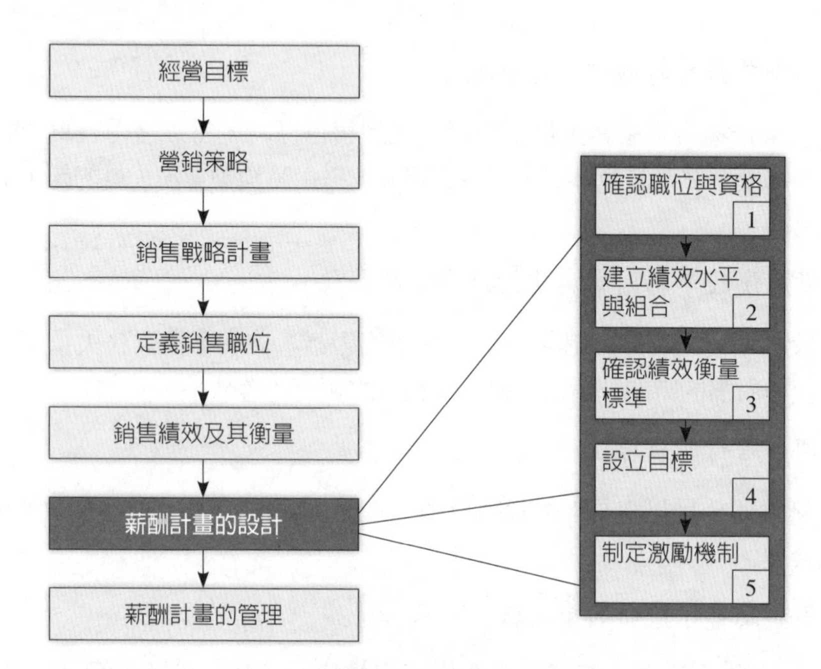

圖9-7　最優銷售薪酬計畫制定模型

資料來源：陳清泰、吳敬璉主編（2001）。《可變薪酬體系原理與應用》，頁135。中國財政經濟出版社出版。

(一)固定薪制

固定薪制，係指業務人員領取固定的薪資，沒有額外的獎金或佣金，與一般內勤員工所領取的薪資方式一樣。當一家公司生產的是大衆化的產品，而且容易推廣時，業務人員不需花太多時間和功夫向客戶說明，生意就可能迅速成交，在這種情形下，公司用不著發放佣金。例如：當公司的產品很難劃分出是那位業務人員成交的，或產品之所以成交，是因爲公司花費了很大的力氣（例如廣告、贈品等），個人只是湊巧碰上，完成了交易，在這種情況下，適合採用固定薪資制。

(二)佣金制

佣金制度也就是業務人員不拿固定薪，只按個人的業績領取佣金。一般保險業通常採取此一方式計薪。

(三)混合給薪制

混合給薪制就是由各種不同方式的佣金、獎金制，加上固定薪組合而成的一種制度。此項制度的設計難處，在於如何劃分混和制中的固定部分薪資與變動部分獎金。一般企業在劃分時，通常參照採用80%的底薪加上20%的獎金，也有採用60%底薪對40%獎金的混和制。這種混和給薪制的薪資變動部分，可分爲三類：(1)佣金；(2)獎金；(3)佣金加獎金制度。所以，提供多元的激勵薪資制度以適合不同需求的業務人員相當重要。

表9-5　給付業務人員薪資型態的比較

類別	優點	缺點
固定薪制	·容易管理 ·保證業務人員每月有固定的收入 ·使業務人員信賴公司願意久留	·缺乏金錢上的鼓勵 ·養成一般人偷懶、不願做事的壞習慣 ·好的業務人員不願意發揮工作潛能 ·能力強的人與能力差的人待遇差別不大
佣金制	·依業務人員的努力程度而訂定薪資標準 ·業務人員容易瞭解自己薪資的計算方法 ·減少公司的營銷成本 ·能力高的人賺的錢也越多	·景氣好時，業務人員每個月可以拿到很高的佣金，但是景氣差時，卻沒有多少收入 ·業務人員容易兼差，同時在好幾個單位上班，以分散風險 ·業務人員推銷其本身重於推銷公司的產品，因為若推銷自己成功，下次可以向客戶推銷其他任何產品 ·公司營運狀況不佳時，業務人員紛紛求去
混合給薪制	·提供業務人員較多的賺錢機會 ·可以吸收較有能力的業務人員 ·業務人員同時領有固定薪與佣金，生活較有保障 ·獎勵的範圍加大 ·使目標容易依照計畫達成	·計算方法過於複雜 ·除非對漸增的銷售量採取遞減的佣金，否則會造成業務人員不成比例的獲利 ·營業情況不好時，固定薪往往留不住較有才能的人

資料來源：李常生（1980）。〈如何爲業務人員核薪？〉。《現代管理月刊》（1980/10），頁27-29。

第五節　派駐海外人員薪酬管理

企業對外投資，必須動用資金、設備及人力資源，其中又以人力資源最爲重要。一般所稱的派駐海外人員，乃指企業長期派赴國外據點工作者而言。因派駐海外人員需要離鄉背井，且肩負企業擴展營運範圍的重責大任，因此，派駐海外人員待遇制度設計的基本策略，是指除原在國內領取的基本待遇之外，再給予某種程度的優渥津貼或安排，希望藉著這些津貼或特別安排，能有效激勵員工赴海外工作。

一般企業在設計派駐海外人員的待遇制度時，會考慮以下的薪酬結構：

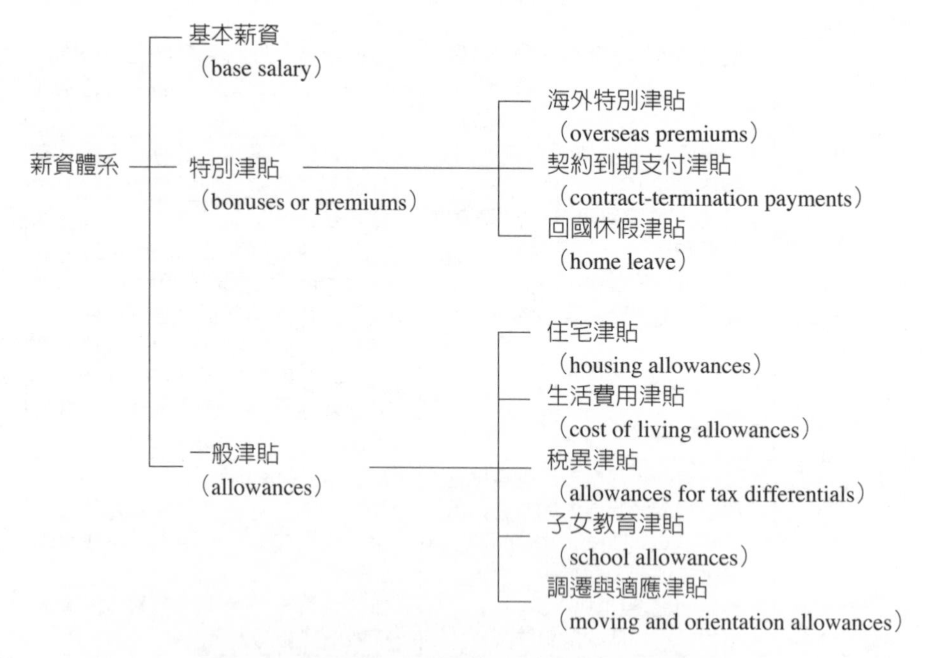

圖9-8　美國多國籍企業海外派遣人員之薪資體系

資料來源：Davis, Stanley M. (1979). *Managing and Organizing Multinational Corporations*. New York: Pergamon Press Inc., p. 177.

一、本薪

本薪（底薪）通常是計算海外工作津貼的基準。派外人員之本薪應與在國內服務時相同，一旦員工由海外返國工作時，就很容易可以銜接國內薪資給付制度。

二、海外服務津貼

海外服務津貼是激勵員工赴海外工作意願的最重要因素。海外服務津貼的金額或幅度，通常與一個國家的海外投資經驗呈反比。易言之，一個國家的海外投資經驗或歷史愈長者，企業給付給員工的海外服務津貼的金額就愈小，反之則高。以歐美國家爲例，由於他們有較長久的海外工作經驗與歷史，所以一般員工的海外津貼大約介於本薪的15%～30%之間。

三、艱困地區津貼

給付艱困地區津貼，其目的在於因派駐地生活環境較爲艱苦、公共衛生條件較差、語言溝通困難或政治環境複雜而給予的補助。目前以東南亞地區工作者常會使用這類津貼。

四、生活津貼

生活津貼（攜眷依親補貼）是依海外當地的生活水準以及依員工攜眷赴任人數而訂定不同的生活津貼給付標準，可依定額方式或依原領的本薪加成給付。

五、搬家補助

海外派駐人員在搬家赴任或回任過程中所攜帶的隨身行李或家具的運送費用補貼。一般企業可採用定額實報實銷方式，或依單據實報實銷，無補助上限，端視企業預算與企業文化而定。

六、子女教育補助

本項補助金通常是採取全額補助，但一般只補助到該員之子女高中畢業時止，至於補助海外派駐人員的子女就讀什麼樣的學校，則無定論。

七、探親休假

一般企業每年都會定期提供來回機票，以及較長的假期給派外人員回國探親。一般而言，派駐歐美地區人員，大概一年提供一到二次探親假，但派駐亞洲地區（中國大陸、東南亞等地）的探親假，通常一年有四、五次，每次回國休假期間約七至十天不等。

八、醫療與意外保險

派駐海外人員的人身安全問題是企業最重視的問題。派駐海外人員的保險，除在國內的勞工保險（含職災保險）、全民健康保險（醫療險）、團體保險（壽險、意外險、住院醫療險）外，企業還會爲派駐海外人員額外加保旅遊平安險、住院醫療保險等。例如，友達光電提供國際醫療SOS服務，降低員工對海外醫療的顧慮。

九、匯率調整

匯率的波動應否重新換算本薪及各項津貼，當然應依匯率波動幅度來考慮。一般企業對派駐海外工作人員給付的本薪，仍然依照國內貨幣給付，避免匯率調整造成給付上的困擾。

十、稅賦問題

一般企業係針對兩地個人所得稅率不同的部分（差異）加以補貼。

十一、生涯發展協助方案

很多員工不願赴海外地區工作的最重要因素，是一旦赴海外工作後，其在國內的生涯發展就可能中斷了。因此，公司必須對派外工作人員提供生涯發展協助方案，以確保任何派赴國外工作人員在任期屆滿返國時，均有適當的職位安排（彭楚京，1995：126-128）。

表9-6　海外工作人員待遇結構項目與內容

項目	內容
本薪	與在國內服務時相同
海外服務津貼	與國家投資經驗成反比，與職務待遇成反比
生活津貼	依工作地區生活成本而訂定
艱困津貼	考慮文化差異、語言困難、公共衛生條件、政治穩定性
房屋及水電瓦斯津貼	通常由公司按實額支付
子女教育補助	子女海外依親者，全額補助至高中畢業
個人綜合所得稅調整	依本薪及本國稅賦結構計算
匯率調整	本薪及部分津貼以本國貨幣支付
探親休假	全年約三週左右（派駐歐美國家）或二至三個月休假七天（派駐中國大陸）
交通	高階經理級以上職位有配車
其他福利計畫	海外醫療及意外保險
遷家費	來回各一次，通常是一個月本薪的二分之一
生涯發展協助方案	返國後有適當職位安排

資料來源：彭楚京（1995）。〈貼心照顧吸引闢疆勇者〉。《管理雜誌》，第258期，頁126。

表9-7　各階層員工對報酬內容的定位

高階主管	經理（中階主管）	工程師	一般行政人員
·為高階主管設立「高階主管獎金」（與經營績效絕對相關） ·大的工作挑戰 ·工作內容本身 ·良好的退休計畫 ·從公司負責人獲得的績效肯定 ·高薪	·大量的工作自主權 ·從事有興趣及自認為有意義的工作 ·參與制定工作目標並且做決策 ·從各級主管得到的「績效肯定」 ·升遷發展機會 ·大的工作挑戰	·升遷機會 ·工作責任 ·大量的工作自主權 ·有興趣的工作內容 ·參與感 ·高的工作挑戰	·工作安全感 ·升遷 ·上級的領導（督導）方法 ·上級對工作的回饋 ·待遇

資料來源：美國南加州大學李斯敬之研究報告。

結　語

薪酬體系是人力資源管理系統的一個子系統，它向員工傳達了在組織中什麼是有價值的。一個組織越是能夠建立起面向員工的內部公平、外部公平和個人公平的給薪條件，它就越能夠有效地吸引、激勵和留住所需要的專業人員，來實現組織的目標。

第十章　薪酬管理行政作業

- 薪酬方案管理
- 薪資調整考慮因素
- 企業調薪作業
- 薪資成本控制
- 薪資溝通要訣
- 特殊薪資問題解決方案
- 結　語

可能沒有一種商業成本比勞動力成本更可控制和對利潤有更大的影響。

——英國皇家學會院士理察・韓德森（Richard Henderson）

故事：工作的價值觀

一條獵狗將兔子趕出了窩，一直追趕著牠，追了很久仍沒有抓到。牧羊人看到此種情景，譏笑地對獵狗說：「你們兩個之間小的反而跑得快很多。」獵狗回答說：「你不知道我們兩個的跑是完全不同的！我僅是為了一頓飯而跑，而牠卻是為了性命而跑呀！」

小啓示：兔子跑步的目標是救自己的性命，而獵狗的目標只是為了一餐飯，同樣的跑步，他們的積極性當然會不一樣。隨著時間的推移，骨頭對於獵狗來說，誘惑力會越來越小。

資料來源：張岩松等編著（2007）。《提升——人力資源開發與管理智慧故事解讀》，頁53。中國社會科學出版社。

薪酬就是用來購買勞動力所支付的特定成本，也是用來交換勞動者勞動的一種手段。薪酬的投入可以爲投資者帶來預期大於成本的效益，員工爲企業創造的價值大於企業支付的薪酬成本，而超過薪酬支付的那部分收益就是企業的利潤（陳黎明，2001：9）。

薪資爲生產成本之一，如何使薪資支出預算合理，不超逾企業支付能力上限，不致使產品成本過高，失去市場競爭能力，是合理化薪酬管理中不可忽略的問題。

第一節　薪酬方案管理

薪酬方案管理是指在薪酬方案具體實施前、實施中以及實施後做出的各種決定、完成的各項工作，其目的在於保證薪酬方案在企業內部系統中正常發揮作用。

有效的薪酬方案要求管理層在很多方面提供政策準則，包括：

1.基本薪資政策應說明薪酬方案的目的，以及企業希望在勞動力市場上所處的競爭力位置。

2.本薪（底薪）應說明薪資等級、薪資範圍、最低薪資、最高薪資、允許的例外情況及應達成的相應條件。

3.額外津貼應說明加班費的計算方式、假日薪資以及工作班別薪資級差。

4.加薪應說明所採用績效考核體系的類型，加薪的確定方法、加薪的週期等。

5.晉升應明確晉升的涵義、晉升的條件以及提高薪酬的時間。

6.調動應說明薪資是否會受到相應影響，以及受到影響的程度。

7.工作說明（職位描述）應明確規定應使用的格式、使用的原因，做出更改的條件等。

8.工作評價應說明薪酬體系的目的、使用的方法、職位評價委員會的組成、待評價職位的處理方法等。

9.薪資調查應說明調查的目的、週期、內容及方法。

10.獎酬政策應明確管理目標、薪資支付辦法、獎勵標準的修改等。

11.薪資水平調整應說明薪資結構調整的條件、生活費用的調整辦法等。

12.福利政策應說明所提供福利的範圍、資格要求、直接人員與間接人員的成本分攤比例，以及其他所有重要的問題。

薪酬政策作爲指導決策的文件，應經常檢查，因爲它並不是刻在水

泥柱上的戒律，也不是鑽刻在碑石上的法律。薪酬方案管理，必須隨著勞動力市場人才供需關係的變化、企業組織結構的變更、企業業務上的擴張或縮小經營規模、企業獲利能力的情況，定期檢討，以確定是否需要修訂（高成男編著，2000：275-278）。

第二節　薪資調整考慮因素

薪資系統的設計與薪資調整，不僅是為滿足員工生理、心理的需求而已，更是促進組織永續發展的一大關鍵。薪資調整係指企業在面對經濟景氣波動時，對薪資系統加以調整的因應策略。

薪資調整對每個員工來說都很重要，不僅從經濟立場上而言是如此，心理因素也同樣重要，它反映出員工對公司價值的看法。薪資壓得太低，員工的工作品質無可避免地會降低到與這個偏低薪資一樣的低水準；如果員工的薪資高出業界標準過多，對企業的財務負擔來說可能不利，在激勵員工的效果上也不見得有相對的回收。根據實務經驗，企業界年度薪資調整，一般會考慮下列幾個重要因素：

一、企業營運支付的能力

企業支付的用人費，必須考慮到企業本身財務狀況下所能給付的能力，超出企業支付能力的薪資給付，必將影響企業的發展。企業支付能力是代表企業薪資給付的上限。企業要達到高薪資、高效率、高收益的目標，一定要人力合理化，將預定的用人費用分配給愈少數的人，則員工分到的薪資就愈多。

二、勞動力市場薪資水準

企業所在地與所屬行業的地理環境，有一種自然而一致的趨勢，在訂定員工薪資時，必須配合所在地區與所屬行業的薪資給付行情，不可獨樹一幟，自陷孤立。

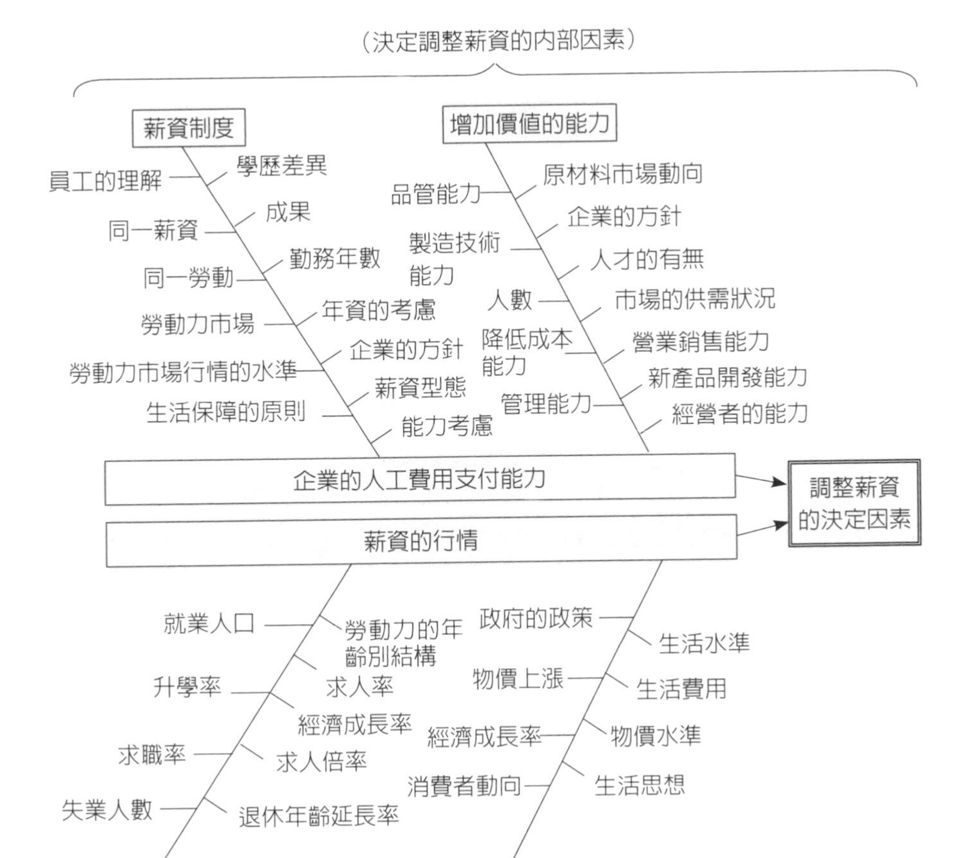

圖10-1　調整薪資的決定要因圖

資料來源：管理實務研究會（1984）。《合理的薪資調整方法與人工費用的支付限度》，頁8。中興管理顧問。

決定薪資的給付標準，一般應比當地或同業競爭者的薪資給付標準稍高，至少亦不宜低於當地或同業競爭者的一般薪資給付水準。高於一般薪資給付水準，並非指每位員工的薪資均較一般爲高，而是指企業經營項目中，從事主要工作（例如高科技企業內的工程師）的工資率較優於競爭

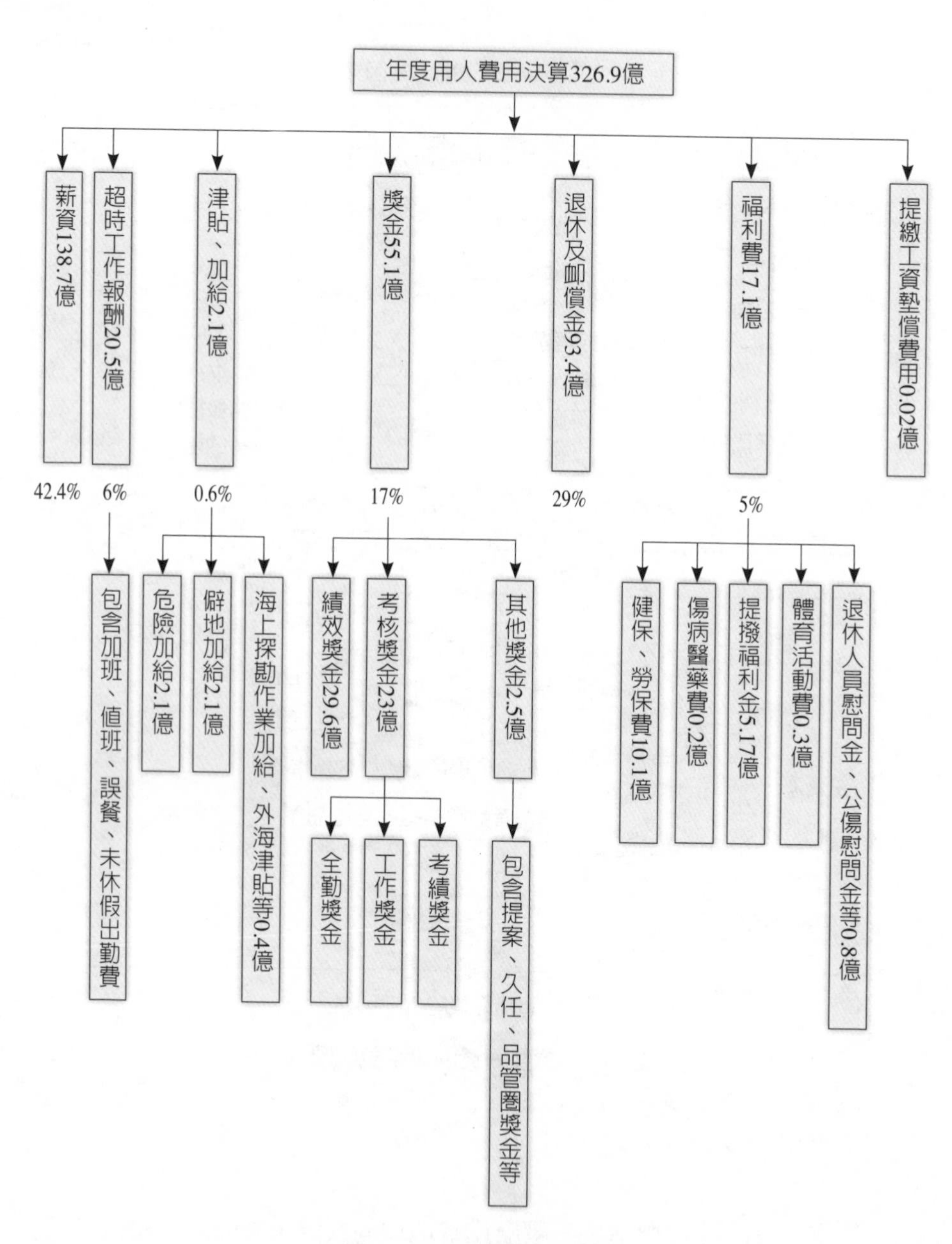

圖10-2　用人費用決算表

資料來源：顏安民（1999a）。〈用人費面面觀〉。《石油通訊》，第575期，頁34。

行業同職級的給付工資率，然後將其他工作和這些主要工作加以比較，分別訂定其薪資等級。簡言之，就業市場的人力供（可供僱用的人員）需（對這些人員需求）會影響著企業的整體薪酬給付水準。

三、一般生活水平

經濟學家將通貨膨脹（inflation）定義爲：「一般物價水準在某一時期內，連續性地以相當的幅度上漲。」就薪資決定的因素而言，物價的變動非加以考慮不可。如果薪資維持現狀不變，而物價上升時，薪資的購買力便會降低。員工物質生活既然必須依靠薪資收入，則制定或調整薪資，自應考慮物價的高低，以維持員工的購買力。有些企業係依據消費者物價指數（CPI）比例調整員工的薪資，不過，一般企業只把生活成本的增加列入調薪預算比率的考慮，而非正式的加以「普調」。

四、勞動生產力與營業額

勞動生產力是一位勞工在一特定的工作職位上，由其所工作績效與其產出標準相權衡而得，或者是以其生產結果和其他人相比較而得來。勞動生產力不但可以計算，而且也可以在一些激勵性制度下測得。如果生產力提高的幅度大，薪資提高的幅度小，事實上平均的生產單位成本沒有增加，反而減少，因此，不能夠認爲調整薪資就是成本增加。

生產力提高了，人事成本增加的幅度不大，但是，產品卻賣不掉，堆在倉庫裡，積壓資金，營業狀況不好，雇主想要提高薪資，那就「捉襟見肘」，無能爲力了。所以，勞動生產力與營業額這二項因素，也是衡量薪資給付標準的準繩之一。

五、工作評價

建立健全的薪酬制度，其重要的基礎就是工作（職位）評價，管理學家溫德爾．費蘭契（Wendell French）說：「工作評價是一項程序，用於確定組織中各種工作間的相對價值，以便各種工作因其價值的不同而付

給不同的薪資。」建立薪酬制度必須公平、合理，盡可能同工同酬。凡屬同一工作職責相同的職位，必須支給同一限度的待遇；凡屬工作較難、職責較重的職位，必須支付高薪；凡屬工作較易、職責較輕的職位，薪資較低，如此才算公平、合理，這種方法也就是工作評價的方法。

六、政府法令規定

《勞動基準法》第21條：「工資由勞雇雙方議定之。但不得低於基本工資（第一項）。前項基本工資，由中央主管機關設基本工資審議委員會擬訂後，報請行政院核定之（第二項）。」由此可知，企業給付員工薪資的最低標準，政府法律已有規定。企業給付低於基本工資，處二萬元以上一百萬元以下罰鍰（第79條第一項第一款）。因此，企業主在決定薪資時，必須予以注意，不得違背法令的規定。

七、福利政策

薪資與勞工保險、全民健保、退休金提撥（繳）、退休金給付、資遣費等的支付有連帶的關係。薪資的給付要慎重規劃的原因也在此。福利政策的制定，雖然也是人事成本的支出，但可彌補薪資多給的「後遺症」（例如加班費、社會保險多支付等項目）。

福利措施「進可攻，退可守」，視企業經營的績效，透過「間接給付」的方式，照顧員工，解決員工生活所需，激勵員工高昂士氣，例如：分紅、股票認股權的實施，以消弭勞資隔閡，建立融洽的夥伴關係。

八、團體協商

團體協商，係指代表勞方的工會（或員工推出的代表）與雇主（資方）之間對各種勞動條件所進行的協議，訂定團體協約，共同遵守。在已開發的國家，「團體協商」已成爲決定「薪資」的另一種主要方式，因爲，「薪資」是勞動條件的一種。

爲了企業的永續發展，工會（員工代表）不宜強迫事業主接受偏高的工資率，大量增加勞動成本，以致產品價格沒有競爭力而喪失市場占有率；如果企業主在勞工團體的強迫下「勉強」接受把薪資提高了，員工仍然得不償失，因爲過高的成本將導致產品滯銷，使企業走向「停工」或「減產」的途徑，到那時，員工所遭遇的將不再是工資高低的問題，而是「工作」有無保障的問題。

九、其他考慮因素

除了以上調薪要決定的原則外，還有下列相關的薪資調整訊息也要一併考慮：

1.軍公教人員的當年度調薪比例。
2.經濟景氣循環對行業經營的影響，當景氣好，企業營收多，員工薪資有調高的條件；景氣不佳，企業經營遭遇困境，員工調薪就較難。
3.產品外銷的企業，要考慮出口對象地區的勞動成本與匯率的變動情形。

表10-1　調薪作業程序

·調薪三個月前先做薪資調查 ·修訂薪資架構表及薪資管理辦法 ·決定年度調薪預算金額或比率 ·訂定調薪作業進度表 ·辦理年度績效考核作業 ·列出薪資調整時需要特別考慮之員工 ·分配調薪預算至各部門主管 ·與部門主管討論初步調薪計畫 ·計畫調薪金額與調薪預算比對 ·與部門主管討論修正調薪計畫 ·繳交調薪計畫至人力資源部門 ·完成年度調薪作業 ·制訂次年度無工作經驗新進員工起薪參考指標

資料來源：丁志達主講（2012）。「薪酬福利規劃與管理實務訓課班」講義。台灣科學工業園區科學工業同業公會編印。

4.材料的節約與消耗也會影響薪資制度的決定。

5.鄰近地區（國家）勞工薪資給付的標準。

薪資市場是一個高度敏感的市場，只有隨時把握薪資市場行情的企業，才能以最合理的價位招攬到最合適的人才，也才能正確選擇最佳的薪資政策。

第三節　企業調薪作業

年度預算是公司調薪的重要依據，但卻不應視爲個人調薪幅度的標準。假設某一金控集團有兩大事業群，二十多個部門，六十多個單位及近三千名員工，他們今年集團調薪預算若爲5%，請問每一事業群、部門、單位及個人的平均調幅應該是多少？都是5%嗎？再多想一下：承銷部門可能需要10%才足以反映其價值和表現，後勤部門的人員其市場可替代性高，且其薪資水準早已高過市場行情，1%應該就綽綽有餘；而風險控管人員奇貨可居，20%的預算可能都還留不住優秀的人才……。由此可見，調薪預算的形成與執行必須視情況而機動調整，所以預算分配到個人時，有人可能是0%，有人剛好是5%，也有不少人可能高達30%～40%的調幅（黃世友，2003）。

一、調薪的時間

企業調薪的時間，通常可分爲下列幾種方式：

(一)按全體員工在同一時間調整

一般國內企業通常會在每年的一月份或七月份，配合年度（一年或半年）績效考核等第確定後，依個人考績結果來調整待遇。

(二)按員工到職日調薪

這種做法在外商企業比較流行，就是按照個人進入公司報到上班日起算，如果公司一年調整員工薪資一次，則在次年度同一月份辦理該員的調薪，這種方法較公平，但行政作業較繁雜，人事成本較難控制。

二、調薪的方式

一般企業的調薪方式有：

(一)依年資調薪

此乃隨員工工作年資的增加而調薪，可加強員工對組織的忠誠度。按年資來調薪對員工的固定收入具有保障的作用。

(二)績效調薪

績效調薪係按照員工工作表現的程度不同，而給予不同的調薪幅度的加薪。績效差的不調薪，中等者可參考消費者物價指數來調薪，績效傑出者可依適當激勵幅度來調整。若職等內有若干等級者，績效好的晉升級數可較多，績效差者不晉級；如果薪資只是金額幅距，沒有職級者，可用百分比來調整，通常在職等中的百分位數越高者，薪資的調幅越低，可用以激勵居於百分位數較低者，但績效調薪的先決條件是，企業必須實施一套公平、合理的員工績效評核制度，在這個基礎上才能落實績效調薪的公信力。

表10-2　薪資調整策略的考慮

個人績效評核定為「普通」級者，個人薪資與低於市場中位數者，薪資微調，高於市場中位數者，鼓勵學習新技能或擴充工作職責內容。	個人績效評核定為「優良」級者，個人薪資已低於市場中位數者，調薪幅度要大，否則人才容易被挖走。
個人績效評核定為「待改進」級者，原則上要凍結薪資調幅，並要求提高績效甚至評估適職性。	個人績效被評定為「良級」者，其個人薪資已高於市場中位數者，應根據個人能力減緩調薪幅度，對有潛力的人，則應協助其潛能發揮，以便升遷。

資料來源：丁志達主講（2012）。「薪酬福利規劃與管理實務訓練班」講義。台灣科學工業園區科學工業同業公會編印。

(三)整體調薪

整體調薪（普調），係指組織中所有成員均按本薪的一定百分比來調薪。調薪不得年年參考市場調薪趨勢以決定調幅，還必須配合薪資政策之主位（lead）、中位（lead-lag）、隨位（lag）定位，再視現有薪資成本之結構變化與來年業務起落、人力增減之人力規劃、進行調幅裁決。

台塑集團2010～2022年度調薪預算幅度與一次慰勉金概況

單位：新台幣／元

年度	調薪預算幅度	慰勉金	年度	調薪預算幅度	慰勉金
2010	3.00%	10,000	2017	3.88%	--------
2011	3.50%	10,000	2018	4.00%	4,000
2012	2.00%	5,000	2019	3.378%	--------
2013	2.50%	3,000	2020	1.00%	3,300
2014	2.70%	6,000	2021	3.83%	10,000
2015	3.50%	6,000	2022	4.50%	--------
2016	3.50%	12,000			
說明	1.台塑集團（台塑、南亞、台化、塑化）2022年實質調薪4.50%，創下38年來最大調幅（1984年調薪14%），調薪案生效日7月1日。 2.此調薪版本不包括長庚醫院、福懋、南電、南亞科體系。				

資料來源：台塑集團。製表：丁志達（2023/02）。

(四)職位變動調薪

職位變動調薪此乃因職位晉升而調薪，亦有因更換工作雖在相同職等內，但因工作內容、場所、地區等的不同，薪資也會有所調整（張火燦，1995：8）。

《勞動基準法》並未規定企業要多久時間替員工調薪的規定，只要付給員工的工資不得低於基本工資即爲合法。但是如果企業不爲員工年度調薪，則會造成表現優秀的員工被挖角之慮，同時當就業市場人力供需失

調時，企業必須提高新進員工的薪資來選用人員時，就會產生「舊手不如新手」給付之怪現象，因此，企業每年要編列一筆員工調薪預算，以應付就業市場的薪資變動及獎勵公司內績優的員工。但無論如何調薪，一定要跟員工個人績效密切掛鉤，才不會造成員工有吃大鍋飯，不勞而獲的現象。例如：中鋼爲照顧年輕員工，調薪時新進人員的調幅會比一般員工較高，而且如果「未滿等」的新進員工，一年可以調薪二次。

表10-3　年度績效調薪表（樣本）

薪資幅度 績效等第	Q0 低於最低點	Q1 0-25%	Q2 25-50%	Q3 50-75%	Q4 75-100%	Q5 高於最高點
特優	12%	10%	8%	6%	4%	0
優	10%	8%	6%	4%	2%	0
甲	8%	6%	4%	2%	1%	0
乙	3%	2%	1%	0	0	0
丙	0	0	0	0	0	0

資料來源：丁志達主講（2012）。「薪酬福利規劃與管理實務訓諫班」講義。台灣科學工業園區科學工業同業公會編印。

第四節　薪資成本控制

人、物、錢等三種經營要素都需要成本，然而其中最需加以重視的，可說是有關人的費用。用人費，係指企業僱用員工從事直接或間接的生產或銷售，對此勞務所支付的報酬，以及因爲使用勞務而發生的訓練、福利、管理費用等支出而言。薪資及用人費預算的目的在訂定公司的支付能力，也就是用人費的上限。假定公司無人員精簡或降薪的計畫，其上一年度的用人費即是本年度用人費的低線。

一、新進人員的起薪

企業對求職者提出的薪資給付，主要基於兩個考慮：應徵者的任職資格與個人歷年取得的薪資歷史，以此爲基礎給出其適當薪資。如果一個

表10-4　工資總額的構成

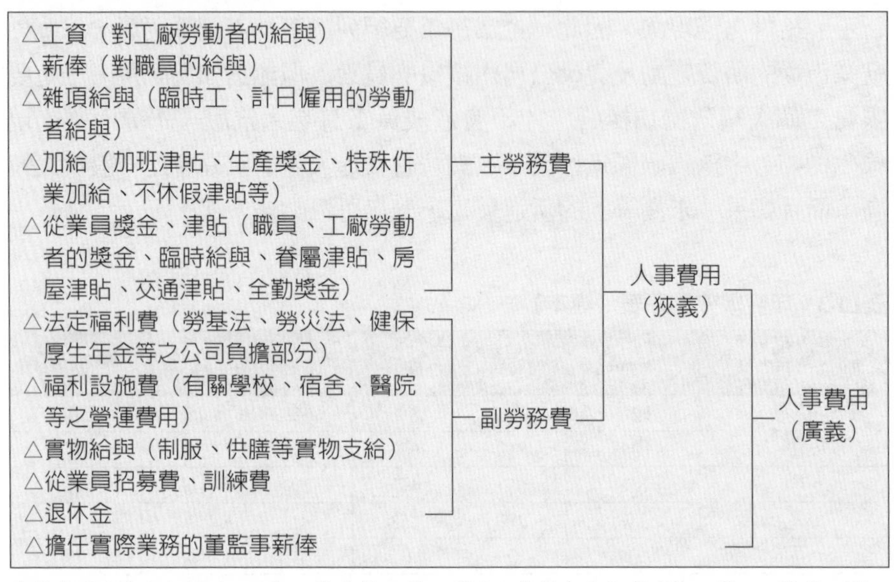

△工資（對工廠勞動者的給與）
△薪俸（對職員的給與）
△雜項給與（臨時工、計日僱用的勞動者給與）
△加給（加班津貼、生產獎金、特殊作業加給、不休假津貼等）
△從業員獎金、津貼（職員、工廠勞動者的獎金、臨時給與、眷屬津貼、房屋津貼、交通津貼、全勤獎金）
—主勞務費

△法定福利費（勞基法、勞災法、健保厚生年金等之公司負擔部分）
△福利設施費（有關學校、宿舍、醫院等之營運費用）
△實物給與（制服、供膳等實物支給）
△從業員招募費、訓練費
△退休金
—副勞務費

主勞務費＋副勞務費—人事費用（狹義）

人事費用（狹義）＋△擔任實際業務的董監事薪俸—人事費用（廣義）

資料來源：陳文光譯（1987）。藤井得三著。《用人費的安定化計畫》，頁20。臺華工商。

應聘者的任職資格沒有超過這份工作的最低要求，那麼就只能給他提供現有薪資範圍內的最低檔次底薪；應徵者的任職資格超過最低要求條件，則應給予他較高薪資，因爲他立即給組織做出貢獻的可能較大，給這樣的求職者的薪資，一般最多不能超過薪資範圍的中間值（薪等中位數），高於這個薪資水平給付，會限制了日後加薪的幅度與金額。

有些企業都對新進人員訂有起薪額，而在試用期滿後再予以調薪，這種制度大致尚可行，但在下列情況下，則會遭遇到困擾：

1.有經驗或特殊技術的人員。
2.就業市場上供不應求的職缺人員。
3.目前待遇已超過公司的給付標準，但又是非要不可的人才。
4.某些特定人員的薪資行情變動。

以上情形，尤其容易發生在新興行業，或是成長快、人員短缺的企業中。常見的解決方法有：

1.起薪隨著勞動力市場行情給付。試用期滿正式任用時再行薪資調整。
2.比照公司內部員工的條件，給予新進且有經驗的人員若干年資的承認，而以超過起薪點的標準任用，同時注意在職員工（表現在水準以上）的薪資不可落在就業市場給薪行情下。
3.強調公司其他的福利、工作環境以及升遷的機會，希望新進人員做多方面薪酬給付項目的比較，而不單看薪資（本薪）這一項。
4.逐漸提升在職員工的薪資，表現好、能力強的員工要加薪。
5.新進員工、在職員工之間的底薪差異不大，但可運用工作獎金區分，新手通常技術較不熟練，但學習曲線度過後，可以不受年資的影響追上相同水準的現任員工之給付標準。（彭康雄，1984：136）

《就業服務法》第5條第二項規定：「雇主招募或僱用員工，不得有下列情事：（略）六、提供職缺之經常性薪資未達新臺幣四萬元而未公開揭示或告知其薪資範圍（第六款）。」同法第67條第一項規定，違反第5條第二項第六款者，處新臺幣六萬元以上三十萬元以下罰鍰。

二、薪資成本控制

企業應經常稽核內部的薪資控制流程，以便確定薪資制度的正確性。薪資成本控制，約有下列數端：

1.組織扁平化，減少中階主管的層級，擴大主管之管控幅度。
2.進行組織診斷，改善組織流程，消除不必要的流程。
3.貫徹目標管理及績效管理制度，淘汰不適任員工。
4.定期評估各部門之工作量及用人標準，重新分配人力，消除勞逸不均的現象。
5.培訓及發展員工，推動工作擴大化及工作豐富化，以精簡人力。

新進員工各職缺起薪表（摘錄）

縣市別：新北市　　　　　　　　　　　　　　　　幣值：新台幣／元

企業（地區）	職稱	學歷	待遇（月薪）
全球傳動科技（樹林區）	資深工程師（IE）	大學以上	40,000元以上
	研發助理工程師	專科以上	33,000～38,000元
	技術員（日/夜班）	國中以上	29,000～38,000元以上
鴻海科技集團（土城區）	硬體設計工程師	大學以上	45,000元起
	機構工程師		
正隆（股）（板橋區）	資訊安全工程師	大學資工	36,000～38,000元
	現場操作員（早/晚班）	高中職以上	33,000～38,000元
	產線技術員（早/晚班）		36,000～38,000元
今展科技（三重區）	品質工程師	大學以上	35,000元起
	業務助理		30,000～35,000元
	財會儲備幹部		40,000元起
艾訊（股）（汐止區）	硬體研發工程師	專科以上	40,000元起
	機構工程師		
	作業員	不拘	27,000～29,000元
	倉管人員		30,000～35,000元
鎧鉅科技（三峽區）	助理技術員（日／做四休二制）	高中職以上	33,900～38,900元（含固定加班費）
	助理技術員（夜／做四休二制）	高中職以上	40,900～45,900元（含固定加班費）
	經營分析管理師	大學以上	28,000～33,000元
新日興（股）（樹林區）	職業安全／衛生管理師	專科以上	40,000元起
	職業護理師	專科以上	35,000元起
	物管管理員	高中職以上	30,000元起
正淩機密工業（汐止區）	國際業務代表	大學以上	40,000元起
	會計主管		40,000元起
	採購管理員		40,000元起
頂呱呱國際（五股區）	服務員（輪班）	高中職以上	33,000元起
	兼職服務員（輪班）	不拘	時薪176元起
富士大飯店（汐止區）	洗滌員（餐務組）	不拘	28,000～30,000元
	服務員（中餐組）	不拘	30,000～32,000元
	房務員	不拘	30,000～32,000元
全台物流（林口區）	薪酬資深專員	大學以上	37,000元起
	法務專員	大學以上	34,000元起
	物流中心規劃員	大學以上	34,000元起

資料來源：新北市政府就業服務處（2023/02/03）編印，《2023新北市就業博覽會——板橋場活動手冊》。

三、一次給付制

為因應提高生產力的趨勢，越來越多的公司對員工達到既定生產力目標時，由增加每月的薪資改以一次給付的紅利發放，如此不但可以使公司所要負擔的員工退休金、資遣費、加班費給付成本降低，使得公司人事成本減少，利潤增加，也可符合績效為導向的要求。

聯合訊號公司（Allied Signal）每年加薪提升的程度與生產力息息相關。如果生產力提升了6%，公司就會加薪3%；假如生產力提升了9%，就加薪6%，但是假如生產力提升不到6%，則這一年只能加薪2%（張美智譯，1999：53）。

第五節　薪資溝通要訣

網路社群的崛起，年輕世代對於資訊透明的期待變高，機構投資人與國外監管機關亦在輿論的要求下，從公司治理面向，要求公司需要較以往揭露更多的薪酬資訊。

除了整體薪酬制度的目標、方法、設計之外，如何與員工溝通，讓員工充分瞭解整體薪酬的內容，是一大關鍵。企業在薪資溝通上必須有其政策，對於本薪、獎金、風險收入與風險給付和執行的標準，應事先說清楚，這對薪酬制度的實施有很大的助益，以增加彼此之間的瞭解和安定感。企業在擬定整體薪酬制度的溝通計畫時，可以從下列幾個面向來考量：

1.企業營運目標必須由全體員工一起努力達成，因薪酬制度攸關每位員工的責任與權益，所以企業有必要，也有責任，讓員工瞭解清楚企業營運目標。
2.與員工溝通的內容，包括整體的薪酬概念、薪資結構（本薪、獎金及認股權制度等）。企業要讓員工知道為什麼要實施這樣的薪酬制度以及目的何在？
3.需要與員工溝通企業的營運策略，讓員工清楚瞭解薪酬與企業營運策略的連結在哪裡，否則，通常員工只會著眼在自己領到了多少薪資或獎金，而不清楚公司在付出這份薪資與獎金的背後期待員工要展現出什麼樣的績效。

4.薪酬計畫應鼓勵員工持續不斷地探索提高對顧客服務的方法，讓他們多作貢獻，培養更強的工作能力。

5.企業在薪酬制度的溝通上，人力資源部門擔任類似顧問的角色，負責擬定溝通計畫，並提供建議，而眞正擔任執行工作的則是部門主管，因爲部門主管直接與員工接觸，互動頻繁，透過部門主管的觀察，可以清楚看到員工的行爲及表現。

6.人力資源部門可以藉由說明會、公司內部刊物、e-mail系統或發行有關公司薪酬制度的小冊子，依照所欲達到的目的與效果，採用不同的方式宣導。

7.如果沒有後續的評估作業，企業很可能落得「有溝沒有通」的情況而不自知，使得溝通效果大打折扣。

8.在溝通上，不要將績效與調薪多少混爲一談，否則容易陷入爭執而導致員工對績效面談的錯誤認知。

9.在調薪面談時，以書面通知員工他的調薪是多少？與市場比較起來，是高是低？這樣的好處是清楚地讓員工知道自己的薪資在市場上的競爭力如何？

誠實、開放的氣氛下，說清楚講明白，才能達到薪資溝通的目的與最佳成效。（呂玉娟，2001：68-70）

表10-5　薪酬制度的溝通內容

‧公司的管理哲學、薪資理念以及薪資政策為何？
‧建立新的薪資制度的原因，其公平性如何？以及新制度對員工的影響如何？
‧建議新的薪資制度的過程如何？員工參與的程度如何？
‧選用何種職位評價制度，它是如何建立的？
‧薪資調查的對象如何？資料是如何取得的？
‧本公司目前的薪資水準在市場的位階如何？公司有何計畫？
‧薪資調整預算是如何決定的？該預算是如何分配至各部門？
‧績效評估制度如何與薪資結合？

資料來源：丁志達主講（2012）。「薪酬福利規劃與管理實務訓諫班」講義。台灣科學工業園區科學工業同業公會編印。

第六節　特殊薪資問題解決方案

在薪資管理上，有一些特殊的問題，或因個人，或因薪資市場，或因薪資結構有所異動時會因應而產生，包括：薪資擠壓、薪資差異、個別減薪的問題等。

一、薪資擠壓

薪資擠壓（pay compression）是指資深員工的薪資低於目前剛進入公司員工的薪資，或者二者之間的薪資差距縮小。此一現象的產生，主要是因爲組織往往會在考慮員工的生活費用增加、外部市場的薪資變化，以及經營績效的提高之後進行全面性薪資調整，而其調整結果，造成資深與資淺員工之間薪資差距的縮小。例如：組織可能爲了要擁有外部就業市場的薪資優勢，以利招募員工，因而提高新進人員的起薪，同時縮小了資深與資淺員工之間的薪資差距。

在確定新進員工的薪資水準時，必須考慮新進員工的薪資水準與其他資深員工及績效表現良好者其薪資之間的關係。如果發生了薪資壓縮（來自於較高和／或較低薪資定位的薪資壓力）的現象時，可以考慮採用聘僱獎金。或者，如果新進員工的薪資比同一職位其他員工的薪資高，也可能表示之前就存在著某些內部薪資的問題，或是該薪資水準沒有與人才競爭市場保持同步。因而，以員工績效表現的等第來調整個別員工的薪資是解決薪資擠壓的方法。

二、達到薪等上限的問題（圈紅員工）

偏離工資曲線的點，意味其平均薪資待遇相對於其他工作給付太低（綠色區域）或太高（紅色區域），這就必須加薪或減薪。

員工薪資逐年調整，如果沒有晉升機會，很可能經過幾次調薪後，薪資到達所在薪級的上限，通常薪資管理的處理方式就是加以「圈紅」

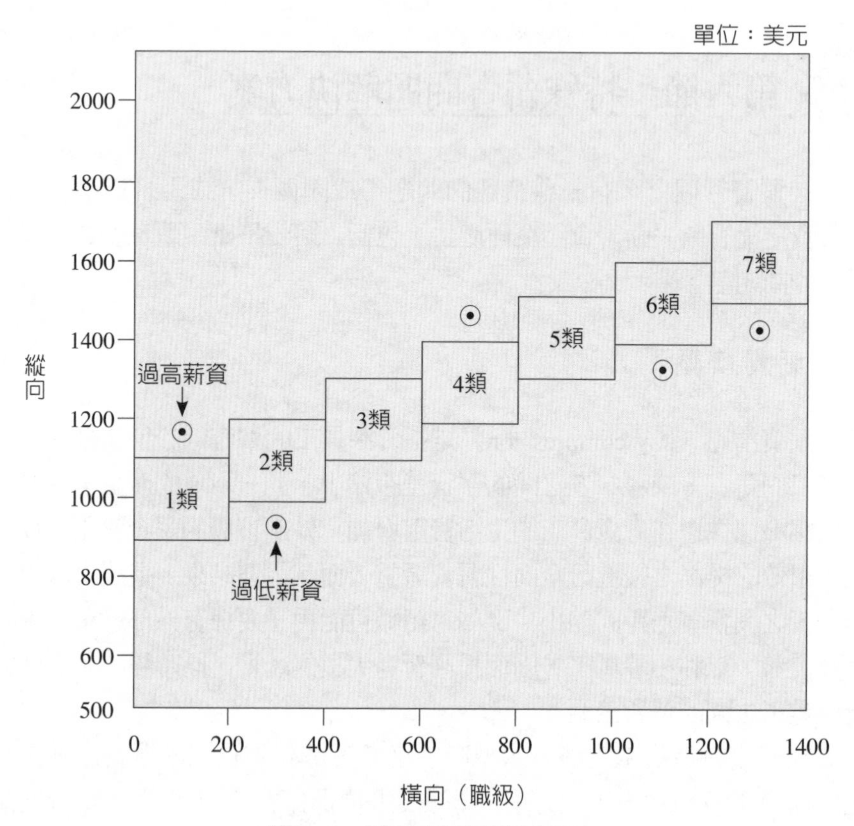

圖10-3　過高／過低薪資圖示

資料來源：高成男編著（2007）。《西方銀行薪酬管理》，頁145。企業管理出版社。

（red circle）叫停，其薪資通常會被凍結，或是加薪速度減緩，必須經過較長的時間才能加薪。對薪資達到「圈紅員工」（red-circled employee）可做如下之解決：

1.利用「圈紅工資率」（red circle rate）的概念，即仍繼續支付高於薪資表上之薪資，予於保障（不減薪、不加薪），等待整體薪資結構的不斷遞增，直到該員工的薪資符合職位類型的薪等確定範圍為止。
2.將擔任這些工作的員工調職或加以晉升。
3.繼續給付其薪資六個月，這段期間可將其調薪或晉升，若無法調薪

或晉升，則將其薪資降到該給付等級的上限待遇（降薪必須跟當事人協商）。《勞動基準法》第21條第一項規定：「工資由勞雇雙方議定之。但不得低於基本工資。」同法第79條第一項第一款規定，違反第21條第一項者，處新台幣二萬元以上一百萬元以下罰鍰。

4.在薪等上限之上再另闢出一領域，作爲績效獎金（類似「年功俸」）。只要這類員工年度績效考核表現在中等水平以上時，給予一次性的績效獎金，以防止人事成本的逐年高漲。

分段實施的調薪策略

聯訊（Allied Signal）公司的業務員原來都採取高底薪制。公司決定調整薪資政策，將其中20%的薪水調整為視業績高低而定。

該公司採取了下列的做法，用了二年的時間，分四個階段，逐步才將整個薪資制度調整過來。

第一階段：實施前六個月的時間，員工仍然依舊制領薪，只是薪資單同時記載，如果依照新制，員工領到的薪水將是多少。但如果這個階段的員工依新制計算，可以領得比較多時，公司就會把這個差額給付員工。

第二階段：公司正式實施新制，原薪的80%為底薪，另20%調整為依該員工業務績效計算。如果此一階段員工領到的薪水卻不如舊制領得多，公司仍然補足其差額。

第三階段：採用新制後，如果員工仍然無法領到原來的薪水，公司會以借款的形式補足，但這時會和員工討論出一些方法來還清這些款項。

第四階段：開始全面實施新制。

資料來源：EMBA世界經理文摘編輯部（1999）。〈小心調整員工薪資結構〉，《EMBA世界經理文摘》，第152期（1994/04），頁16-17。整理：方素惠。

企業所存在的員工高薪問題，是薪資管理體制造成的，它並不是員工的錯，因此，員工在沒有任何過錯的情況下而受到個別減薪的處罰是不公平的。

三、低於薪等下限的問題（圈綠員工）

一般來說，在綠色區域內的員工（圈綠員工，green-circled employee），其加薪頻率較快，幅度也高於正常水準，因此薪資的增加可以比薪資政策所允許的幅度要大。對於那些領取的薪資低於相應薪資範圍下限的員工，有兩種救濟的方法：

(一)立即將薪資調整到下限水準

將薪資立即調整到相應薪資範圍的下限水準，在理論上是正確的，並且在大多數情況下，這樣做的難度也不太大，因爲這些員工領取的薪資距離下限薪資水準幅度不大。此外，立即加薪會極大地激發這類員工的工作熱情，轉變他們的工作態度。

(二)在一年內之內將薪資逐步調薪到下限水準

如果員工的薪資距離下限水平有段差距時，則進行逐步調整。例如：加薪幅度不超過員工薪資的10%，可立即一次加薪10%。如果超過10%，而低於20%，應分兩次或三次完成加薪，但全部的加薪到該薪等下限水平，最多在十二個月內應完成（高成男編著，2000：147）。

四、減薪做法

當某項工作的給付率很可能偏離工資線偏高或偏低，這表示該工作的給付率相對於企業中其他工作太高或太低。若該點落在工資線的下方，則表示可能需要加薪，而落點落在工資線上方，則可能需要減薪或是凍結薪資。

大部分組織都不願意調降薪資，即便減薪是因爲該員工績效不佳。但決定要減薪時，需注意兩件事：減薪如同限水措施，非長久之計，只是解決燃眉之急；由於《勞動基準法》第21條規定：「工資由勞雇雙方議定之。但不得低於基本工資。」故減薪必須要雙方協商同意才可行。通常在對個人採取減薪時，要有如下之步驟，較能避免爾後之勞資糾紛：

1.曾經對其本人做過「績效考核」嗎？
2.「績效考核」結果，是否由其主管跟該員工面談過，並告知哪些工作事項未達標準，在某一限期內（通常一至三個月）需改善與追蹤的資料（一定要書面資料爲憑）。
3.如果在一至三個月內未見改善，則可考慮下列兩個因素：
(1)工作非他能力所能及，不能勝任其工作，則依《勞動基準法》第11條第一項第五款規定：「五、勞工對於所擔任之工作確不能勝任時。」得以資遣，但要注意合法性（須提出不能勝任工作的證據）。
(2)有能力做這份工作，但他不去做（行爲問題），則要處罰，減薪是其中一項。
4.減薪必須獲得員工同意，否則公司可考慮「減薪」與「資遣」二個選項中讓該員自行去選擇去留。
(1)處理這種「棘手」減薪或資遣之問題，在達成協議時，一定要雙方簽字認同（不能用口頭方式解決）。
(2)減薪後，如果該員工回復原有之工作職責（水準）與成果，應回復其原先薪資。

五、晉升加薪

晉升是指員工由原來的職位上升到另一個較高的職位的過程。同樣爲了體現員工其貢獻度的增加，晉升時也會伴隨著調薪，但其調幅通常依公司薪資政策而定。

六、平調與調職後薪酬的確定

調職不一定會涉及薪資調整，例如員工所轉調的職位與原職位仍落

在同一薪級內。然而，如果調職是基於管理上的需要，或轉調人員的薪資低於此職位上能力及經驗都較爲不足的員工，就可能要採取加薪，支付一次性大額或其他特殊獎金。

懷孕薪降5千　老闆罰30萬

新北市一名在餐館外場工作的陳小姐在職時懷孕，老闆得知後，希望她由月薪制轉為計時制服務生，還説「從這一刻開始，妳已經不是一個好用的正職了」，陳小姐未答應，老闆卻減她薪水5千元，勞工局以業者違反《性別工作平等法》處30萬元罰鍰。

陳小姐懷孕後，老闆要將她的工作調整為收銀和調製飲料較為單純輕鬆的工作，並約談她，希望陳小姐自己轉為計時服務生，但陳小姐沒有答應，繼續原本的正職工作，不料老闆直接將她的月薪調降5千元，陳小姐不能接受，離職後向新北市勞工局申訴。

該名雇主解釋，當時因為體諒陳小姐懷孕期間身體因素，才主動將其工作內容調整為收銀、調製飲料等較為輕鬆的工作，與先前的工作內容不同，才調整工資，自認沒有懷孕歧視。

勞工局表示，依據《勞動基準法》規定，女性受僱者在懷孕期間，如有較為輕易的工作可以申請改調，雇主不能拒絕也不能減少工資，即便餐館業者是自發性調整懷孕勞工的工作內容，也不可因此減少薪資；此案經就業歧視評議委員會認定該餐館業者違反《性別工作平等法》，處以30萬元罰鍰。

新北市勞工局長陳瑞嘉説，雇主對受僱者薪資的給付，不得因性別或性傾向而有差別待遇，且工作或價值相同者應給付同等薪資，否則可處30萬元以上150萬元以下罰鍰。

資料來源：張睿廷（2021）。〈懷孕薪降5千 老闆罰30萬〉。《聯合報》（2021/10/13），B2新北基隆要聞。

結　語

薪酬管理是個複雜且往往令人困惑的話題。勞資爭議的訴訟案例判決，以薪酬給付不公個案占的成分居多數。根據勞動部統計資料，我國的勞資爭議總數99%以上都是「權利事項」之勞資爭議，根據《勞資爭議處理法》的規定，權利事項之勞資爭議，指勞資雙方當事人基於法令、團體協約、勞動契約之規定所爲權利義務之爭議，例如公司未給付加班費、獎金、積欠工資等，或是雇主無端解僱勞工、拒絕給付資遣費或退休金等，都是常見的「權利事項」勞資爭議，換句話說，就是勞工依法有權利要求雇主給付、雇主依法有義務應給付但未給付的項目。

爲了促進勞資和諧，企業必須訂定一套能使組織目標達成的薪酬管理政策，其中對執行薪酬管理行政作業，必須考慮到「合法性」，才能使勞資同舟共濟、同心協力，創造佳績，同蒙其利。

範例10-5

從業人員薪給管理要點

〇〇年〇〇月〇〇日第〇〇屆第二次董事會修訂

一、本公司從業人員進用及遷調薪階之核敘，概依本要點辦理。

二、從業人員之薪給採職務責任給與制度，參照業務特性、組織結構、公司財務狀況、營運績效、用人費負擔能力、薪資市況等，訂定從業人員薪給標準。

三、從業人員之薪階依本公司從業人員薪階表核定之。

四、從業人員之薪給包含下列四項：

(一)基本薪資：依核定薪階及個人學經歷、專業技術、年資、能力等因素核給金額，採薪幅制分為九階，按基本薪資表給付。

(二)工作加給：依核定薪階及所擔任工作之繁簡難易、責任輕重、工作績效等因素核給金額，採薪幅制分為九階，按工作加給表給付。

(三)主管加給：依主管職位層級及職責輕重、工作績效等因素核給金額，採薪幅制，按主管加給表給付，並隨職務異動調整或取消。

(四)伙食津貼：每人每月1,800元（按：自2015年1月1日起，財政部規定，每人每月伙食費，包括加班誤餐費，在新臺幣2,400元內，免視為員工之薪資所得）。

五、用人費預算依據營運目標、營運績效、業務特性、人員專長及職務，按組織員額及各項費用標準編列。

六、從業人員支薪及薪額之調整，按本要點及公司人員工作考核辦法核定，其核定方式及程序另訂之。

七、本公司董事長、總經理及副總經理之薪給標準及調整，由董事會核定之。獎金依本要點第八條之規定辦理。

八、從業人員之獎金包含下列三項：

(一)績效獎金：本公司為激勵從業人員工作潛能，提升經營成果，得視經營績效情形及從業人員貢獻程度發給季績效獎金及年度績效獎金，績效獎金核發要點另行訂定。

(二)年節獎金：配合民俗節日，依下列原則發給在職從業人員年節獎金。

1.發給項目：春節發給每人一個月薪給金額（含基本薪資、工作加給、主管加給、伙食津貼）；中秋節、端午節各發給每人半個月薪給金額。

2.核發對象：於年節獎金核發當時仍在職之本公司從業人員。

3.計算標準：以年節獎金核發當月薪給金額為計算標準，於核發當時已在職滿一年者發給全數年節獎金，未滿一年者按在職月數比例計算，未滿一個月以一個月計。

(三)全勤獎金：從業人員按月未請事病假者發給一天之全勤獎金，其核發方法依「○○股份有限公司從業人員請假規則」中有關全勤獎金之規定辦理。

九、本公司新進人員之敘薪按下列規定辦理：

(一)新進從業人員之敘薪應考慮下列因素：

1.進入公司後擬予擔任之工作。

2.學歷。

3.相關工作年資。

4.市場人力需求狀況。

(二)敘薪標準

<table>
<tr><th>工作年資
學歷</th><th>不具相關工作年資或具相關工作年資累計未滿二年者</th><th>具相關工作年資二年以上者</th></tr>
<tr><td>高中（職）畢業</td><td>按基本薪資及工作加給表一階之最低薪支薪。</td><td rowspan="4">視所擔任之工作，並參酌本公司現有擔任相同工作或相等年資人員情形，核定應歸薪階及薪給。</td></tr>
<tr><td>專科畢業</td><td>按基本薪資及工作加給表二階之最低薪支薪。</td></tr>
<tr><td>大學畢業</td><td>按基本薪資及工作加給表三階之最低薪支薪，必要時得視其所擔任之工作及人力市場供需情形在5%範圍內提高或降低薪給。</td></tr>
<tr><td>碩士</td><td>按基本薪資及工作加給表四階之最低薪支薪，必要時得視其所擔任之工作及人力市場供需情形在5%範圍內提高或降低薪給。</td></tr>
<tr><td>博士或擔任診療醫藥護理工作</td><td colspan="2">不論有無相關工作年資，視所擔任之工作，並斟酌人力市場一般薪資標準，核定應歸薪階及薪給。</td></tr>
</table>

十、升階人員之薪資，分別按原薪階之基本薪資、工作加給及主管加給100%薪幅

之5%金額為最高加給上限，並換算為上一薪階之基本薪資、工作加給及主管加給，若未達上一薪階各該項之最低薪，則以上一薪階各該項之最低薪支給。非主管人員升任主管人員其主管加給按升任後職位之主管加給最低薪支給。

十一、本公司得視職務特性或輪班、值勤之需要訂定加給支給規定。

十二、本公司人員除董事長及總經理外，均不得配給專用住屋及交通工具等供應制給與。

十三、各單位對於用人費須嚴加控管，各單位當年度用人費實際支出總額，不得超過該單位當年度用人費之預算數。

十四、薪給資料為公司之業務機密資料，從業人員應負保密之責，如有違反，依規定嚴辦。

十五、本要點經董事會核議通過後實施，修正時亦同。

資料來源：台灣肥料股份有限公司行政處。〈典章制度：台灣肥料股份有限公司從業人員薪給管理要點〉。《台肥月刊》（2000/01），頁74-76。

第十一章　員工福利與服務

- 員工福利制度概念
- 職工福利組織
- 創意性福利制度
- 自助式福利計畫
- 員工協助方案
- 員工福利規劃新思潮
- 結　語

> 自行束脩以上，吾未嘗無誨焉。
>
> ——《論語·述而篇》

故事：爭取福利三部曲

齊人有馮諼者，貧乏不能自存，使人屬孟嘗君，願寄食門下。

孟嘗君曰：「客何好？」曰：「客無好？」曰：「客何能？」曰：「客無能？」

孟嘗君笑而受之，曰：「諾。」左右以君賤之也，食以草具。

居有頃，倚柱彈其劍，歌曰：「長鋏歸來乎！食無魚。」左右以告。

孟嘗君曰：「食之，比門下之客。」

居有頃，復彈其鋏，歌曰：「長鋏歸來乎！出無車。」左右皆笑之，以告。

孟嘗君曰：「為之駕，比門下之車客。」於是乘其車，揭其劍，過其友，曰：「孟嘗君客我。」

後有頃，復彈其劍鋏，歌曰：「長鋏歸來乎！無以為家。」左右皆惡之，以為貪而不知足。

孟嘗君曰：「馮公有親乎？」對曰：「有老母。」孟嘗君使人給其食用，無使乏。

於是馮諼不復歌。

小啓示：曾擔任谷歌（Google）中國區總裁的李開復，他跑遍了北京的美食店，就是替公司的餐廳找一位適任的大廚，因為他認為：「抓住了員工的胃，就抓住人」。但在規劃員工福利不能採用「滿漢全席」，一次到位，因為「人」的慾望無窮，而要「細水長流」。

資料來源：漢朝劉向編訂《戰國策·齊策·馮諼客孟嘗君》。《新譯古文觀止》（革新版）（1997），頁231-236。

二十一世紀被視爲知識經濟時代，科技產品的日新月異、全球化的經營格局，人才成爲企業成敗的樞紐，留住企業「菁英」，非核心專業的職務外包，是現階段企業人力資源管理的重點。「股票認股權」（長期激勵）取代了「分紅入股制」（短期激勵效果）；工作壓力的增加，爲了避免造成員工的憂鬱症，企業開始重視「員工協助方案」的規劃；爲了避免員工「過勞死」，健康休閒設施的添購，也成爲企業重視員工福利的一項重要指標。

2005年7月1日實施的《勞工退休金條例》，以個人帳戶制每月累積個人退休金的規定，促使勞工在勞動力職場的「異動」加速。未來企業福利與服務的規劃，將趨向針對「個人化」來設計，諸如協助「員工職涯規劃」與「第二專長的培育」，才能吸引、激勵、留住優秀的人才。

圖11-1　影響薪酬與福利水準的因素

資料來源：Robbins, Stephen and Mary Coulter (2013). *Management*. Prentice Hall, Person Education, Inc. 引自羅彥棻、許旭緯編著（2017）。《人力資源管理》（第三版），頁7-4。全華圖書。

表11-1　新舊勞工退休制度比較

法律	勞動基準法（舊制）	勞工退休金條例（新制）
制度	採行確定給付制，由雇主於平時提撥勞工退休準備金，並以事業單位勞工退休準備金監督委員會之名義，專戶存儲。	採行確定提撥制，雇主應為適用勞基法之勞工（含本國籍、外籍配偶、陸港澳配偶、永久居留之外籍人士）按月提繳不低於勞工每月工資6%之退休金或保險費，以個人退休金專戶制為主、年金保險制為輔。
雇主負擔	勞工退休準備金採彈性費率，以事業單位每月薪資總額之2%～15%作為提撥基準。雇主係於勞工退休時，始按勞工工作年資計算退休金數額，故雇主應提撥之退休準備金金額較難估算。	退休金提繳率採固定費率，雇主負擔成本明確。提繳率不得低於6%。
勞工負擔	勞工毋需負擔。	勞工毋需負擔（勞工在其每月工資6%範圍內可以另行個人自願提繳退休金，自提部分得自當年度個人綜合所得總額中全數扣除）。
收支保管單位	臺灣銀行（信託部）。	勞保局／保險公司。
退休（準備）金專戶所有權	雇主。	勞工。
年資採計	工作年資採計以同一事業單位為限，因離職或事業單位關廠、歇業而就新職，工作年資重新計算。	工作年資不以同一事業單位為限，提繳年資不因轉換工作或因事業單位關廠、歇業而受影響。
退休要件	勞工工作15年以上年滿55歲者、工作25年以上者或工作10年以上年滿60歲者，得自請退休；符合勞動基準法第54條強制退休要件時，亦得請領退休金。	新制實行後，適用勞退新制之勞工年滿60歲，即可向勞保局請領退休金，提繳年資滿15年者得選擇請領月退休金或一次退休金；未滿15年者，請領一次退休金。 另選擇適用年金保險制之勞工，領取保險金之要件，依保險契約之約定而定。 ※選擇適用新制前舊制年資之退休金：勞工須符合勞動基準法第53條（自請退休）或第 54條（強制退休）規定之退休要件時，向雇主請領退休金。
領取方式	一次領取退休金。	領取一次退休金或月退休金。

（續）表11-1　新舊勞工退休制度比較

法律	勞動基準法（舊制）	勞工退休金條例（新制）
退休金計算	工作年資前15年每1年給2個基數。第16年起每1年給1個基數，最高總數以45個基數為限。未滿半年者以半年計；滿半年者以1年計（基數按退休前6個月平均工資計算）。	個人退休金專戶制： 1.一次退休金：一次領取個人退休金專戶之本金及累積收益。 2.月退休金：個人退休金專戶累積本金及收益，依據年金生命表，以平均餘命、利率等因素計算每月應核發退休金金額定期按季發給。 年金保險制：領取金額，依保險契約之約定而定。
資遣費	每滿1年給予1個基數。	按其工作年資，每滿1年發給二分之一個月平均工資，未滿一年者，以比例計給；最高以發給6個月平均工資為限。
特色	1.鼓勵勞工久任。 2.單一制度，較易理解。	1.勞工退休金可累積帶著走。 2.擴大適用範圍。 3.勞工得自願提繳並享稅賦優惠。 4.退休金有最低保證收益。 5.遺屬或指定請領人可請領死亡勞工之退休金。 6.仍得請領資遣費。 7.提繳率明確，利於企業估算退休金成本。

資料來源：勞動部勞工保險局（2019/05）。〈新舊勞工退休制度比較〉，file:///C:/Users/DJ1/Downloads/1080514。

第一節　員工福利制度概念

與員工薪資一樣，員工福利與服務也是組織給予員工激勵的一部分。上世紀三〇年代的經濟大蕭條，在工資和物價緊控時，企業不可能給員工加薪，故給予一定的補貼福利。如今，就業者期望能從工作中合理地過渡到個人與家庭生活。

企業實施福利政策時，各項福利制度的目標、規劃與執行都應兼顧吸引外部優秀的人才、內部留才及提升員工向心力爲任務，促進勞資和諧爲宗旨。福利活動的設計應力求多樣化，讓員工有多種選擇活動的機會，

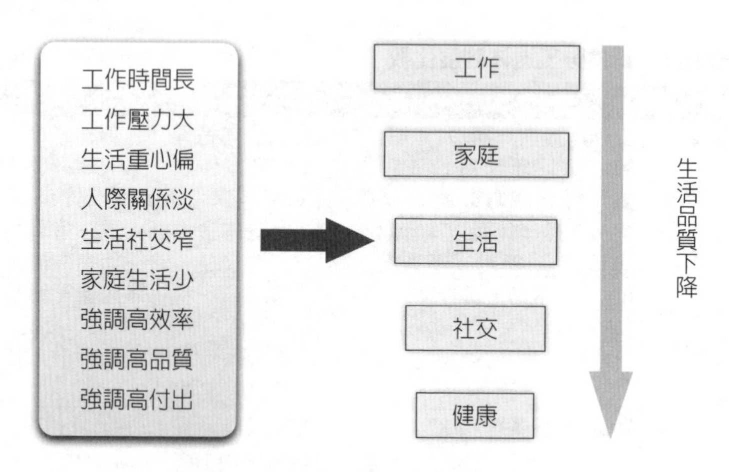

圖11-2　科技產業員工和生活的變化

資料來源：丁志達主講（2018）。「薪酬福利規劃與管理實務訓練班」講義。台灣科學工業園區科學工業同業公會中區辦事處編印。

進而擴大員工參與面。同時，員工福利規劃要保留部分爲自助式活動（員工自辦），以配合員工不同的興趣與需求，輔助員工成立各種社團，並藉社團活動培養員工之間團隊合作的精神。

一、企業推行福利制度的原因

員工福利（employee benefits）係指在工資以外對員工的報酬，通常與員工的績效無關。企業推行福利制度的原因有：

(一)取得競爭優勢

1.吸引人才：良好的福利制度可以幫助企業招聘到足夠的員工。
2.留住人才：人才通常因良好的福利制度而留在企業。
3.分享成果：企業目標達成所得到的盈餘，可透過增加員工的福利，使員工分享公司的成功。

(二)福利效益

由於企業可以利用集體採購的優勢壓低整體福利成本，使員工一方面享有低於市價的福利商品或服務，一方面又可以使公司用較少成本達到

較大員工滿意度。

(三)社會責任

它有利於企業履行對員工及其子女應盡的社會責任。例如：智邦科技在政府規定的有薪育嬰假之外，還提供十個月帶薪育嬰假。

員工福利制度推行成功的關鍵要考量公司獲利能力、員工需求、市場競爭力、政府法令規定等。在參考就業市場其他廠商做法的前提下，盡量照顧到員工的需求，讓員工在工作上都能感到滿足而愉快。

國內企業鼓勵員工生育補助對策

企業	鼓勵員工生育補助對策
台積電	台灣廠區設4所幼兒園，打造孕婦友善職場。
豐泰企業	廠區設有幼稚園，費用比公設便宜3/4。如今豐泰幼稚園裡的第一批「泰豐寶寶」已有人做到豐泰處長級主管。
台灣微軟	推出四大假別：產假、陪產假、領養假、家庭照顧假，合計最高180天全薪給付休假福利。
中華電信	0～6歲，每年5千元托兒津貼，從小學到大學都提供學雜費補助。
智邦科技	鼓勵辦公室戀情。婚後夫妻倆每月各給3千元津貼。另外，員工還可申請10個月育嬰假，享有四成薪，上限1.5萬元的育嬰津貼。
信義房屋	第二胎（含以上）生育獎勵金12萬元。
朋程科技	生產均有2.3萬元生育補助，從出生到23歲，每年提供1萬元助學金。
第一銀行	每胎10萬元，雙胞胎補助20萬元，並有未婚聯誼補助。
彰化銀行	每胎3萬元、第二胎6萬元、第三胎以上每胎10萬元補助。
合作金庫	第一胎6萬元、第二胎8萬元、第三胎以上每胎10萬元補助。
上銀集團	新生兒每月補助5千元，領至3歲。
華邦電子	新生兒每月補助5千元，領至4歲。
六角國際	生第一胎補助3萬元、第二胎6萬元、第三胎12萬元。

說明：因各公司生育相關措施隨時調整，實際情況可能有所出入或改變。

資料來源：上述各公司；引自〈設幼稚園、未婚聯誼補助，更鼓勵辦公室戀情〉。馬自明、楊倩蓉整理（2021）。《商業週刊》，第1742期（2021/04/05～2021/04/11），頁74。

二、企業制定員工福利制度原則

與同業之間的企業福利政策作比較，積極地將公司的員工福利定位在勞動力市場領先公司之一，即讓公司的福利躋身領先公司之林，以便在市場上保有競爭優勢。

1.內部公平：建立客觀、公平的福利制度，落實一分努力，一分收穫，以達成福利與激勵員工的效果。
2.外部競爭力：企業在規劃員工福利時，除了照顧員工需求外，企業還要考慮到公司人才在勞動力市場上的競爭性、公司的成長，以達永續經營的目的。
3.對員工公開且公正：誠信原則是企業經營一貫的堅持，企業與顧客如此，對部屬亦然，一切作業公開、公平，並且鼓勵員工勇於申訴。
4.基於員工對企業的貢獻：規劃福利制度時，不要僅依年資考量，若加入工作績效對組織的貢獻，則福利制度將更能與組織的經營相配合。

福利必須與人力資源的運用和發展建立關係，亦即福利必須建立在培植人力資源的組織文化。

三、福利項目分類

提供員工福利與服務是組織留住內部員工的「籌碼」、吸引外界優秀人才「投靠」的參考指標，及提升組織形象的有效方法。在組織層面能保持產業的競爭力，提高組織的形象；在員工方面，能提升員工的士氣、激發員工對組織的向心力、促進員工的身心健康、發揮工作潛能、增進員工的生活品質，取得生活與工作的平衡點。

上銀科技福利制度

福利制度	項目
保險／醫療保健	團體保險、定期健檢、流感疫苗施打
全方位照顧員工的保險計畫	依法為每位同仁投保勞工保險、全民健康保險，使同仁得到充分的保障。此外，為確保員工及其家屬之生活保障，另增加員工及員工眷屬之醫療、意外、重大疾病等團體保險。
防疫假	因應COVID-19，防疫期間核給國外出差人員有薪「因公防疫隔離假」；照顧家人或自主隔離者，核給不影響全勤之「防疫隔離假」，讓員工共同為防疫作戰。
托嬰補助	鑒於台灣生育率低落，已形成國家未來隱憂，為鼓勵員工生育並分擔員工的托嬰支出，公司提供三年共18萬元／每名子女的托嬰補助，善盡企業社會責任。
聚餐補助	為發展、激勵員工及團隊能力，公司每季給予部門「聚餐補助」，讓同仁可安排團體聚餐或娛樂，在工作之餘能放鬆心情及拉近彼此距離。
婚喪補助	為健全員工福祉，同仁依職等、年資享有新台幣3,600-60,000元不等之結婚禮金；若本人或眷屬不幸喪亡亦有新台幣3,100-110,000元之奠儀慰問金。
員工宿舍	考量外地員工住宿費用及安全問題，公司貼心提供價格低廉且有完善安全管理制度之員工宿舍，24小時警衛及防災演練，並落實舍監關懷，讓員工可以住得安心、增進人際互動及節省開支。
員工分紅	公司年度如有獲利，提撥員工紅利10%（含）以下，但不低於1%，分派員工酬勞，使勞資雙方共享經營成果。
其他	員工餐廳、員工停車場、免費提供加班伙食及點心、旅遊補助、三節禮券、生日禮券、特約商店折扣、運動比賽獎金、按摩服務、不定期藝文活動、多元身心健康活動等。

資料來源：上銀科技福利制度，https://www.hiwin.tw/stock/employee_welfare_measures.aspx（上網日期：2023/02）

企業主要實施的福利項目，分爲法定福利類、醫療保健類、經濟性福利類、娛樂及輔導性活動類、員工服務類和其他類等六大類型。企業如何在有限的資源下，創造出別出心裁的員工與服務項目，讓員工能夠體會企業組織照顧員工的用心，是未來人力資源管理的重要挑戰。

表11-2　企業員工福利項目的分類

法定福利類	醫療保健類	經濟性福利
・勞工退休金提撥（繳） ・分紅 ・員工年度體檢 ・勞工保險 ・健康保險 ・育嬰假	・員工本人與眷屬醫療保險（人壽險、意外險、疾病／住院醫療保險、防癌險） ・保健服務（醫療諮詢） ・提供醫務室（專任／特約醫生、護理人員） ・提供特約醫院 ・健康人生服務計畫	・員工儲蓄（互助金）計畫 ・員工退職金計畫 ・住屋租賃補助 ・優惠購屋貸款 ・公司產品優惠價 ・優惠存款計畫 ・消費性貸款補助 ・購買汽車貸款 ・理財講座
娛樂及輔導性的活動	**員工服務**	**其他**
・康樂性福利活動計畫 ・國內外旅遊補助 ・休閒俱樂部費用津貼 ・健身房 ・年度旅遊 ・社團補助 ・藝文活動 ・運動會 ・遊園會 ・電影晚會	・大哥、大姊制度（新進人員） ・交誼中心 ・飲食設施服務（餐廳） ・福利社（平價供應日用品） ・法律顧問／財務顧問／心理諮詢服務 ・特約輔導室（員工服務中心） ・提供員工宿舍 ・交通服務（交通車） ・圖書閱覽室 ・特約商店購物折扣 ・停車場 ・內部刊物	・員工急難救助計畫 ・公司產品的折扣 ・員工子女教育補助計畫 ・員工子弟學校（幼稚園、托兒所、補習學校、育嬰室） ・喜慶賀禮 ・建教合作 ・工作服與免費洗滌服務 ・第二專長的培訓

資料來源：丁志達主講（2019）。「薪酬福利規劃與管理實務訓練班」講義。台灣科學工業園區科學工業同業公會編印。

表11-3　實施員工福利的目標

・提高員工士氣	・降低缺席率
・滿足員工健康與安全的需求	・提高生產力
・激勵員工	・降低固定人事成本
・增進員工工作滿足感	・容易羅致人才
・改善勞資關係	・增進員工歸屬感
・留住好員工	・彌補薪資的不足
・降低離職率	・增進企業形象

資料來源：丁志達主講（2021）。「薪資管理與設計實務講座班」講義。財團法人中華工商研究院編印。

福利制度的設計與執行，必須考量企業的財務負擔能力與需求，以及相對於勞動市場的定位，然後訂出初步框架，納入員工的期望，方能產生合適的福利制度，以達到提升員工對組織的向心力、降低流動率及提高工作滿足感的目標。

第二節　職工福利組織

員工福利制度的內涵，包括規範性的福利與非規範性的福利兩類。職工福利金提撥（《職工福利金條例》）、勞工退休準備金提撥（《勞動基準法》）、勞工退休金提繳（《勞工退休金條例》）、職業災害補償（《職業災害勞工保護法》）等，均屬於政府法律規定企業必須遵守、提供的員工福利；而非規範性的福利，則依企業經營理念、經營規模與財務負擔的能力而有別與其他企業的福利而制定。

根據《職工福利金條例》第1條規定：「凡公營、私營之工廠、礦場或其他企業組織，均應提撥職工福利金，辦理職工福利事業。」

一、適用對象

依據《職工福利金條例》第1條、第5條及前行政院勞工委員會92年3月24日勞福1字第0920016167號令規定，凡公營、私營之工廠、礦場或平時僱用職工在五十人以上之金融機構、公司、行號、農、漁、牧場等之其他企業組織，均應提撥職工福利金，設置職工福利委員會，辦理職工福利事業。

二、設置職工福利委員會

適用《職工福利金條例》之事業單位應依該條例及《職工福利委員會組織準則》規定訂定規章，並向事業單位所在地勞工行政主管機關提出設立申請。

三、職工福利金來源

依據《職工福利金條例》第2條規定，職工福利金的來源有：

1.創立時就其資本總額提撥百分之一至百分之五。
2.每月營業收入總額內提撥百分之〇・〇五至百分之〇・一五。
3.每月於每個職員工人薪津內各扣百分之〇・五。
4.下腳變價時提撥百分之二十至四十。

四、職工福利金之保管運用

依據《職工福利金條例》第5條規定：「職工福利金之保管動用，應由依法組織之工會及各工廠、礦場或其他企業組織共同設置職工福利委員會負責辦理；其組織規程由勞動部訂定之（第一項）。前項職工福利委員會之工會代表，不得少於三分之二（第二項）。」

五、職工福利金動支之範圍及對象

針對「人才荒」的就業市場，「獵人行動」的特效藥是提高薪資，但這卻有它長遠的後遺症。當產業景氣衰退時，薪資將變成企業經營上長期的負擔，如加班費、勞保費、健保費、退休金提撥（提繳）等項，都以薪資馬首是瞻，勢必會產生連鎖反應。採用「進可功、退可守」的福利措施，是企業穩健經營的法寶，各行各業在福利項目中可依各企業體質量力而爲，吸引人才，共創業績。

1.福利輔助項目：婚、喪、喜、慶、生育、傷病、急難救助、急難貸款、災害輔助等。
2.教育獎助項目：勞工進修補助、子女教育獎助等。
3.休閒育樂項目：文康活動、社團活動、休閒旅遊、育樂設施等。
4.其他福利事項：年節慰問、團體保險、住宅貸款利息補助、職工儲蓄保險、職工儲蓄購屋、托兒及眷屬照顧補助、退休職工慰問、其

他福利等。

以上各款動支比率不予限制，惟各款動支比率合計不得超過當年度職工福利金收入總額百分之百。職工福利金以現金方式發給職工，應以直接普遍爲原則，並不得超過當年度職工福利金收入總額百分之四十。

依據行政院勞工委員會（現改制爲勞動部）80年6月26日台80勞福一字第15538號函：「事業單位歲末尾牙宴請全體員工聚餐，係屬事業主慰勞員工一年來之辛勞所舉辦之活動，非一般由職工福利委員會主辦之聚餐活動，故尾牙聚餐費用自不宜動支職工福利金。」

福利項目的多元化與豐富化，基本上是由企業創造出的利潤多寡而決定，提高生產力的質與量，係靠勞資雙方的「互信、互諒、共存、共榮」的共識，才能逐步實現。未來的工作者，將追求被關懷、被尊重以及工作成就感。

表11-4　員工報償的內容

<table>
<tr><th colspan="2">類別</th><th colspan="2">項目</th><th>內容</th></tr>
<tr><td colspan="2" rowspan="4">基本薪資</td><td colspan="2">保健為基礎的給付</td><td>維持最低生活水準與市場競爭力</td></tr>
<tr><td colspan="2">職務為基礎的給付</td><td>因職務不同而異</td></tr>
<tr><td colspan="2">績效為基礎的給付</td><td>以績效評估的結果來給予</td></tr>
<tr><td colspan="2">技能為基礎的給付</td><td>按個人條件（學歷、經歷）給予</td></tr>
<tr><td colspan="2" rowspan="6">獎金</td><td colspan="2">績效獎金</td><td>年終分紅、考績獎金</td></tr>
<tr><td colspan="2">全勤獎金</td><td>全勤獎金、不休假獎金</td></tr>
<tr><td colspan="2">年節獎金</td><td>春節、端午、中秋</td></tr>
<tr><td colspan="2">團體績效獎金</td><td>利潤分享計畫、成果分享計畫</td></tr>
<tr><td colspan="2">員工入股分紅</td><td>依企業利潤與員工績效發給或申購</td></tr>
<tr><td colspan="2">股票選擇權</td><td>依管理者僱用契約給予，一定時間後實現</td></tr>
<tr><td rowspan="6">福利</td><td rowspan="5">法定福利項目</td><td rowspan="2">保險</td><td>勞工保險</td><td>生育、傷病、殘廢、失業、老年、死亡</td></tr>
<tr><td>全民健康保險</td><td>疾病、傷害與生育之醫療</td></tr>
<tr><td colspan="2">退休金</td><td>平均薪資乘以基數</td></tr>
<tr><td colspan="2">撫卹金</td><td>喪葬津貼、遺屬津貼</td></tr>
<tr><td colspan="2">假期</td><td>例假日、法定假期、特別休假</td></tr>
<tr><td>其他服務項目</td><td colspan="3">團體保險、保健、經濟協助、康樂性活動、伙食、宿舍、交通、合作服務、顧問輔導、進修、兒童照顧等</td></tr>
</table>

資料來源：張緯良（2019）。《人力資源管理》，頁307。雙葉書廊。

第三節　創意性福利制度

福利措施的目的不是爲了創造優渥的工作誘因，而是在公司的能力所及，協助員工解決生活雜事，讓員工能專心在激發創意思維、提高工作效率。美國職業資訊網「Glassdoor」的職業趨勢分析師斯科特．多布羅斯基（Scott Dobroski）稱：「員工福利很重要，因爲這是員工薪酬之外增加的價值。福利確實會影響到人才招募，福利肯定會讓有前瞻性的人才對一家公司感興趣並且吸引他加盟，但是研究表明，一旦他被公司聘僱，影響他對公司滿意度的最大因素就不是福利了，而是企業文化和價值觀、職業機會以及主管的人格魅力，這些因素會直接影響到一家公司的人才保留率。」

高薪不是決定員工滿意度的唯一因素。一項調查發現，57%的人在選擇工作時認爲各項津貼和福利也是他們優先考慮的因素之一。大約80%的人甚至表示，比起加薪，他們更希望雇主提供新穎的福利。越來越多的雇主認識到了這個趨勢，許多工作福利方案越來越具有創意和誘惑力，因爲企業之間都在相互競爭以吸引和留住最優秀的員工。

企業爲了留才，激勵員工一起來打拚，分享企業經營成果。企業主要緊抓著新趨勢的脈動，尋找自己企業文化特質的立基點，讓員工享受到「幸福企業」所帶來的一股溫馨與感動。爲使企業在兼顧社會責任，塑造優質職場環境、創造職場幸福價值、促進勞資和諧，使員工對企業的認同感與向心力增強，英格蘭華威大學（University of Warwick）的研究也指出，快樂可以讓人增加12%的生產率，不開心的員工則會減少10%的生產率，工作快樂度對生產效率有更大及更正面的影響。幸福企業就是和諧友愛、快樂工作、共同富裕、共同發展、受人尊敬、健康長壽的企業。管理中最大的學問就是「帶心」，幸福企業就是從與員工的同理心出發，解決員工的問題，讓他們覺得在企業中工作愉快，感受到雇主對他們的照顧，安心工作、發揮創意、全力以赴。

鼎泰豐的員工餐

民國47年年創立的鼎泰豐，從原本的巷口小吃店發展成全球餐飲品牌，在躋身世界美食舞台之際，始終不忘「食材要天然、擀麵要手工、內餡要實在」的堅持，以小籠包聞名。

鼎泰豐對員工餐的重視程度不亞於販售的餐點，雖然無法做到像門市現點現做，但要跟著員工用餐人數出菜。例如中和總部設有總管理處、品研與央廚，共約三百人，雖然分成四批用餐，也需要在短短兩小時內出餐完畢。

員工餐是天天變化的三種菜色，配上糙米飯、料多鮮湯。每週菜單由總監審核，再請營養師計算熱量營養成分是否均衡，每週提供三次水果，並講究配色，例如主菜是梅干扣肉、豆瓣魚、宮保雞丁等黃色系，就要搭配綠色蔬菜。湯也要精心烹調，每天更換湯品，如鳳梨苦瓜雞湯、竹筍排骨湯、自製魚丸菜頭湯、酸辣湯等。冬天氣溫低於20度，就要熬煮薑湯給員工喝。

早餐週一至週五可點麵類餐點，搭配炒青菜；週末生意量大，耗費體力多，早餐吃炒飯。晚上的用餐也是每天不同，如肉羹麵、什錦炒麵、黑輪關東煮、炒米粉、義大利麵、烏龍麵等。

資料來源：林靜宜（2016）。《鼎泰豐有溫度的完美》，頁139-140。天下文化出版。

最「貴」的福利制度，並不一定是最「好」或最能「滿足」員工的福利制度。發揮創意、貼近員工的需求，才能讓員工體會公司對福利的用心。

表11-5　企業舉辦文康活動項目

・健行活動	・園遊會
・社團內部競賽	・烤肉活動
・社團外部競賽	・春酒
・KTV歌唱比賽	・球類比賽
・公司週年慶	・家庭日活動
・舞會	・藝文季
・登山活動	・藝文走廊
・員工尾牙	・運動季
・員工旅遊	・電影欣賞系列
・運動會	・單身聯誼會

資料來源：丁志達主講（2021）。「薪資管理與設計實務講座班」講義。財團法人中華工商研究院編印。

第四節　自助式福利計畫

二十一世紀人人喜歡並追求一種自我風格，強調個性化和可選擇性。爲了迎合個人的需求，自助式（彈性）福利的觀念已變成人力資源管理上的新趨勢。自助式福利計畫（cafeteria plans）在管理上的重大突破，在於它深深地印證了以人爲本的現代管理理念，它客觀上尊重了員工的自我需要的價值，至少使員工能意識到這一點，這本身就是一種成功。

自助式福利計畫或稱彈性福利計畫（flexible-benefit plans），係指員工可以依照本身的需求與生活方式，於公司在控制成本下所提供的各種福利方案中，選擇最能滿足自己的福利方案。企業也希望在現行有限的資源下，找出員工可較多選擇、較多彈性應用的可能性，務期在不影響企業競爭力的前提下，盡量照顧到員工的需求，提升員工工作滿意度及其生活品質，使人人樂在工作，強化組織的向心力。

創意性員工福利做法

企業名稱	創意性福利做法
美商艾汾	每週五讓員工帶「寵物」上班
智邦科技	內部員工結婚，每月每人各補貼NT$3,000
緯創電子	提供孕婦保留車位
麥奇數位	淋浴間／新鮮水果供應／精緻午茶點心
台北君悅	壽星生日假
戰國策	提供董事長椅子、情緒假
中國人壽	專業考試費補助及獎勵金
台灣安侯建業	「桑拿」免費服務
台灣勤業衆信	提供深海魚油、綜合維他命補品
中華汽車	新生入學假、幼兒園
台灣應用材料	免費早餐（中西式）、免費咖啡和茶包；每學年每人金額16.5萬元之學分／學雜／書籍費用；三年免息36萬汽車貸款
完美移動	志工假
裕隆汽車	禮俗假
甲古文（台灣）	當員工服務滿第三年、第五年、第七年時，當年各多5天年假
立錡科技	生日禮券（配偶生日亦享禮券）
訊連科技	部門辦公室布置成不同的主體風格
世平興業	生日假、幼稚園（6折優待，提供雙份早餐）
台耀遠大	免費提供鮮奶及午晚餐、遠距離者提供宿舍
大同	重陽敬老禮品
聚陽實業	樣衣（公司產品）拍賣會
明基／達興	訂婚假
裕隆汽車	子女結婚假／子女開學假（幼稚園／小學）／新生兒賀禮

資料來源：丁志達主講（2019）。「薪酬福利規劃與管理實務訓練班」講義。台灣科學工業園區科學工業同業公會編印。

一、自助式福利計畫的目的

企業實施自助式福利計畫的目的，一是爲了更有效滿足員工個別的需求，以激勵員工士氣及工作績效，二是爲了有效控制福利成本。自助式

福利計畫的特色，在於提供了員工自由選擇福利的權利，讓員工依照個人或家庭的狀況，在更多的金錢回饋、醫療保健或休閒生活上得以有不同的選擇。對企業而言，所付出的是相同的成本代價，以滿足員工不同的需求，有利於提升員工滿意度。

二、自助式福利計畫的推展做法

如何在控制員工福利成本和滿足員工不同福利需求之間取得平衡，是現代企業福利管理制度面臨的重大問題。在多變的資訊社會裡，個人主義的氣息逐漸普及，管理者如要發揮效能，針對個人所需而發展出的彈性福利政策，不僅可以提高員工工作士氣和滿意度，也能夠增加員工對公司的認同感，即使所花費的代價高昂，但無形的收益卻能讓公司茁壯成長。

企業實施自助式福利計畫的推展做法有：

(一)徵詢員工意見

採用問卷方式，調查員工眞正需求，並配合企業競爭力的考量，擬訂初步福利項目清單。

(二)內部高階主管的訪談

藉由對高階主管的深度訪談，以各主管自身領域爲出發點，瞭解他們對這項新福利制度的期待和考量點，以爲制度規劃時的考量依據。

(三)蒐集相關資料

透過查閱國內外相關書籍、雜誌，以及調查同業中實施的現況，以瞭解外界一般在員工福利上的做法。它一方面可界定企業的競爭優勢，另一方面也可參考別人的做法，積極地將企業的福利定位於市場領先公司之一。

(四)執行方法

自助式福利計畫執行方法有下列三點：

1.編列年度福利經費預算。

2.提供政府保障勞工的基本福利項目。

3.公司保障的基本福利：基於年資、工作績效、對組織的貢獻三個構面的考量，提供每個員工定額的點數，讓員工拿到的點數自選福利。

(五)善用免稅的福利

公司考慮到員工福利時，可多利用免稅福利（不用列入個人所得稅的申報給付項目）。

(六)配合行銷觀念

員工福利制度也和產品一樣需要促銷、打廣告。在規劃自助式福利制度的同時，需要配合積極的行銷活動，讓員工清楚知道公司照顧員工的心意、立場，員工可以擁有的福利內容及如何使用它。

(七)提供福利手冊

準備一份簡單易懂的手冊來描述每項福利的成本與內容，並定期補充資料，以保證它總是跟得上最新發展。

第五節　員工協助方案

員工身心靈健康是公司成功的基石。員工協助方案（Employee Assistance Programs, EAPs）首創於1939年，新英格蘭電話電報公司（New England Telephone and Telegraph Company）爲有酗酒習慣員工的服務。根據美國員工協助專業協會（Employee Assistance Professionals Association, EAPA）的定義，員工協助方案係指企業或組織爲了協助員工及提升生產力，而提供一系列的員工協助專業服務方案，目的在於發現並解決有關影響員工工作表現的個人問題，包括：健康、婚姻、家庭、財務、酒癮、法律、情緒及其他。

IBM福祉諮詢方案

國際商業機器公司（IBM）是家跨國公司，在導入員工協助方案（EAPs）前跟導入EAPs後之相關職場數據（如疾病率降低、壓力與效率關聯性、壓力對員工健康影響等），並提供一些健康風險、財務數字、員工生產力之佐證分析統計，證明企業導入EAPs帶來的有形無形效益超越預期，經觀察企業在導入EAPs後造成了組織氣候改變、降低人事成本、生產力提升、員工行為改變等，於IBM進一步推動進階版EAPs計畫——IBM福祉諮詢方案。

IBM福祉諮詢方案植基於五種面向：目標（人生方向與個人價值一致）、生理（傷病、能量、活動等）、心理（精神疾病、藥物濫用、態度）、社交（健康人際、認同感）、財務（財務福利、進修規劃）。

IBM將EAPs委託印度臥騰（OPTUM）顧問公司辦理，其全球福祉方案運用了當地及跨國資源，IBM通常透過健康教育提升病識感，利用定期健康檢查及篩檢找出個案，規劃適合個人的福祉方案，優先提供在地支援，並輔以來自中央的全球性支援服務，以協助員工度過難關。

下一世代EAPs福祉計畫為醫師諮詢、心理諮詢、情境管理、孕產照顧、福祉諮詢、法務與財務諮詢、家庭照護、管理者熱線、家庭。

宣傳方式：OPTUM顧問公司採行宣傳方式，包含紙本印刷宣傳品、透過行動上網、平板、筆電傳送宣傳文件。

IBM福祉諮詢方案項目

醫療支援				行為支援	福祉支援
醫療團隊	孕產支援	醫療決策諮詢	病況管理	EAPs服務	福祉coaching
1.症狀檢查及自我照護建議 2.用藥、疫苗諮詢及篩檢 3.小傷病照護 4.上呼吸道感染 5.急性小兒疾病	1.孕產期健康習慣 2.用藥諮詢 3.產檢計畫 4.健康生產 5.產後憂鬱症防治	1.手術及替代方案諮詢 2.背痛管理 3.泌尿問題解決方案	1.糖尿病 2.高血壓 3.心血管疾病 4.B型肝炎 5.高卡路里 6.關節炎	1.壓力管理 2.憂鬱症及躁鬱症 3.人際關係議題 4.經理人輔助 5.重大事件支援 6.財務及法務諮詢	1.體重管理 2.戒菸 3.體適能 4.睡眠 5.熱量管理 6.健康習慣養成與維繫

資料來源：陳嵐嵐（2015）。〈2015年世界員工協助專業研討會（EAPA）出國報告——IBM福祉諮詢方案〉，file:///C:/Users/DJ1/Downloads/C10403284.pdf。

演變至今，員工協助方案提供的範圍涵蓋面甚廣，主要的有下列幾項：

1.工作問題：包括知識與技能的學習、職位升遷、職務轉調、壓力鬆弛、工作環境改善、促進安全衛生、管理技巧、人際溝通技巧、生涯規劃等問題。
2.健康問題：包括醫療服務、心理諮商、情緒問題、健康檢查、健康教育等問題。
3.家庭問題：包括婚姻問題、家庭關係、單親子女教育問題、子女就學貸款、獎助學金等問題。
4.福利服務：包括與職工福利委員會掛鉤，舉辦相關員工福利事項。
5.其他服務：包括申訴服務、法律服務、勞資爭議處理、員工紛爭調處等問題。

全面關懷的同仁協助方案

諮商輔導	財務支援	醫療保健	食衣住行育樂	其他服務
‧心理諮詢 ‧法律諮詢 ‧申訴處理 ‧新人諮詢 ‧離職面談 ‧建教生輔導	‧生育、結婚禮金 ‧同仁廠外聯誼金申請 ‧住院慰問金 ‧急難救助金 ‧無息急難貸款 ‧勞健團保理賠申請 ‧親喪互助金 ‧獎助學金 ‧資深同仁旅遊補助	‧一般健檢 ‧醫師駐診 ‧子宮頸、骨質疏鬆、口腔癌檢查 ‧疫苗注射 ‧戒菸酒毒宣導 ‧減重班 ‧就醫協助	‧餐廳、便利商店提供 ‧同仁制服領取 ‧同仁宿舍提供 ‧同仁租屋資訊提供 ‧優惠購車 ‧公務派車／假日租車 ‧交通車搭乘 ‧同仁自用車輛車禍協助 ‧中古車委拍資訊提供 ‧兒童夏令營提供 ‧托兒所提供 ‧圖書館 ‧社團辦理 ‧旅遊活動資訊 ‧同仁活動中心提供	‧郵件寄送 ‧派赴海外同仁及眷屬協助 ‧親喪花圈弔唁

資料來源：中華汽車工業公司（2005）。引自「第一屆人力創新獎經驗分享發表會」講義，頁9。

員工協助方案是一種組織機制，透過此方案的推動與執行，以協助解決影響員工工作績效之個人問題與憂慮，最終希望能預防影響工作問題的產生。

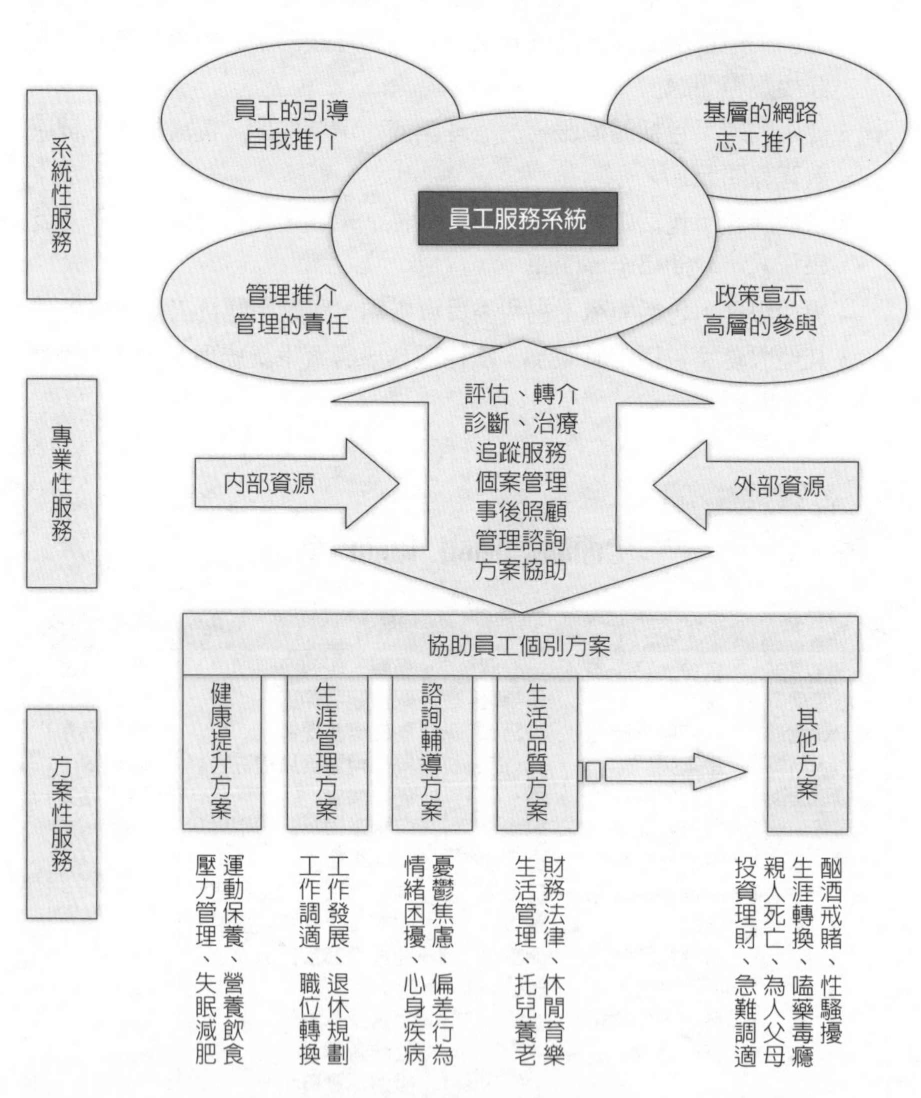

圖11-3　員工協助方案基本架構

資料來源：謝鴻鈞（2000）。〈勞工保險與福利〉。《勞工行政》，第150期（2000/10）。

第六節　員工福利規劃新思潮

二十一世紀的上班族，是「熊掌與魚」都要的薪資與福利的世紀，企業面對創意無限、讓人敬佩的「新生代」，他們想要的是「股票換錢」（股票認股權）遊戲，所以雇主在未來經營歲月裡，就要即早規劃企業員工福利措施何去何從？如何在前頭有競爭敵手，後頭有前仆後繼投入此一產業的新手攪局下，企業要能「絕處逢生」，就要多用「心」經營員工，畫餅、做餅、吃餅，一步一腳印，激勵員工一起來打拚，分享經營成果的「金蘋果」。

未來企業員工福利規劃，將會朝著下列的方向演變，雇主要緊抓著員工福利新思潮的脈動，尋找自己企業文化特質的立基點，讓員工享受到一股溫馨與感動，讓雇主與員工共築的夢想成眞。

一、彈性上班，大勢所趨

在企業制度面，疫情爆發後，企業對混合型工作方式接受度大增，如果員工可採用彈性上班模式，下午先離開辦公室去接小孩，等安置小孩到一個段落再遠端處理公事；像是渣打銀行讓員工在符合法規前提下，彈性安排工作時間及地點。

二、育兒福利，量身訂做

企業如何逐步強化相關育兒福利，讓員工生兒育女更無後顧之憂。例如中華電信提供多元育兒補助及托育中心；精誠資訊增加全薪產假、陪產假天數，優於《勞基法》規定女性勞工有八週帶薪產假；谷歌（Google）則是提供十八週，讓員工產後能充分調適，也大幅降低其離職的比例，另外提供伴侶十二週的全薪陪產假，一起分擔育兒責任（林雅芳，2021）。

輝瑞大藥廠勞動條件

- 工時優於法令。每週工時少於40小時，節慶上班時間予以彈性調整，彈性的工作安排。
- 優化給假。如志工假、特休假第一年10天，每年全薪病假12天、半薪病假18天、婚嫁彈性分次安排等。
- 抒壓的工作環境。如耗資數億元的10級耐震建築。
- 友善保護措施。如對懷孕的女性員工給予孕期可申請在家工作、調整工時、專屬停車位、30天有薪安胎假。
- 家庭照顧與支持，擴及員工的家人、親戚，包括規劃良好的「即時員工協助方案」，由公司聘請醫師、律師、藥師、護理師、會計師等專業諮詢人員，提供即時諮詢，協助解決員工各種生活上的疑難雜症。

資料來源：卓姵君（2017）。〈輝瑞臺灣比輝瑞全球做得更好：勞動權益承襲總公司全球一致化理念〉。《臺灣勞工季刊》，第50期（2017/06），頁81。

三、股票認股，獎勵久任

當勞退新制實施後，澈底打破傳統的留人模式，一位員工必須在同一企業或集團工作二十五年，或工作十五年以上年滿55歲，或工作十年以上年滿60歲者，才有退休金可領的「神話」。企業要留下想要的員工，可要設計另一套可引誘核心專技人才做得越久，工作表現也一直持續不墜的好員工不離職的激勵性「久任獎金」來因應。例如：股票認股權的激勵措施，以留住員工「驛動的心」。

四、合法節稅，惠而不費

當政府的稅收與支出如經常出現入不敷出，產生赤字時，就會修法增稅，被標榜為「頭家」的領薪族要繳的稅也會跟著水漲船高，員工拚命賺錢，也拚命地繳稅。因此，雇主要懂得為員工「避稅」（節稅），利用稅賦上一些支付給員工的金錢，可免列入申報個人所得。例如：員工如為雇主之目的執行職務而支領之加班費不超過規定標準者，可免納所得稅；個

人領取的退職金、離職金等所得，也有限額免稅的規定；員工每人每月伙食費免計入薪資所得之上限金額爲2,400元。這些合法的避稅之道，雇主慷「政府」之慨，「惠而不費」的提供給員工實質的福利，要加以利用。

五、終身學習，如虎添翼

員工在專業上有成長，企業也才會跟著成長。由於二十一世紀被標榜爲知識經濟的年代，企業主如何幫助員工在技能上日新月異，比物質上的照顧更重要，也就是「給員工一條魚吃，不如給他釣竿，指導他到有魚的地方釣到魚」來得實在。

六、福利措施，見風轉舵

近年來，政府投入大量的公共建設，已縮短城鄉差距，早期企業所提供給員工的一些福利項目，是否可借用現成政府已提供的設備（施）而改弦更張，讓雇主節省下來的經費做更有效的運用，推出其他新開發的福利項目使用。例如：隨著各都會捷運系統的陸續通車，企業就可因地制宜，讓員工搭乘捷運大衆交通工具上下班，雇主發給交通補貼來解決龐大的每月租借交通車費用的支出。要照顧員工的福利，雇主要把有限的福利經費用到刀口上，唯有求變、求新才行得通，雇主也才不會因舊的員工福利包袱不能丟，但新的福利項目因員工要求接踵而來傷透腦筋。

七、家庭成員，一起作伙

農業社會重視「五代同堂」，工業社會重視「三代同堂」，知識經濟時代則重視「二代同堂」所組成的小家庭組織，因而，企業未來福利措施的設計，要從廣義的福利對象「家庭成員」著手，才能「擄獲」員工的心。企業掏錢主辦的大型員工活動時，要把員工的「配偶」、「子女」統統邀請到企業來「逗陣」作伙，一起慶祝與歡樂，像傳統習俗延續至今還盛行不衰的「尾牙宴」，員工「單刀赴會」的邀宴模式，漸漸的已產生老闆「等嘸人」來「吃飯」的現象。因此，將「尾牙宴」變革爲「闔府光

臨」的感恩會，才能「門庭若市」，也讓「家庭成員」爲雇主挽留「心愛」的員工不會在過年後「離巢」他就。

範例11-8

凍卵、找代理孕母都有補助拿

企業	產業地位	拚生育措施
微軟	全球最大電腦作業系統企業	基因試驗、不孕症治療補助，女性員工凍卵及頭4年存卵費用補助。
亞馬遜	全球最大電商	補助人工受孕醫療費用與領養申請所需的律師、旅行費用。
網飛	全球最大影音串流平台	自行決定育嬰假長短，平均休4～8個月的育嬰假。
IBM	全球最大資訊技術和解決方案企業	提供每位員工2萬美元領養費用及代理孕母補助。
Zoom	全球最大線上會議軟體	12週全職產假；無限的MTQ（My Time Off）政策，各員工包括懷孕員工可視需求無上限自由安排休假。
輝達	全球最大繪圖晶片公司	懷孕女性員工可享5.5個月全薪生育假。

說明：因各公司生育相關措施隨時調整，實際情況可能有所出入或改變。

資料來源：上述各公司；引自馬自明、楊蒨蓉整理（2021）。《商業週刊》，第1742期（2021/04/05～2021/04/11），頁74。

八、福利活動，廣求民瘼

職工福利委員會每年度舉辦的各項活動時要徵求「民意」，以大部分員工的意向爲意見，降低「怨聲載道」之聲。此外，福利委員會在有限的經費又無法廣闢財源下，爲員工謀取「俗又大碗」的福利，則可聯合其他廠家的福委會以集體採購方式與供應商「殺價」，買到「物超所值」的福利品發給員工，也是未來職工福利委員會規劃福利活動的新思考方向。

九、裁員動作，有情有義

企業爲求永續經營，對於無法再配合企業發展策略需要的那一群「技術已過時，又無法自我提升新技能」的員工，只好用裁員措施資遣離廠而去。因此，企業爲了生存，當經營「順境」時，就要培植員工的第二、第三專長，一旦經營步入「逆境」要「度小月」精簡人員時，能讓這些被點名、被裁撤的員工，利用平日他們在企業工作時學到的專長，馬上轉換職場跑道，到其他企業再找到個人職涯的第二個春天；甚至企業在裁員前，能開課教導員工個人理財的方法，健康保健注意事項，讓他們領到的資遣費、退職金能好好運用，才不致於「失業」、「老本」兩頭空，身體健康又出現警訊，步入可憐的身心憔悴的「晚景」。

十、福利說明白講清楚

企業在制定各項福利實施辦法時，要向員工說明白、講清楚，實施這些福利制定的用意在哪裡？員工達到什麼的工作標準，就能享有哪些制定的遊戲規則內的福利。

十一、福利公益，交叉運用

音樂能洗滌心靈的汙垢，懂得欣賞音樂，也就懂得團隊合作（交響樂）的重要性，雇主應趁早潛移默化員工藝文細胞，來幫助員工心靈建設。例如：台積電文教基金會在2021年3月至7月主辦台積心築藝術季，以「她的舞台」爲題，透過展覽、演出及講座等系列活動，贏得美好的企業形象，將台灣俗諺「摸蜆兼洗褲」這句話，發揮得淋漓盡致。

十二、人文環境，交誼天堂

e世代的新人類，從小養尊處優，在電視、音響、電腦以及與網路息息相關的高科技產品下過活，人際關係的交往已產生隔閡，「家庭」成爲他們最可「依賴」藏身之處，當這一組群人身心疲困時，只想到在網路上

找一些陌生人聊天來自我調適，而不是找同事來「分擔解憂」。這些新人類是新世紀的接班人，雇主在工作環境中，如能重視人文氣息的布置，讓員工願意每天工作片刻休憩時，引導他們到布置典雅、具有「家庭風味設計」的活動空間來跟同事間面對面的「聊天」，分享同事的快樂與痛苦，同時也可把自己心裡「鬱卒」的不愉快事情宣洩出來，讓同事指點迷津，眞正感受到企業跟家庭一樣都充滿「溫暖」與「愛心」，使員工做起事來更有「衝勁」。

福利是提升企業品牌和口碑的絕佳武器，是鎖住員工的溫柔鎖鏈，是公司與員工情感溝通的重要手段，更是人力資源管理提升員工滿意度的幸福課題。2019年8月，樂天株式會社（Rakuten, Inc.）共同創辦人暨人資長（Chief People Officer, CPO）小林正忠的職務變更爲「幸福長」（Chief Well-being Officer, CWO）。他要對全世界的樂天員工說明：幸福（しあわせ），不只是well-doing（指的是把工作做好），更是與well-being（把生活過好）。平衡！對企業來說，一項人性化的福利，往往讓員工感受到公司的貼心關愛，其精神支持遠遠大於物質付出。

結　語

知識經濟時代的人類，在科技文明的進步下，將生活在一個物質不會匱乏，但卻生活在欠缺人際互動往來的網路世界裡，心靈的空虛是新世紀新人類最大的隱憂與危機，個人的需求將轉而對家庭、社團、嗜好、個人福祉上的關注。未來企業員工福利規劃方向是在比「人性」、比「貼心」、比「創意」，引用美國Kepner Trogoe管理顧問公司前總裁昆恩．史賓瑟（Quinn Spitzer）所言：「過去衡量企業的指標，是看員工創造了多少經濟價值，以後會變成看企業如何對待員工，因爲前者看的是過去，後者看的卻是未來。」

第十二章　薪酬管理最佳實務

- 國際商業機器公司（績效獎酬制度的變革）
- 林肯電氣公司（績效薪酬策略）
- 台灣積體電路公司（薪酬管理制度）
- 統一企業公司（職位分類薪資制度）
- 聯想集團（合理的薪資，貼心的福利）
- 谷歌公司（低成本的福利）
- 可口可樂彈性福利計畫（My Choice計畫）
- 台灣國際標準電子公司（創意性福利制度）
- 結　語

生產力創造了大量的財富，同時使得企業可以支付員工薪水或工資。生產力必須提升，否則真正的收益無法得到改善。

——管理學大師彼得・杜拉克（Peter F. Drucker）

故事：修一口鐘的工資

有一個古老的村子，村鎮的中央有一座漂亮的巨鐘，不過在好幾代的美妙音符之後大鐘的音符聲音開始走樣，不再是村民習慣而悅耳的明亮音調，只能發出雜音，村人找來了一位古董大鐘的權威修護這個寶物。

這位專家審視五分鐘後，打起一把小木槌敲敲大鐘，大鐘就這樣修好了。後來這位專家給了一張500元的帳單，村長接到帳單後，壓抑的說好貴啊！才五分鐘你就要價500元，要是工作一小時，你不是要索價6,000元，怎麼可以這樣？

巨匠回答：「敲打這鐘五分鐘的工作，只需20元，剩下的480元是知道要敲哪裡的代價，解決問題就是智慧。」

小啓示：職涯漫漫，立根何處？答曰：「專業」。在知識經濟時代，企業要有人負責掌握科技的變動，從而掌握獲得知識的管道。

資料來源：丁志達整理。

俗話說：「他山之石，可以攻玉」。一些在業界頗具知名度的國內外標竿企業，它們所實施的薪酬管理制度成功的經驗，可以提供給其他業界的參考，包括：國際商業機器公司（績效獎酬制度的變革）、林肯電氣公司（績效薪酬策略）、台灣積體電路公司（薪酬管理制度）、統一企業公司（職位分類薪資制度）、聯想集團（合理的薪資，貼心的福利）、谷歌公司（低成本的福利）、可口可樂彈性福利計畫（My Choice計畫）及台灣國際標準電子公司（創意性福利制度）等八家不同類型行業的薪酬管理制度。

第一節　國際商業機器公司（績效獎酬制度的變革）

1990年代初期，國際商業機器公司（International Business Machines Corporation, IBM）巨幅虧損。1993年，路・葛斯納（Louis V. Gerstner）接班後，推動大幅度企業改造，其中一項就是績效獎酬制度的變革。在葛斯納初任時，IBM的薪資制度是基於因素點數法爲準的工作評價系統的建立，因過度強調內部公平性而忽略了外部就業市場競爭力。當時IBM薪酬制度有如下的特點：

1.所有層級的薪資主要由薪水構成，相對的紅利、認股權或績效獎金少之又少。

2.這套薪資制度產生的薪酬差異很少。

(1)除了考核不理想的員工，所有的員工通常每年一律加一次薪。

(2)高階員工和比較低階的員工之間，每年的調薪金額差距很小。

(3)加薪金額落在那一年平均值的附近。比方說，如果預算增加5%，實際的加薪金額則界在於4%～6%之間。

(4)不管外界對某些技能的需求是否較高，只要屬於同一薪級，各種專業的員工（例如軟體工程師、硬體工程師、業務員、財務專業人員）待遇相同。

3.公司十分重視福利，退休金、醫療福利、員工專用鄉村俱樂部、終身僱用承諾、優異的教育訓練機會，全是美國企業數一數二的。

葛斯納擔任IBM執行長後，對上述IBM的薪資制度做了大變動。新制度依績效敘薪，而不是看忠誠度與年資；新制度強調差異化，工資總額視就業市場狀況而有差異；加薪幅度視個人的績效和就業市場上的給付金額而有差異；員工拿到的紅利，依組織的績效和個人的貢獻而有差異；根據個人的關鍵技能，以及流失人才於競爭對手的風險，授予的認股權有所差異。

IBM新舊薪酬制度對照表

舊制度	新制度
齊一	差異
固定獎勵	調整獎勵
內部標竿	外部標竿
依照薪級	視績效良窳

資料來源：羅耀宗譯（2003）。Gerstner, Louis V.著。《誰說大象不會跳舞：葛斯納親撰IBM成功關鍵》（*Who Says Elephants Can't Dance?: Inside IBM's Historic Turnaround*），頁128。時報文化。

一、員工認股權

在葛斯納到任前，IBM所實施的認股權，只是用來獎酬高階主管的工具，而不是將高階主管和公司的股東搭上關係的手段。葛斯納針對認股權做了三大變動：

1.認股權首次授予數萬IBM人。
2.將股票薪酬調整爲高階主管待遇的最大部分，壓低每年現金薪酬，相對於股價升值潛力的比重，高階主管必須瞭解，除非長期投資的股東能夠累積財富，否則，高階主管沒有辦法得到相同的利益。
3.IBM的高階主管，除非同時拿出自己的錢來購買並持有公司的股票，否則，他們得不到認股權。

二、發放紅利

在葛斯納到任前，IBM發放紅利給高階主管時，主要依據他們個別單位的績效，換句話說，如果你的單位表現很好，但公司整體表現很差，對你一點影響也沒有，仍可得到很好的紅利，如此，鼓勵員工養成一種以自我爲中心的文化，與IBM創造的文化相抵觸。葛斯納在1994年起，推動分

紅的變革是：所有高階主管每年紅利的一部分是由IBM的整體績效決定。換句話說，經營服務事業群或硬體事業處的人，他們的紅利不以本身單位的表現多好決定，而是以IBM合併後的業績如何而定。

三、變動薪酬計畫

1990年代中期，IBM在全球各地引進「變動薪酬」計畫。葛斯納利用這種方式向所有的人員表示，如果公司否極泰來，每個人將能同獲獎勵。「變動薪酬」的金額，也是和IBM的整體績效互相關聯，確保每個人都知道，只要他們努力和同事合作，對大家都有好處。

四、縮減照顧員工的福利

葛斯納認爲，1970年代和1980年代高獲利率的時代已經過去，而且永遠不再回來。所以IBM必須緊縮福利計畫，因爲公司不再有能力負擔那麼高水準的福利。此外，調整福利制度也是因爲舊制度是配合公司以前的終身僱用承諾而設計的，但是經由變更薪酬計畫、購買股票和認股計畫、根據績效調薪等種種辦法，每個人遠比從前更有機會分享經營成功的果實（羅耀宗譯，2003：126-135）。

五、薪資行情調查

葛斯納將獎酬制度改爲績效導向並與市場連結。公司定期做市場薪資調查，瞭解外面市場上業務行銷、技術服務及後勤支援等三種人員的薪資行情，隨時追蹤與調整內部的相關制度。

六、個人績效承諾

葛斯納也實施「個人績效承諾」的績效管理制度，把員工績效分成四級，第一級前15%，第二級是65%，第三級是20%，第四級是0%。爲什麼是0%呢？葛斯納說，因爲在公司還沒有把你評分爲第四級之前，你已經被強迫出局了。葛斯納很重視績效最好的前15%員工，這些員工調薪幅

度可以非常高，也享有股票認股權和各種培訓機會（魏美蓉，2003：132-138）。

IBM到了二十世紀九〇年代中期，順理成章地由單一工資結構（對於非銷售類工作族群）轉向針對不同工作族群實行差異化的工資結構（即獎金預算），這一轉變與人們可以預見的無法再迴避外部市場衝擊的組織所採用的政策相符合（朱舟譯，2005：88）。

範例12-2

IBM整體報酬策略

員工期望	IBM的激勵策略
工作有前途	1.企業發展所帶來的發展機會：持續增長的企業和不斷強化的競爭優勢，讓員工感覺在這樣的企業中服務是有前途的。 2.關心員工職業發展，幫助員工在企業中成功。 3.嚴格執行基於績效的機會分配。 4.鼓勵員工內部輪調。
能力能提升	1.完整的培訓體系，多種多樣的培訓方式。 2.多元化的人才隊伍能讓員工之間相互學習。 3.與各行業裡的領軍企業合作，讓員工接觸到各行各業的領先的技術與管理。 4.鼓勵內部員工內部輪調。
待遇的保證	1.行業平均水平的工資，高底薪／固定工資，低浮動／可變獎金。 2.正常和穩定的工資增長機制，確保員工生活水平不因物價指數（CPI）上漲而降低。
生活的質量	1.彈性工作制。 2.除國家法定假日外，每年至少15天的帶薪休假。 3.出差可住五星級賓館；出長差可雙週回家探親一次。 4.尊重個人的文化，鼓勵員工做最好的自我，讓員工享受「獨立之人格，自由的精神」所帶來的精神體驗。

資料來源：李風、歐陽杰、陳振燁（2013）。〈如何用二流薪資吸引一流人才？〉。《人力資源開發與管理雜誌》（2013/05），頁25。

第二節　林肯電氣公司（績效薪酬策略）

林肯電氣公司（Lincoln Electric Corp.）是一家弧焊產品設計、開發和製造的跨國性企業。約翰．林肯（John C. Lincoln）於1895年創立，而製造工業一直是公司的靈魂與重心。第二任董事長詹姆斯．林肯（James F. Lincoln）是公司創辦人的兄弟及1929年到1965年的領導人，他深信，只有透過競爭和足夠的激勵，才能發揮員工的潛能。

一、林肯之道

林肯電氣擁有世界上歷史最悠久的績效工資體系，被稱為「林肯之道」，員工生產力比同業的員工要高出三倍之多。自獎金制度推出以來，管理階層一直向員工解釋這是現金分享（計件工資）而不是利潤分享。因為獎金與論件計酬制，每個在俄亥俄州克利夫蘭（Cleveland）地區工廠的員工，以及全美的業務、物流和客戶服務中心的人員都表現得像是白手起家的創業者，而獎金的總量取決於該年度公司的總體業績的報酬。

二、以績效為基礎來計薪

林肯電氣員工的確力求表現，而且不僅表現在高生產力與高品質上。缺席率與人員流動率一向很低，1992年缺席率為1.5%～2%間，而人員流動率，包含退休人員，但不包括新進員工（僱用不到90天之人員）為3.5%。當大風雪來臨時，克利夫蘭一帶的工廠多半關閉，但林肯員工仍照常上班。因為林肯電氣的制度激發出員工的最佳潛能，他們不需要監工，主要工廠的領班與作業員比例為1：100。在一個典型的美國工廠，這個比例是1：25，在某些汽車裝配廠是1：10。因僱用相對較少的監工所省下的錢，使公司得以支付獎金（唐納．海斯丁，1999）。

1995年林肯電氣慶祝100週年紀念，在四個美國工廠中，俄亥俄州克里夫蘭的弧焊製造公司有2,000個藍領員工，這些員工不屬於工會，也從來沒有罷工紀錄。資料顯示，林肯電氣員工的生產力比其他類似的製造公

司的產值高約2.5～3倍，成功的關鍵即是公司以績效爲基礎來計薪，而且對員工可得的薪資不設任何限制。當公司業務良好時，工廠員工獲得的紅利等於他們年收入的一半（黃英忠，2016：397）。

三、獎勵制度

林肯電氣的獎勵制度是公司文化的一部分，獎勵制度結合了獎金與論件計酬，以產出單位數量多寡爲依據，而非以工時或固定薪資。這套制度長久以來使林肯電氣與其他美國公司有明顯的區隔，並成爲《哈佛商業評論》中一篇頗受好評的個案研究主題。一直以來，獎金占了林肯電氣美國員工年收入50%以上，而這套制度讓他們得以名列全世界收入最高的工廠工人當中，其中數百人一年賺七至八萬美元，也有一些人年所得十萬美元以上。這個獎金制度開始於1934年，每年發放。

範例12-3

林肯電器績效薪酬策略

林肯電器公司的員工生產力比同類公司的員工要高出3倍之多。林肯電器公司的員工得到的報酬是以個人計件工資為基礎的，此外，還加上基於創意、合作、產出、可靠性和品質的年終個人獎金。獎金的總量取決於該年度公司的總體業績。

林肯電器公司不提供帶薪的假期、帶薪的病假，不提供健康保險，沒有工間休息，工廠也沒有安裝空調設備。但公司不僅獲得了財務上的成功，而其缺勤率低於1.5%，員工受僱三個月後的流動率也低於3%。

資料來源：朱舟譯（2005）。巴里．格哈特（Barry Gerhart）、薩拉．瑞納什（Sara L. Rynes）著。《薪酬管理——理論、證據與戰略意義》（*Compensation: Theory, Evidences, and Strategic Implications*），頁1-2。上海財經大學出版社。

四、獎金制度

林肯電氣公司還使用一種獎金制度，其獎金蓄水池的規模取決於公司的總體盈利水準，而獎金的發放則取決於個人在諸如合作和品質等績效維度上所獲得的評價等級。另外，員工也擁有較大份額的公司股票。

(一)計件工資制度

對於大部分工廠的職位，林肯電氣採用的是沒有基本工資的計件工資制度。專門設立的時間研究部門，按照每項工作所需要的技能、努力程度以及責任的大小來對工作進行評級，以確定每項工作的計件工資率。如果公司的員工認爲設定的計件工資率不公平，他們可以向時間研究部門提出異議。但是一旦計件工資率被雙方認可而確定了，他們很少再改變工資率，只有到生產的工序發生根本變化時改變。同時，林肯電氣也不會因爲該公司的盈餘狀況來改變計件工資率。公司的員工不僅要關注生產的數量，還要關注產品的質量，因爲他們必須用自己額外的時間來修補自己生產出的次級品，工廠有專門的體系可以追蹤出產品產出的次級品是那位員工生產的。

(二)年終獎勵制度

林肯電氣每年對員工在產量、質量、可靠性、建議和合作四個方面對員工進行評估來決定他們應得的獎勵金。每年的聖誕節前，通常先由管理層提出建議，然後由董事會來確定獎金的總額，而這一數量往往根據公司過去一年的利潤來決定。

林肯電氣的績效薪酬制度是該公司成功的關鍵因素，正是這樣的薪酬體系幫助公司擁有頗具競爭力的價格、高質量、高附加價值的產品，但更重要的是，公司的企業文化支持並且加強了績效薪酬體系的實施（黃河文，2005：52-53）。

林肯電氣「持續性價值」的經驗

林肯電氣公司（Lincoln Electric Corp.）和其他企業相較下，其與眾不同的特質如下：

- 主管和員工之間的信任容量大。
- 主管和員工之間以正式和非正式的溝通建立信任。
- 客户服務是員工與主管的經濟安全基礎。
- 持續性的員工發展，以及品質和生產力的改善是管理重要的一環。
- 以家長式（paternalistic）的方式經營，持續的聘用不是一種獎品而是員工應得的，它完全建立在員工的努力之上。
- 公司的管理體系，符合實際的人性需求。
- 品質和生產力是獎勵員工的基礎。除了勞苦的分擔，員工也同時分享了公司的收穫。
- 管理者為公司的成長負責，並持續提供好工作給有建設力又值得信任的人。

林肯電氣的成就就是建立在這些原則和實務上。

資料來源：李康莉譯（2002）。Heil, G., Bennis, W., Stephens, D. C.著。《麥葛瑞格人性管理經典》（*Douglas Mcgregor, Revisited: Managing The Human Side of the Enterprise*），頁63。商周出版。

第三節　台灣積體電路公司（薪酬管理制度）

台灣積體電路公司（Taiwan Semiconductor Manufacturing Company Ltd，TSMC，簡稱台積公司）於1987年在新竹科學園區成立，現今已成爲全球規模最大的專業積體電路製造服務公司，爲世界首家提供5奈米製程技術，企業總部位於台灣新竹。

台積公司提供具競爭力的整體薪酬，包括：本薪、津貼、員工現金

獎金與酬勞，以吸引、培育、留任人才，並獎勵能夠創造績效並持續貢獻的員工。員工整體薪酬依營運目標及獲利表現，綜合該員專業知識技能、工作職掌、績效表現與長期投入程度等因素而異。

一、調薪計畫

台積公司每年透過薪資調查，衡量海內外各營運據點總體經濟指標及薪資水準，以進行適當的薪資調整，以維持公司整體薪酬競爭力。2019年4月，台積公司對台灣及海外全體員工進行本薪調整。台灣地區調薪幅度約爲3%～5%，大陸地區約爲7%～8%，其餘地區約爲3%～5%。

2021年初，台積公司率先調整員工薪酬結構，實施降低員工分紅比例，下降部分轉成爲提高固定薪，來提升人才留任與招募上的競爭力。此薪酬結構的調整，將不影響年度的調薪作業。員工底薪增幅達20%，這是台灣少見大規模調整固定薪的做法，讓過去三十年來，困擾台灣的低薪問題終於出現了改變契機。

範例12-5

台積調薪3%～5%　分紅逾百萬

半導體景氣在新冠疫情衝擊下逆勢成長，國內半導體指標廠台積電、世界及聯電三大晶圓代工廠，相繼於2021年4月和5月調高員工薪資，其中台積電4月調薪增幅約3%～5%。

台積電於2021年1月起結構性大調薪，大幅調高本薪達20%，且年度例行性調薪及年終獎金、三節獎金與分紅仍維持不變，等於全體員工在一年內加了兩次薪水。

台積電稍早才宣布2021年包括業績獎金與酬勞及分紅695.11億元，平均每人可領得139萬元，比2020年平均數增約36萬元，2021年又持續調薪3%～5%。

資料來源：簡永祥（2021）。〈台積調薪3至5% 分紅逾百萬〉。《聯合報》（2021/04/24），A11財經要聞版。

台積公司透過績效管理、分紅制度、職涯發展制度、晉升制度，有效提升及肯定員工的表現。根據人力市場調查報告顯示，台積公司整體薪酬包括本薪、津貼、現金獎金及酬勞。以台灣地區新進碩士畢業工程師爲例，2021年年度平均整體薪酬高於新台幣200萬元；直接員工2021年年度平均整體薪酬則高於新台幣100萬元，每月平均收入約當爲台灣基本工資的4倍。2021年，台積公司全球員工總體薪酬（不含退休金及福利）中位數約爲新台幣206萬元，與總裁總體薪酬相較約爲1比194。台積公司獲Cheers 快樂工作人雜誌評選爲新世代最嚮往企業前十大企業第一名。

二、獎酬計畫

台積公司員工獎酬計畫考量公司財務、營運績效、未來發展及各子公司特性及營運績效，並連結員工的工作職責與績效表現，實施方式則視當地業界實務，設計短期或長期激勵方案。

台積公司各年度的獎勵方案分成二年實施，其中員工現金獎金採取當年度每季發放，給予員工適時的獎勵；而員工現金酬勞則於次一年度發放，鼓勵員工長期服務及持續貢獻；海外廠區的獎酬方案設計則視當地市場、國情，實施年度現金獎金或一至三年的長期激勵獎金計畫。

台積2掌門2020年年薪逾4億

台積電2020年營運再創新高，根據台積電年報資料顯示，董事長劉德音與魏哲家2020年年薪分別達4.22億元，較前年增加1.29億元，大幅加薪成長44%。

台積電營收連續十一年締造歷史新高的紀錄，以新台幣計算，台積電2020年營收1兆3,392億5,500萬元，年增25.2%，稅後淨利為5,178億9,000萬元，每股盈餘（EPS）為19.79元。

台積電創辦人張忠謀退休後，特別安排雙首長制接班，由劉德音與魏哲家平行領導，張忠謀曾分析兩人特質不同，劉德音思慮周詳，魏哲家決策快，兩人互補，劉德音代表台積電對外與政府溝通，魏哲家負責客户。

除兩大掌門人之外，其他高階主管薪水一併跟漲，包括：歐亞業務資深副總經理何麗梅、營運資深副總經理秦永沛、研究發展資深副總經理米玉傑和資訊技術及資材暨風險管理資深副總經理林錦坤，與研究發展資深副總羅唯仁同列1億元以上酬金級距。至於財務副總經理暨財務長黃仁昭、企業規劃組織資深副總經理王建光、歐亞業務資深副總經理侯永清、業務開發資深副總經理張曉強與法務副總經理暨法務長方淑華等人酬金則為5,000萬至1億元級距。

資料來源：吳凱中（2021）。〈台積2掌門 去年年薪逾4億〉。《聯合報》（2021/04/17）。

三、福利制度

台積公司提供優於法定標準的福利制度，包含：休假日、保險、退休金、急難救助、結婚禮金、生育禮金、喪儀補助、特約商店折扣等，激勵員工為公司長期發展全力以赴。另外，設置24小時健康中心，配置優於法令的專業健康管理師與特約臨場服務醫師，配合合作醫院及新竹生命線等協助夥伴資源，全方位照顧員工身心健康。

台積公司福利制度

台積公司不僅在薪酬和分紅令人羨慕，事實上，台積電還有更多其他員工福利，包括結婚、育嬰、人權、退休金、保險、職災、休假、急難救助等，都有完整與貼心的照顧，而這些都是台積公司吸引人才和留才的重要措施。

目前台積公司提供員工優於法定標準的福利制度，有休假、保

險、退休金、急難救助、結婚禮金、喪葬補助及特約商店折扣等，同時在各廠廠建置24小時健康中心，配置健康管理師及臨場服務醫生，補助成立67個運動社團，規劃完善運動設施。

在休假日方面，除法定12天國定假日外，再給予7個紀念日休假，加起來就有19天遠優於一般公家機關及企業；特休假法定是服務6個月以上未滿1年者給予3日，台積公司則給予新進未滿1年的員工每兩個月給了1日特休假；法定每年30天半薪的病假，台積公司給予120小時全薪（以1日8小時計為15天）、120小時半薪病假；事假法定14天，台積公司給予員工若逢重大事由並經公司主管核准，可請90天特別事假。

在保險方面，台積公司有團體綜合保險，免費提供包括壽險、意外險、醫療險、癌症險、海外差旅險等。如果員工留職停薪，公司會持續付費加保團體綜合保險。

在育嬰方面，台積公司為使員工安居樂業，除依各地法令提供員工育嬰留職停薪的權利外，台灣廠區也設置四所幼兒園，並提供完善的假勤管理制度，讓員工能彈性運用假勤育嬰及照護子女，當遇有服役、重大傷病等情事需長期休假時，也可申請留職停薪，期間屆滿後再申請復職，以兼顧個人與家庭照顧的需要。

台積公司為員工所規劃的退休金制度，包括：依《勞動基準法》訂定的退休金提撥（勞退舊制），或依《勞工退休金條例》（勞退新制）的每月提繳退休金。每年亦透過專業的會計顧問，進行退休準備金精算，保障員工未來請領退休金的權益，確保足額提撥。

台積公司對人權關注事項與做法：杜絕不法歧視以確保工作機會均等、禁用童工、禁止強迫勞動、協助員工維持身心健康及工作生活平衡。人權保障訓練做法，於新進人員職前訓練中提供相關法規遵循宣導、提供性騷擾防治線上課程、實施預防職場霸凌宣導、提供完整的職業安全系列訓練。

資料來源：蕭文康（2020）。〈台積電不僅薪酬好　國定假日19天及病假15天更讓人羨慕〉。《蘋果日報》（2020/06/27），https://tw.appledaily.com/property/20200627/HZ6DR76ZDAM7WQLFMQRHMYDPSU/。

台積公司深植「以人爲本」的企業文化，視員工爲最重要的資產。重視與員工的雙向承諾，透過各項管理作爲，打造超越國內外安全衛生法規及人權規範的工作環境，並確保員工職務內容具挑戰性、可持續學習性，戮力成爲員工引以爲傲的公司（台積公司108年企業社會責任報告書，https://csr.tsmc.com/download/csr/2019-csr-report/chinese/pdf/c-all.pdf）。

台積公司獲《富比士雜誌》（*Forbes*）評選爲2021年全球最佳雇主之一。台積秉持「承諾」的核心價值，落實多元與共融文化，致力營造開放型管理模式，吸引與留任不同背景與專業人才，並提供優質的薪酬與福利，以及持續學習、安全而有樂趣的工作環境，矢志成爲員工引以爲傲的公司（台積公司111年度永續報告書精華摘要，https://esg.tsmc.com/download/file/2021_SustainabilityReportHighlights/chinese/c-all.pdf）。

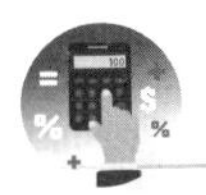

第四節　統一企業公司（職位分類薪資制度）

統一企業公司在民國56年（1967）創立於台南縣永康鄉（今台南市永康區）。統一企業基於「三好一公道」（品質好、服務好、信用好、價格公道）的經營理念，秉持「誠實苦幹、創新求進」的企業文化「精神」，在「一首永爲大家喜愛的食品交響樂」、「以愛心與關懷來建構與現代人密不可分的食品王國」的企業願景下，除了致力於食品製造本業之外，同時不斷拓展新的事業，積極致力於全球消費者開創健康快樂的二十一世紀。

一、過去實施的薪資制度

過去統一企業的薪資制度與日本企業實施的「終身僱用制」相類似，以年資、學歷、性別爲給薪主要的考量點，年資愈久，薪資愈高，這樣的薪資制度隨著員工的高齡化，不但會使薪資的費用逐年增長，也造成新聘人員有同工不同酬的情形，特別是各種專業人才的薪資水平遠低於市場行情，而無法找到適當的人才。統一企業爲了建立合理化的薪酬給付制

度，讓薪資制度合乎市場的行情，並且能夠吸引市場中的人才，在與外界同業相較之下，能夠提升公司的競爭能力，乃引進職位分類來架構一個合理的薪資制度。

二、職位分類

職務薪拆成兩部分，就是「職務」與「薪資」的相應關係，顧名思義，即是根據員工擔任的職責的輕重而給予合理的報酬，又因爲每個工作皆有其最大貢獻度，故薪資的給付也有一定的限度，也就是每個職等會有上限薪的設計。統一企業職位分類，乃依照每一職位所具備最低教育水準、經歷、監督責任、財務責任、決策責任、協調責任、專業知識、工作環境等八個報酬因素來訂出每個職位眞正的價值後，賦予擔任高責任層次之工作者較高的職等，而低責任層次之工作者相對較低的職等，以便在有限的資源下，作一合理的運用。長期而言，更必須結合管理職／專業職之雙軌晉升制度，導向目標管理的績效評核制度，建構職涯發展之培訓體系，主管之財務激勵權等配套方案，才能建立一套完整的人力資源管理體制。

三、薪資結構

統一企業的薪資結構，主要分爲兩個部分，也就是說薪資＝職位薪資＋績效獎金，每個人的職位薪資是固定的，然而績效獎金卻是必須反映到個別工作者表現，以及公司的營運情形，是有數據顯示的績效進行評核，朝向目標管理的評核制度，充分反映到個人的薪資之上。這樣的薪資結構比較能夠反應景氣的情形，以及公司的營運狀況（永康採編小組，1998：64-81）。

統一企業薪資制度說明

問：工作內容經常有些微的變化，工作評價如何及時更正與更新？

答：此次進行工作評價，除掌握組織中各職位之相對關係外，並依八大評價因子，針對每一職位責任層次作結構性的評價，且每一職位分等為一個類似價值的區間，因此平日工作內容之調整，若非嚴重影響該職位之責任層次，不需重新定位、重新評價；一旦發生組織重整，導致各職位責任層次產生巨大變化時，則可提出重新評價之申請。

問：如何使公司的工資／福利制度理念落實到每位員工及主管工作行為和管理行為上？

答：不斷的宣導、教育、再教育，這是落實薪資福利管理理念的不二法門。做法有：

・把公司報酬理念寫在員工手冊中。
・員工職前教育中，由人資部門主管宣導公司的經營管理理念，例如：經營理念為獎勵績效，則依績效表現給薪。
・全體員工納入員工考核制度，日後全部依考核之結果才可調薪。
・全體主管於適當時機均一致接受正確薪資管理理念訓練。

問：公司薪資管理之機密性如何處理？

答：公司員工個人薪資屬於個人與公司之機密資料，絕對禁止員工討論並交換個人薪資或他人薪資資料。但原則上，每位員工可瞭解自己擔任職位之職等與幅度；每位主管可瞭解自己所屬之職位／職等／幅度及其所轄部屬之職位／職等／幅度等資料。薪資資料之機密性，並不是公司不信任員工，而是避免引起不必要的管理困擾。

問：公司日後薪資管理對經驗及年資較長之員工是否較不利？

答：在社會經濟環境不斷改變中，勢必面臨外在的競爭，非得走向合理化經營方式不可。薪資管理制度化只是公司推動企業化經營管理的一環而已，日後公司將以整體策略來考量薪資管理，對薪資已達幅度最高點而年資較久之員工，積極輔導其自我提升，加強訓練，以便提升其能力而足以擔任更高職等之職位。公司要獲得生存發展空間、保持競爭力，堅持企業化管理為必要的。事實上，公司仍保有各項獎金激勵制度來鼓勵績效卓越的同仁，因此只要經驗與年資能夠產生相對貢獻，便可爭取相對的獎金。

問：薪資結構一旦設立，多久應重新檢討一次？

答：企業一般都會根據自己的管理需要，每隔二年就組織與市場變化重新檢討一次。公司之組織規模、專業領域（多角色）無太大的變化時，只需就新增職位做適度調整。原則上，在組織重整或職位內涵之權責明顯變化時，需再檢討一次。

問：為何薪等表內每一職等的薪資都有最高上限點？

答：每一薪等的薪水幅度主要是由市場行情來決定。最高點是指對被評定於該職等的所有職位在就業市場中支付的最高平均點。

問：若是達到該薪等的頂點薪，是否意味永遠無法調薪？

答：這個問題可由三方面說明：

1.公司每年皆會進行薪資市場行情調查。公司將視市場行情變化調整各薪等薪資上下限（若市場薪資行情穩定，公司將不會每年調整）；當薪資上限調高意指員工薪資成長空間加大。

2.努力爭取更高薪等的職位。

3.原則上，對於薪資碰頂之同仁不予調薪，但仍須視當年度的預算、調薪政策，再彈性決定該年度如何調薪，或者發放績效獎金。

問：實施職位分類，於新舊制度轉換時不減薪，是否代表不加薪？

答：同仁是否加薪，端賴於個人在職等之薪資狀況，若達到薪資上限者，我們鼓勵員工透過教育訓練，提升自我工作能力，再轉擔任職等高的職位，或選擇派駐海外，或轉任關係企業來提高薪資，如此才能與公司的策略和績效目標結合。

問：實施職位薪資制度後年資不被承認，經驗與工作的努力也不被薪資制度所激勵？

答：公司仍然重視員工年資，因為隨著年資增長，意味員工技術更加熟練，專業度進一步提升，且創造更大的生產力、貢獻度，換言之，當員工能力提升能夠擔任更高責任層次的工作時，其薪資便能相對成長。

公司追求永續經營，必須具備相對競爭力，因此，在每一職等的薪資上下限範圍內，公司依照員工逐年的績效表現給予調薪，甚或保留原有的各項獎金激勵制度，絕無公司不重視員工年資的事實。

問：公司對表現不良、績效水準低落的員工，是否就不調薪？

答：任何合理的制度，都是在激勵績效良好的員工，績效不好的員工，主管積極分析其績效不好的原因，如果因知識不足，專業技術不夠，則應積極地加以輔導、訓練，以提升知識與技能；如果因個人工作態度不良、行為偏差則應及時加以導正，嚴重者則以公司紀律規範之，甚而可以資遣處分。公司要支持主管擔負起主管的責任，執行管理，因此，如果績效不好，依制度無法調薪，就不應調薪。

資料來源：蔡蕙如（1998）。〈職位薪資制度說明〉。《統一月刊》（1998/12），頁62-72。

四、薪資組合

統一企業依工作（職位）評價與市場薪資水準，共評定十八職等。薪資名目包含：基本薪資、職務加給、津貼與獎金四大部分。

1.基本薪資：每一職等之全薪上下限是依市場行情而定。同一職等中，不論管理職或非管理職，其全薪的上下限相同。

2.職務加給：依職位之責任層次而給付不同職等的加給。

3.津貼：伙食津貼。

4.獎金：全勤獎金與激勵獎金。

第五節　聯想集團（合理的薪資，貼心的福利）

聯想集團有限公司（Lenovo Group Ltd.）是大陸一家跨國科技公司，成立於1984年，爲全球個人電腦市場的領導企業。2004年，聯想集團收購IBM PC（Personal Computer，個人電腦）事業部；2013年，電腦銷售量居世界第一，成爲全球最大的PC生產廠商，主要生產桌上型電腦、伺服器、筆記本電腦、印表機、掌上電腦、主機板、手機、一體機電腦等商品。

聯想集團薪酬體系由四部分組成：月薪、年底紅包、福利和認股權，其中月薪包括工資、表彰獎和津貼；福利包括社會福利和公司福利。

一、以崗定薪

聯想集團員工的月薪計算是按標準評估確定的定級工資乘以（×）部門業績係數，再乘以（×）個人績效考核係數，最後加（+）減（－）其他應得獎和應扣款，其原則是以崗（職）定薪，同時參考部門和個人績效。

定級包括崗位（職位）定級和個人定級。崗位定級係針對崗位而非具體人員，根據崗位描述利用IPE（International Position Evaluation System，美世國際職位評估法）評估工具，從五個方面對某個崗位進行評估，從而確定級別；個人定級是指某個崗位工作的員工本人的工資定級。

部門考核業績係數是根據滿意度指標、財務指標、市場指標等，同時考慮各類部門的不同特點、確定不同權重，以最終確定其相應的考核係數。整個評價由公司專門機構負責，能確保考評的相對公正合理。

個人季度績效考評係數，是根據各級幹部和員工各季度工作業績和工作表現，在每季末，由直線上級和考核小組對其進行績效考評確定。

表彰獎包括公司表彰獎和部門表彰獎兩類。公司表彰獎主要對公司

重大事件突出表現進行表揚；部門表彰獎主要是對部門內表現非常突出的個人或團隊進行表揚。

津貼係指因爲公司業務發展需要，對於異地派遣人員給予的外派津貼，同時對於生產線特殊工種的工人給予一定的津貼。

年底紅包的確定原則，是在個人定級工資基礎上與年度公司業績係數和年度個人考核係數、個人該年度實際到崗（職）時間有關。年度公司業績係數是根據當年公司利潤的完成百分比確定，而個人年度績效考核成績是根據四個季度績效平均分數和年度評估重點項目得分的加權平均的結果確定。

二、貼心福利

福利係指企業爲員工提供的工資收入以外的利益和服務，用於與公司簽訂勞動合同的員工。根據制定原則，在保證全國各地區的福利投入一致的情況下進行總額控制，各地可以根據當地政策確定不同福利組合。其中福利部分主要有免費午餐、實物發放、帶薪休假及國外旅遊等，從外地來到聯想集團工作的新員工配備宿舍。在帶薪休假方面，除《勞動法》規定的法定休假外，員工每年享受十二至十八天的有薪休假，每人每年能享受一定金額的春遊或秋遊費用補助；工作滿四年的員工還可以出國休假。

三、股票期權

認股期權是公司爲激勵員工，使員工的個人利益與公司的整體利益有機結合起來，允許滿足一定條件的員工認購一定數量公司股票的權利，目的是爲了吸引優秀人才，有效地激勵員工參與公司的發展，同時透過對股權的分期兌現，激勵骨幹員工長期穩定在集團發展，將對過去業績的獎勵變爲對未來盈餘和收益能力的預期的長期激勵。

聯想集團有時也會給員工一個意想不到的驚喜。隨著公司業務的連創佳績，聯想集團在自身高速發展並實現了高度辦公自動化的同時，更開始關注如何給員工帶來全方位的資訊化生活空間、創造更好的家庭辦公和娛樂環境（李國丞，2003）。

第六節　谷歌公司（低成本的福利）

谷歌公司（Google）總部位於美國加州山景城（Mountain View）的跨國科技公司，爲字母控股（Alphabet Inc.）的子公司，全球最大的搜索引擎，成立宗旨爲：「整合全球資訊，使人人皆可存取並從中受益。」

谷歌從1998年創立以來，已經多次被美國*Fortune*雜誌評爲最佳雇主（Best Company to Work For）排行，主要是其優渥的薪資、福利及非財務性報酬獲得推薦。創立初期，谷歌曾經不強調現金性薪資（cash compensation），但隨著公司成長，資源增加，而產業人才市場競爭激烈，谷歌現在提供比競爭對手更好的薪資及福利。谷歌相信，少數優秀人才創造出企業大部分的價値，所以必須用差異化的待遇來承認他們的貢獻。

一、園區像大學校園

2004年Google提交上市報告的創辦人賴瑞・佩吉（Larry Page）和謝爾蓋・布林（Sergey Brin）信件寫到：

我們提供許多特別的員工福利，包括：免費供餐、安排醫生進駐、設置洗衣機等。我們深信這些福利對公司有長遠的益處。員工福利在未來只會有增無減。我們認爲吝於給予員工福利，只是省小錢花大錢。照顧好員工，可以幫他們省下一大筆時間，亦能改善健康，增加生產力。

Google的工作環境有迷你廚房、休閒運動空間、各種遊戲設施等。Google前執行長艾力克・施密特（Eric Schmidt）在《Google模式》中解釋，像大學校園一樣的園區是創辦人的點子，但目的是希望創造像他們在史丹佛校園中活潑激發靈感的環境，讓員工喜歡在這裡工作，至於無關緊要的東西（例如依照年資分配的辦公室和豪華座椅），吝嗇無妨。Google在意的不是物質享受，而是營造工作環境。換句話說，員工福祉其實是管理思維的體現。

Google員工福利一覽表

員工福利	對Google的成本	對員工的成本	對Google或員工的好處
自動提款機	無	無	效率
官僚剋星	無	無	效率
gTalent達人秀	無	無	效率
假日遊園會	無	無	效率
行動圖書館	無	無	效率
誰來午餐	無	無	社群；創新
全員大會	無	無	社群
自行車修理	無	無	效率
洗車與換油	無	無	效率
乾洗	無	無	效率
髮廊	無	無	效率
有機農產品配送	無	無	效率
日常生活服務	很低	無	效率
企業文化俱樂部	很低	無	社群
員工資源社	很低	無	值得做的事；效率
福利平等	很低	無	值得做的事
gCareer（協助重回職場）	很低	無	值得做的事；效率
按摩椅	很低	無	效率
打盹艙	很低	無	效率
洗衣機	很低	無	效率
帶小孩上班日	很低	無	社群
帶爸媽上班日	很低	無	社群
Google講座	很低	無	創新
電動車租借	有，但不高	無	效率
按摩服務	有，但不高	有	效率
免費供餐	高	無	社群；創新
接駁車	高	無	效率
育幼補助	高	有	效率

資料來源：連育德譯（2015）。拉茲洛·博克（Laszlo Bock）著。《Google超級用人學——讓人才創意不絕、企業不斷成長的創新工作守則》，頁270。天下文化。

二、讓生活與工作更有效率

Google前資深人資長拉茲洛・博克（Laszlo Bock）表示，除了員工餐廳、接駁公車，大多福利幾乎不需要公司掏腰包，即使有成本支出也不高。福利措施的目的不是爲了創造優渥的工作誘因，而是在公司的能力所及，協助員工解決生活雜事，讓員工能專心在激發創意思維、提高工作效率。爲了讓員工能專心在工作上，Google提供了各式各樣的服務，代爲打理生活大小事。舉例而言，Google有一組五人的服務團隊，協助全公司員工逾五萬名員工張羅日常生活瑣事，如旅遊規劃、尋找水電工、訂購鮮花和禮物，幫Google人省下一、兩個小時。Google能負擔得起這些成本，確實是因爲營運規模較大，多增加幾名員工或添置幾輛車，只占全部成本的一小部分，何況這些成本可分多年折舊攤提。

用福利提高員工工作效率不是Google的最終目標，願意爲員工著想的心，才能吸引員工願意跟公司一起打拚（連育德譯，2015）。

第七節　可口可樂彈性福利計畫（My Choice計畫）

可口可樂（Coca-Cola）來自美國喬治亞州亞特蘭大（Atlanta）的約翰・彭伯頓博士（Dr. John Pemberton）在傑柯藥局（Jacob's Pharmacy）工作期間，將可口可樂糖漿及汽水混合研製而成，自此，可口可樂的熱潮席捲全球，其經典的紅白色商標更是家喻戶曉。可口可樂無論在銷售量、盈利能力，還是在創新方面都領導了世界飲料行業。

一、核心十選擇型福利的方式

可口可樂中國公司於2009年6月在外部顧問的幫助下實施了名爲My Choice（忠於自我）的彈性福利計畫。透過小組討論訪談及調查問卷等方式，可口可樂對員工的福利需求偏好進行了調查。結果發現，補充住房福

利在未來五年內被員工視爲最重要的福利，但其重要性在十年後會逐步下降。反之，在當下重要性不高的補充養老福利，在十年後將成爲對員工最重要的福利。而補充醫療保險的重要性在各個時間段都保持較高水準。超過70%的員工願意使用其月薪的5%與公司共同承擔福利成本，以提升自身的福利。於是，可口可樂採用了核心＋選擇型福利的方式，既向成員提供最低福利保障，員工也可以根據自身的需求靈活升級福利。根據探索階段的結論，公司確定了彈性福利專案，子女教育資助、牙科服務等某些新型福利在計畫開始幾年後引入。

二、福利選項溝通

可口可樂及其顧問特別設計了保持現有福利選項，因爲你的積分肯定足夠你選擇現有的東西，這樣一來，就給了那些心存疑慮的員工一個信號：公司並沒有做減法。最終有70%的員工都選擇了新的彈性福利，只有30%的員工未做出改變。

大規模的全員溝通對彈性福利計畫非常重要。可口可樂在這一環節上花費了大量精力。此外公司專門做了中英文對照的員工手冊，將各項福利詳盡地列了出來，指導員工進行選擇。另外，公司還拍了十幾分鐘的視頻，請員工擔任男女主角，並精心設計他們的對話。這段視頻在公司的內網播出後，回饋效果非常好。

此外還有系統組態，包括：彈性福利線上註冊、彈性福利積分計算規則、專案選擇及標價、加入資格規則，與可口可樂公司的人力資源資訊系統資料對接等。成員可以使用自己的用戶名及密碼登錄系統，在自身的福利限額內進行自由選擇。

在彈性福利計畫啓動後，顧問公司便擔任執行日常管理的職責。在計畫註冊期內，專案團隊提供現場服務並設立熱線電話，解答員工的各種疑問，以確保成員順利註冊。在註冊期後，公司每月處理如下的工作：成員因爲重要人生事件，例如結婚、生子而變更福利選擇；向保險公司報告福利資訊變更；與人力資源及工資系統進行資料傳輸及對接。

My Choice彈性福利計畫獲得了成功，使得員工對福利的態度從視福

利為理所當然，微妙地轉變為我現在已眞正擁有福利。它幫助公司樹立了領先的雇主品牌，同時也提升了員工的滿意度和歸屬感（龍立榮、邱功英，2016）。

第八節　台灣國際標準電子公司（創意性福利制度）

台灣國際標準電子公司（TAISAL）為阿爾卡特集團（ALCATEL ALSTHOM，總部在法國巴黎）成員，是阿爾卡特中國有限公司的核心關係企業之一。

TAISAL創立於1973年，由交通部電信總局與美國ITT公司共同投資成立；1987年，ITT公司與法商歐科（Alcatel Alsthom）合組成全球最大的電線設備研究製造集團（Alcatel，阿爾卡特），TAISAL屬ITT的股權，轉隸屬於阿爾卡特，成為阿爾卡特的一控股公司（阿爾卡特占股份60%）。主要產品有交通系統、行動通訊系統、傳輸系統、電信服務支援系統、連網系統等。

一、勞動條件

TAISAL提供的勞動條件，優於勞工法令之項目有：

1.員工全年病假累計不超過十二天，薪資照給；超過十二天給半薪，全年病假合計三十天。
2.新進員工服務滿三個月後可使用特別休假。
3.服務滿十年以上離職員工，在離職三年內再經公司僱用者，其離職前年資可以併計。
4.服務滿五年以上離職員工，在教育部認可之國內外研究所碩士班研讀，在離職後三年內再為公司僱用者，其離職前年資可併計。
5.公司支付員工在職進修碩士班四年、博士班六年的學費，每週另給予一天有薪假至校內研習。

6.運用在職訓練及工作輪調來培訓員工第二職能專長。

7.設立員工個人及團體獎勵制度。

8.員工可優惠認購總公司阿爾卡特集團（ALCATEL ALSTHOM）股票。

二、勞工福利制度

TAISAL在1990年獲選行政院勞工委員會主辦的當年度「優良福利事業單位」，其被表揚的實施福利措施中，有二項創意性的制度獲得肯定：

(一)員工在職亡故遺族暨在職殘廢退職生活補助費

這項補助費是幫助新遭變故的員工遺屬，或在職殘廢退職的員工來適應家庭環境的改變，也就是TAISAL負責對遺屬或在職殘廢退職的員工繼續發送一段時間相等於去世或退職最後在職月份底薪一半的月補助費。對服務不到五年的員工的遺屬或在職殘廢退職員工續發六個月；對服務五年至十年者的遺屬或在職殘廢退職員工續發十二個月；對服務超過十年者的遺屬或在職殘廢退職員工續發二十四個月，凡月補助費金額未達新台幣一萬元者，一律補足一萬元計。

(二)員工在職亡故遺族子女暨在職殘廢退職子女教育補助費

這項補助費是針對在職亡故員工的遺屬或在職殘廢退職員工中之未成年子女，將來接受大專院校教育所需費用的一個長期承諾，對其子女在23歲前就讀大專院校所需的學雜費及生活費用的補助。

除了上述福利制度外，TAISAL也提供下列的員工福利：

1.免費爲員工投保人壽險、意外險及醫療住院險，並爲員工眷屬投保醫療住院險。

2.免費提供交通車（遊覽車）接送員工上、下班，交通網遍及大台北地區及桃園、中壢、三峽等地。

3.免費供膳。

4.免費供宿，宿舍備有電視、洗衣機、音響、冷氣機等電器化設備及舍監管理。

員工在職亡故遺族暨在職殘廢退職生活補助辦法

生效日期：　　年　　月　　日

一、本公司為協助突遭變故之在職亡故員工遺族暨在職殘廢退職員工適應突變之家庭環境，特訂定本辦法。

二、本辦法不適用於在職亡故之員工係因自殺、參與犯罪行為等而死亡者。

三、本辦法所稱「殘廢」係指經治療後身體遺存障害經特約醫院及本公司醫生認定，喪失工作能力而無法繼續在本公司工作者，但不包括個人之過失或故意之行為所造成的殘廢。

四、生活補助給予標準如左：

(一)服務年資未滿五年者，自亡故或殘廢退職日起，按月給予遺族或員工本人半薪（50%本薪），期間以半年（六個月）為限。

(二)服務年資滿五年以上十年未滿者，自亡故或殘廢退職日起，按月給予遺族或員工本人半薪（50%本薪），期間以一年（十二個月）為限。

(三)服務年資滿十年以上者，自亡故或殘廢退職日起，按月給予遺族或員工本人半薪（50%本薪），期間以二年（二十四個月）為限。

五、本薪之計算，以員工最後在職之月份本薪為準。

六、年資之計算以到職日起十足累計，停薪留職期間不予計算。

七、本辦法所稱員工之遺族，僅限配偶、未婚子女及父母。

八、遺族領受生活補助之順位如左：

(一)配偶及未婚子女。

(二)父母。

九、申請在職亡故遺族生活補助應於員工亡故日起半個月內，由遺族填具生活補助申請書，連同死亡診斷書及除籍戶籍謄本（證明死者與遺族之關係），送至人力資源處辦理。

十、申請在職殘廢退職員工生活補助應於退職日起，填具生活補助申請書，連同醫生開具之勞工保險殘廢診斷書及本公司離職證明書，送至人力資源處辦理。

十一、本辦法自公布日實施，修正時亦同。

資料來源：台灣國際標準電子公司。

5.除固定二個月年終（中）獎金外，另實施員工分紅與績效獎金制度。

6.每年輪流舉辦遊園會、運動會，並定期舉辦自強旅遊、廠慶登山活動及年終聚餐晚會。

範例12-11

員工在職亡故遺族子女暨
在職殘廢退職子女教育補助費申請辦法

生效日期：　　年　　月　　日

第一條：為協助本公司在職亡故之員工遺族子女及在職期間殘廢而退職員工之子女接受大專教育，特制定本辦法。

第二條：本辦法不適用於在職亡故之員工係因自殺、參與犯罪行為等而死亡者。

第三條：本辦法所稱「殘廢」，係指經治療後身體遺存障害經特約醫院及本公司醫生認定，喪失工作能力而無法繼續在本公司工作者，但不包括個人之過失或故意之行為所造成的殘廢。

第四條：本辦法所稱「子女」係指：

1.婚生子女未結婚者。

2.員工生前或員工殘廢前已認養之養子女未結婚者，但須戶政機關登記有案者。

第五條：教育補助費分為學費、雜費及生活費三項。

第六條：學、雜費補助參考下列三項資料：

1.教育部每年公布之公私立大學及獨立學院學、雜費徵收標準。

2.教育部每年公布之公私立專科學、雜費徵收標準。

3.公教人員子女教育補助費支給標準。

第七條：生活費補助參考下列二項資料：

1.行政院勞工委員會公布之基本工資。

2.台北市政府公布低收入戶每人每月政府補貼款。

第八條：教育補助費得視其每一家庭子女申請人數，作為補助之參考。

第九條：就讀國外大專院校之教育補助費以國內為基準酌予補助。

第十條：就讀下列之學校不適用本辦法：

1.國立空中大學。

2.職業教育進修者。

3.享有政府公費者，如師範大學、軍事學校、警察學校等。

4.各大專院校之研究生。

5.未具有教育部認定學籍之國內外學校（如函授學校、補習班、基督書院等）。

第十一條：教育補助費申請一般規定：

1.凡年齡屆滿23足歲尚在學者，不予補助（例如民國80年8月31日以前之任何月份出生，在民國103年8月31日以後不再補助，民國80年9月1日至12月31日之任何月份出生，在民國104年8月31日以後不再補助，餘者類推）。

2.就讀大專夜校生，生活費不予補助。

3.入學註冊就讀後因故休學，准發給當期教育補助費，復學就讀同年級時，不再補助。

4.就讀專科時已申領教育補助費者，畢業後再考取或插班大學或獨立學院就讀者，不再補助。

5.留級或重修生，不得重複申領。
第十二條：教育補助費依下列規定時間內向本公司人力資源處申請，逾期以棄權論：
1.第一學期自開學日起至10月15日以前（以郵戳為憑）。
2.第二學期自開學日起至3月15日以前（以郵戳為憑）。
第十三條：申請教育補助費提出證明文件如下：
1.子女教育補助費申請書。
2.註冊證明單或學生證（須加蓋註冊章）影本。
3.戶口名簿或國民身分證（正反面）影本。
4.學、雜費之收據正本（提供影本概不予補助學、雜費）。
第十四條：本辦法自公布日起實施，修正時亦同。

資料來源：台灣國際標準電子公司。

7.設置專業科技圖書館，提供專業書刊、雜誌供員工借閱，並聘請專業人員管理。
8.免費提供員工春節西部返鄉專車服務或東部員工車費補助。
9.設有醫務室，聘請專科醫師與護士駐廠服務，每年定期安排員工健康檢查。
10.在職亡故員工之配偶、子女安排至公司工作。
11.在公司繼續服務工作滿十年以上，未達《勞動基準法》第53條自請退休條件之員工，因特殊情事經總經理特准者，得辦理專案退休。
12.公司定期發行TAISEL NEWS期刊。
13.成立多樣化的社團組織，提供員工正當休閒活動。

三、回饋社會公益活動

TAISAL在歷年回饋社會暨社區的重大的公益活動有：

1.公司與員工共同捐款成立「林靖娟幼教紀念獎學金」。
2.每年定期舉辦捐血活動。
3.定期贊助藝文活動、學術研究獎助金及中華民國射箭協會經費等。

TAISAL對其所屬員工卓越的工作表現均予以肯定與獎勵。同時，也在公司內提供富有挑戰性的發展機會，以期使員工能有最佳的表現來證明個人的能力與專業的價值。這種強調工作表現、成長與進步而摒除保護及維持現狀的激勵氣氛，使TAISAL的員工在工作上即易受到振奮及具挑戰性。

結　語

企業「薪酬合理化」的前提，是要洞察全球領先的企業當前的薪酬設計和最佳實務做法，與科技發展和環境變化所帶動的未來趨勢，以確保企業薪酬設計與時俱進。美國第35任總統約翰・甘迺迪（John F. Kennedy）說：「不要問國家能為你做什麼，要問你能為國家做什麼？」這句話可延伸到企業的薪酬管理上：「不要問公司能為你做什麼，要問你能為公司做什麼？」

參考書目

〈薪酬管理發展的新趨勢〉。《每日頭條》（2017/12/05），https://kknews.cc/zh-tw/finance/9xznkmb.html

EMBA世界經理文摘編輯部（1999）。〈避免薪資制度的兩大謬誤〉。《EMBA世界經理文摘》，156期（1999/08），頁15-16。

EMBA世界經理文摘編輯部（2000）。〈發揮報酬的驚人力量〉。《EMBA世界經理文摘》，第161期，頁128-131。

EMBA世界經理文摘編輯部（2002）。〈該不該為業務員調薪？〉。《EMBA世界經理文摘》，第188期，頁136-141。

丁志達（1982）。〈如何決定員工薪資？〉。《現代管理月刊》（1982年8月號）。

丁志達（1983）。〈企業如何做薪資調查〉。《現代管理月刊》（1983年4月號）。

丁志達（1990）。〈員工福利給多少？企業老闆停、聽、看〉。《現代管理月刊》（1990年2月號）。

丁志達（1994）。〈薪資設計有訣竅〉。《中國通商業雜誌》（1994年7月號）。

丁志達（1994）。〈職工退休金陷阱有多少？〉。《中國通商業雜誌》（1994年9月號）。

丁志達（1998）。〈企業度小月的12個求生術〉。《工商時報・經營知識版》（1998年8月12日）。

丁志達（1998）。〈老闆「薪」事一籮筐〉。《勞工行政雜誌》，第128期（1998年12月15日）。

丁志達（1998）。〈斧底抽薪　共體時艱〉。《工商時報・經營知識版》（1998年8月31日）。

丁志達（2000）。〈員工福利規劃的新思維〉。《管理雜誌》，第309期。

丁志達（2003）。《績效管理》（初版）。揚智文化。

丁志達（2005）。〈勞退新制對企業的衝擊與因應之道〉。《經營決策論壇》，第40期。

丁志達（2006）。《薪酬管理》（初版）。揚智文化。

丁志達（2012）。《人力資源管理》（二版）。揚智文化。

丁志達（2013）。《薪酬管理》（二版）。揚智文化。

丁志達（2014）。《績效管理》（二版）。揚智文化。

丁志達（2020）。《實用管理學》。滄海圖書。

丁志達（2022）。《實用人資學》。揚智文化。

中國企業家協會（2001）。〈制訂經營者收入分配制度：年薪制、期股期權制設計〉。企業管理出版社。

方世榮審校（2017）。Gary Dessler著。《現代人力資源管理》（14/e）。華泰文化。

王有康（2021）。〈基本工資是社會福利問題〉。《觀察雜誌》（2021年11月號）。

王秉鈞主譯（1995）。斯蒂芬·羅賓斯（Stephen P. Robbins）著。《管理學》。華泰書局出版。

王凌峰編著（2005）。《薪酬設計與管理策略》。中國時代經濟出版社。

王振東（1986）。〈如何建立工作評價制度〉。《現代管理月刊》（1986/10），第117期，頁88。

王學力（2001）。《企業薪酬設計與管理》。廣東經濟出版社。

王鵬淑（2009）。《變動薪資、風險偏好與薪資滿足對員工工作外之影響》。國立中山大學人力資源管理研究所碩士在職專修班碩士論文。

永康採編小組（1998）。〈迎向職位分類薪資制度〉。《統一月刊》（1998年10月號），頁64-81。

朱舟譯（2005）。巴里·格哈特（Barry Gerhart）、薩拉·瑞納什（Sara L. Rynes）著。《薪酬管理：理論、證據與戰略意義》（*Compensation: Theory, Evidence, and Strategic Implications*）。上海財經大學出版社。

何明城審訂（2002）。Rober B. Bowin & Donald F. Harvey著。《人力資源管理》。智勝文化事業出版。

吳坤明（2002）。〈分紅與認股權哪一種激勵效果佳？〉。《管理雜誌》，第339期，頁32-34。

吳秉恩（2002）。《分享式人力資源管理：理念、程序與實務》（修訂二版）。

翰蘆圖書出版。
吳秉恩、黃良志、黃家齊、溫金豐、廖文志、韓志翔（2017）。《人力資源管理——理論與實務》。華泰文化。
吳雅樂、涂憶君、陳雅潔（2020）。〈報告老闆　加新時代來了！〉。《財訊雙月刊》，第622期（2020/12/10-12/23），頁72-93。
吳福安（1999）。《激勵薪資設計實務》。超越企管顧問。
吳聽鸝（2004）。〈公平理論在薪酬設計中的應用〉。《人力資源雜誌》，總第196期（2004/12），頁26-27。
呂玉娟（2001）。〈如何與員工溝通整體獎酬〉。《能力雜誌》，第539期（2001/01），頁68-70。
李田樹譯（2003）。Orit Gadiesh、Marcia Blenko與Robin Buchanan著。〈把薪酬和績效連起來〉。《EMBA世界經理文摘》，第200期（2003/04），頁49。
李吉仁（2022）。〈李吉仁談企業人才荒：別在錯誤結構下努力〉。《天下雜誌》，第742期（2022/02/23-03/08），頁94-96。
李明書（1995）。〈從激勵的觀點探討薪資制度〉。《勞工行政》，第84期（1995/04/15），頁45-55。
李建華、茅靜蘭（1991）。《薪資制度與管理實務》。清華管理科學圖書中心。
李建華（1992）。《員工分紅入股理論與實務》。清華管理科學圖書中心出版。
李國丞（2003）。〈第二眼聯想之五：薪酬福利篇——合理的薪資、貼心的福利〉。《企業研究》（2003年4期）。
李強譯（2004）。安迪・尼利著。《企業績效評估》。中信出版社。
李誠主編（2020）。《人力資源管理的12堂課》（五版）。遠見天下文化。
李劍、葉向峰編著（2004）。《員工考核與薪酬管理》。企業管理出版社。
李潤中（1998）。《工商管理論文精選：獎工工資制度之設計》。曉園出版。
辛向陽（2001）。《薪資革命：期股制激勵操作手冊》。企業管理出版社。
卓筱琳（2016）。〈如何有效連結企業績效與獎酬機制〉。《勤業眾信通訊》（2016/10），頁42-44。
林中君（1998）。〈如何運用財務獎勵提升工作績效〉。《資誠通訊》，第99期（1998/12/01），頁13-14。
林富松、褚宗堯、郭木林譯（1993）。Douglas L. Bartley著。《工作評價與薪資管

理》。毅力書局。

林雅芳（2021）。〈善用女力開創美麗職涯風景〉。《聯合報》（2021/12/12），A12民意論壇。

邰啓揚、張衛峰主編（2003）。《人力資源管理教程》。社會科學文獻出版社出版。

姜紅玲譯（2003）。理查得・索普（Thorpe, R.）、吉爾・霍曼（Homan, G.）著。《企業薪酬體系設計與實施》。電子工業出版社。

洪瑞聰、余坤東、梁金樹（1998）。〈薪資決定因素與薪資滿意關係之研究〉。《管理與資訊學報》，第3期（1998/04），頁37-51。

胡玉明譯（2005）。布魯斯・艾力格（Bruce R. Ellig）著。《經理薪酬完全手冊》。中國財政經濟出版社。

胡宏峻（2004）。《富有競爭力的薪酬設計》。上海交通大學出版社。

胡秀華（1998）。《組織變革之策略薪酬制度：扁平寬幅薪資結構之研究》。國立台灣大學商學研究所碩士論文。

唐納・海斯丁（Donald F. Hastings）（1999）。〈林肯電機從國際化學到的寶貴教訓〉。《哈佛商業評論》（1999/5、6月號），https://www.hbrtaiwan.com/article_content_AR0000158.html。

孫非等譯（1997）。勞倫斯・克雷曼（Lawrence S. Kleiman）著。《人力資源管理——獲取競爭優勢的工具》，頁217。機械工業出版社出版。

孫威軍（2004）。《如何進行企業薪酬設計》。北京大學出版社。

徐可柔譯（2003）。斯蒂芬・狄更斯（Stephen Dickens）著。〈透過整體獎酬創造人才資產價值〉。美商惠悅企管刊物（*People Matters*）。

徐成德、陳達編著（2001）。《員工激勵手冊》。中信出版社。

秦楊勇（2007）。《平衡計分卡與薪酬管理》。中國經濟出版社。

高成男編著（2000）。《西方銀行薪酬管理》（*Compensation Management in Banks*）。企業管理雜誌社。

高偉富（2004）。〈人力資源權益分享與責任承擔〉。《2004年海峽兩岸及東亞地區財經與商學研討會論文集》，頁432。東吳大學商學院蘇州大學商學院主辦（2004/06/07-06/12）。

常昭鳴（2005）。《PHR人資基礎工程：創新與變革時代的職位說明書與職位評價》。博頡策略顧問。

張一馳編著（1999）。《人力資源管理教程》。北京大學出版社。

張文賢（2001）。《人力資源會計制度設計》。立信會計出版社。

張火燦（1995）。〈薪酬的相關理論及其模式〉。《人力資源發展月刊》（1995/04），頁3-8。

張岩松等編著（2007）。《提升——人力資源開發與管理智慧故事解讀》。中國社會科學出版社。

張玲娟（2004）。〈人才管理：企業基業常青的基石〉。惠悦觀點（2004/08）。

張美智譯（1999）。約翰・勝格（John H. Zenger）著。《2 +2=5：高產能與高獲利的新解答》。美商麥格羅・希爾出版。

張德主編（2001）。《人力資源開管理》（第二版）。清華大學出版社。

張錦富（1999）。〈重新定義的薪酬價值觀〉。《管理雜誌》，第303期（1999/09），頁40-42。

許是祥譯（1988）。道格拉斯・麥格雷戈（Douglas McGregor）著（1988）。《企業的人性面》。中華企業管理發展中心出版。

連育德譯（2015）。拉茲洛・博克（Laszlo Bock）著。《Google超級用人學——讓人才創意不絕、企業不斷成長的創新工作守則》，頁270。天下文化。

陳明裕（2001）。《薪獎制度與管理實務》。自印。

陳明璋總主編（1990）。肯尼斯・阿爾伯特（Kenneth J. Albert）著。《企業問題解決手冊：主管人員的薪酬》，頁169-183。中華企業管理發展中心出版。

陳金福著（1982）。《我國企業員工分紅入股制度》。中國文化大學出版社。

陳紅斌、劉震、尹宏譯（2001）。托馬斯・威爾遜（Thomas B. Wilson）著。《薪酬框架：美國39家一流企業的薪酬驅動戰略和秘密體系》（*Rewards That Drive High Performance: Success Stories form Leading Organizations*）。華夏出版社。

陳偉航（2005）。〈平衡計分卡轉化願景為行動〉。《工商時報》（2005/05/11），31版。

陳清泰、吳敬璉（2001）。《可變薪酬體系原理與應用》。中國財政經濟出版社。

陳趙輝、劉若維（2004）。〈企業員工激勵的發展趨勢〉。《企業研究雜誌》，

總第246期（2004/12），頁70-71。

陳黎明（2001）。《經理人必備薪資管理》。煤炭工業出版社。

陳樹勛（1989）。《企業管理方法論》（新版）。中華企業管理發展中心出版。

傅亞和（2005）。《工作分析》。復旦大學出版社。

彭康雄（1984）。〈企業薪資管理實務上的幾個觀念〉。《經營管理——專題演講輯錄1》，頁136。中華民國管理科學學會。

彭楚京（1995）。〈貼心照顧吸引關疆勇者〉。《管理雜誌》，第258期（1995/12），頁126-128。

程兮（1980）。《如何制訂薪資》。國家出版社。

黃世友（2003）。〈我的調薪被公司預算綁住了嗎？〉。《Cheers雜誌》，2003年10月號。

黃亦筠、陳育晟（2022）。〈史上最大規模加薪時刻——臺灣進入全球搶才戰場〉。《天下雜誌》，第742期（2022/02/23-03/08），頁77-83。

黃河文（2005）。〈績效薪酬戰略的林肯之道〉。《企業管理》，總第282期，頁52-53。

黃俊傑（2000）。《薪資管理》。行政院勞工委員會職業訓練局。

黃英忠（2016）。《人力資源管理》（三版）。三民書局。

黃海珍（2006）。〈世界知名企業的人才標準〉。《中國就業雜誌》，總第103期（2006年第1期），頁49。

黃超吾（1994）。《薪資策略管理大全》。集士經營策略顧問。

黃超吾（1998）。《薪資策略與管理實務》。人本企業管理顧問。

勤業衆信會計事務所編撰（2005）。《外商來台投資一般成本總覽》。經濟部投資業務處出版。

新北市政府就業服務處編印（2023/02/03）。《2023新北市就業博覽會——板橋場活動手冊》。

楊信長譯（1986）。Stanley B. Henrici著。《薪資管理實務》。前程企業管理出版。

溫金豐、黃良志、黃家齊、廖文志、韓志翔（2020）。《人力資源管理——基礎與應用》。華泰文化。

劉吉、張國華主編（2002）。約翰·特魯普曼（John E. Tropman）著。《薪酬方案：如何制定員工激勵機制》。上海交通大學出版社。

蔡朝安（2014）。〈員工分紅費用化的過去、現在與未來〉。《資誠通訊》，第283期（2014年10月號），頁3-13。

蔡憲六（1980）。《企業薪資管理》。三民書局。

衛南陽（2005）。〈從工作分析開始留住人才〉。《震旦月刊》，第403期（2005/02），頁5-8。

諸承明（2001）。《人力資源與台灣高科技產業發展：高科技產業激勵性薪酬之研究──產業比較觀點》。國立中央大學台灣經濟發展研究中心出版。

諸承明（2007）。〈員工薪酬管理〉。《經理人月刊》，第35期（2007/10），頁183。

諸承明編著（2003）。《薪酬管理論文與個案選輯──臺灣企業實證研究》。華泰文化。

鄭榮郎（2002）。〈年終獎金該怎麼發？〉。《能力雜誌》，第552期（2002/02），頁101-103。

龍立榮、邱功英（2016）。〈想要實施彈性福利？那你得參考這4步驟〉。《KNOWING新聞》，https://news.knowing.asia/news/a64284a4-1a72-4a4f-b71a-693a2c0b4bc8。

謝康（2001）。《企業激勵機制與績效評估設計》。中山大學出版社。

鍾國雄、郭致平譯（2001）。Byars Rue著。《人力資源管理》。美商麥格羅．希爾出版。

魏美蓉（2003）。〈如何把績效和獎酬連起來〉。《EMBA雜誌》，第203期（2003/07），頁132-138。

羅業勤著（1992）。《薪資管理》。自印。

羅耀宗譯（2003）。路．葛斯納（Louis V. Gerstner）著。《誰說大象不會跳舞：葛斯納親撰IBM成功關鍵》。時報文化。

譚啓平著（1992）。《薪資管理實務》。中興管理顧問。

邊婧譯（2005）。史蒂芬．克爾（Steven Kerr）著。《哈佛商業評論20年最佳文章精選：薪酬與激勵》。機械工業出版。

詞彙表

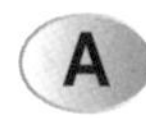

· **當責**（Accountability）

當責是說到做到，並且爲所做的承諾擔起責任。每當承諾要完成某件事，那件事就會被完成。

· **津貼**（Allowance）

津貼爲本薪之外另依不同目的性質給予任職員工的額外補助，以增強員工之任職意願，如職務津貼、專業津貼、伙食津貼、夜班津貼、交通津貼等。

· **基本工資**（Basic wage）

依據《勞動基準法施行細則》第11條，基本工資指勞工在正常工作時間內所得之報酬。不包括延長工作時間之工資與休息日、休假日及例假工作加給之工資。

· **本薪**（Base pay）

本薪是指員工應領取之基本給與。

· **平衡計分卡**（Balanced Scorecard, BSC）

平衡計分卡是一套指標，將企業績效量度從過去重視的財務，再新增顧客、企業內部流程、學習與成長爲四大構面，提供經理人必要決策資訊，讓企業更容易找到競爭力。

· **獎金**（Bonus）

獎金是一種根據個人或者組織的績效支付的報酬，是對良好績效的獎勵。

· **扁平寬幅型薪資結構**（Broadbanding Pay Structure）

扁平寬幅型薪資結構是一種將職級放寬的薪資結構做法，乃是將兩三個職等合併爲一個職等，並把這一個職等的薪資調幅擴大，這樣一來對於薪資升遷或降職，可減少衝突，同一個層級內的薪資範圍加大。薪資的決定不再是根據職銜，而是根據個人對組織的貢獻有多少。

C

· **自助式福利計畫**（Cafeteria Plans）

自助式福利計畫是由組織提供一套基本的福利，然後每一個員工再依照自己的獨特需求狀況，在一定的額度內來點選他們所需的額外福利。例如，單身的員工可能會希望能有較多的休假日，而有家眷的員工可能會比較在乎人壽保險，而有學齡孩子的員工則希望較多的子女教育津貼。

· **高階經理人**（Chief of Eexecutive Officer, CEO）

高階經理人乃指爲重大政策的裁決者，負責並主導企業的經營方針。

· **佣金**（Commission）

佣金是商業活動中勞務報酬的一種，一般而言是指提供給銷售員的報酬。

· **薪資均衡指標**（Compa-Ratio）

薪資均衡指標是一個有效衡量和評估酬薪體系的指標，它被廣泛的套用在人力資源管理的薪資制度診斷和管理中，基本的計算公式有如下四種：薪資均衡指標＝薪資／薪距中點；薪資均衡指標＝個人實際所得薪資／部門或企業薪距中點；薪資均衡指標＝部門平均薪資／企業薪距中點；薪資均衡指標＝企業平均薪資／行業薪距中點。

· **報酬因素**（Compensable Factor）

企業用來認定有價値的工作特徵，依據這些特徵來確定某一職位的工資水準。工作分析提供了這些報酬因素有關的描述性資訊，工作評價則爲這些報酬因素確定了相對價値。

· **薪酬**（Compensation）

薪酬意指員工在僱傭關係上，可以得到所提供之勞務的酬勞、各種實質的福利與服務，並藉於激勵他們達成所預期的績效。

· **薪資報酬委員會**（Compensation Committee）

薪資報酬委員會是董事會下設的一種功能性的委員會，職責在於決定公司內部相關人員的薪酬。決定薪資報酬時，應以其他同類公司作爲參照的基準，但必須注意使薪資報酬與公司的績效產生連結；在決定年度的調薪時，同時也應該考量集團內的薪資與僱用條件的狀況。薪資報酬委員會成員由董事會決議委任之，其人數不得少於三人，其中一人爲召集人。 薪資報酬委員會成員之任期與委任之董事會屆期相同。

· **薪酬管理**（Compensation Management）

廣義上，薪酬管理是透過建立一套完善、系統的薪酬體系，結合員工提供的

服務貢獻度，實現激勵員工目的的管理活動；狹義上，指具體制定工資（獎金）分配方案、福利政策、員工培訓計畫及選擇薪酬支付方式、時間、次數、每次金額等活動。

- **薪酬策略**（Compensation Strategy）
  薪酬策略係將企業策略和目標、文化、外部環境有機地結合，從而制定的對薪酬管理的指導原則。
- **能力**（Competency）
  能力包括知識、技能與態度的綜合表現。
- **內容理論**（Content Theory）
  內容理論以需求滿足爲主要論述，主要探討個人內在或環境中的激勵因素，亦即較關心特定激勵對象的內容，如升遷、薪資、工作安全性、認同、友善的同伴等稱爲獎賞的東西。
- **公司治理**（Corporate Governance）
  公司治理係指一種指導及管理企業的機制，以落實企業經營者的責任，並保障股東的合法權益及兼顧其他利害關係人的利益。
- **消費者物價指數**（Consumer Price Index, CPI）
  消費者物價指數係指各國政府定期對國內各類商品的零售價格，利用加權平均的方法所計算出來的價格指數。消費者物價指數的內容，主要由食品、房屋成本、交通、水電、衣著、文教、休閒等與民生息息相關的商品項目所組成，是各國衡量通貨膨脹主要指標之一。
- **企業社會責任**（Corporate Social Responsibility, CSR）
  企業社會責任泛指企業營運應負其於環境（environment）、社會（social）及治理（governance）之責任，亦即企業在創造利潤、對股東利益負責的同時，還要承擔對員工、對社會和環境的社會責任，包括遵守商業道德、生產安全、職業健康、保護勞動者的合法權益、節約資源等。

D

- **直接費用**（Direct Expense）
  直接費用係指直接爲生產產品而發生的各項費用，包括：直接材料費、直接人工費和其他直接支出。
- **直接人工成本**（Direct Labor Cost）
  直接人工成本係指實際從事機器操作或加工生產工人工資及其相關費用，如生產線上技術員等等。

- **雙梯職涯發展路徑**（Dual Ladder Paths）

  雙梯職涯發展路徑是爲了給組織中的專業技術人員提供與管理人員平等的地位、報酬和更多的職業發展機會而設計的一種職業生涯路徑系統和激勵機制。

- **刻板印象**（Embedded Reputation）

  刻板印象是一個社會學名詞，專指人類對於某些特定類型人、事、物的一種概括的看法。

- **員工協助方案**（Employee Assistance Programs, EAPs）

  員工協助方案係指透過公司內部管理人員與外部專業人員的合作，來發現、追蹤及協助員工，解決他生活中可能影響工作表現的個人問題。

  員工福利（Employee Benefits）

  員工福利係指企業所給與用以交換員工提供服務或終止聘僱之所有形式之對價，包括短期員工福利、退職後福利、其他長期員工福利及離職福利。

- **股票認購權計畫**（Employee Stock Ownership Plans, ESOPs）

  股票認購權計畫是指一種使公司業績和員工報酬連動的誘因激勵制度。亦即公司給予員工在預定的價格（權利行使價格），在將來預定執行的期間內（權利行使期間），買進預定數量的公司股票之權利的制度，主要包括股票期權、限制性股票、員工持股三種常見的激勵方式。

- **員工持股信託制**（Employee Stock Ownership Trust, ESOT）

  員工持股信託制係指同一企業內之員工爲取得所服務公司之股票，由員工組成員工持股會，約定每個月自其薪資所得中提存一定金額撥入信託專戶申購公司股票。並於退出員工持股會與終止信託契約（如離職或退休）時，以公司股票或折算現金返還予受益人。

- **公平理論**（Equity Theory）

  一個人是不是滿意自己現在的薪資所得，不只是受到薪資絕對的影響，也受到薪資相對値的影響。

- **行權**（Exercise）

  行權係指權證持有人在權證預先約定的有效期內，向權證發行人要求兌現其承諾。

- **行權價格**（Exercise Price）

  行權價格（執行價格）是一種契約，其買方有權利但沒有義務，在未來的特定日期，以特定的價格購買一定數量的股票，其一大特色即爲權利和義務的不對稱。

· **期望理論**（Expectancy Theory）

期望理論係解釋一個人如何選擇某種特定行爲，去實現他期望的結果。它大抵上是建立在期望機率與期望值的關係上，能幫助管理者設定正確的獎勵／結果，來激勵員工提高績效。

· **外在報酬**（Extrinsic Reward）

外在報酬係指具體的，可以直接或間接支配或獲益的，包括：薪資福利、升遷機會、優惠特權、股票等長期優惠等。

· **肥貓**（Fat Cat）

肥貓係指經營不善卻領取高於一般行情的薪資與紅利的企業高階主管（經理人、董事等）。

· **彈性福利計畫**（Flexible-benefit Plan）

彈性福利計畫係指員工可以從公司所提供的各種福利項目菜單中，選擇其所需要的一套福利方案的福利管理模式。一是爲了更有效滿足員工個別的需求，以激勵員工士氣及工作績效，而另一個是爲了有效控制福利成本。

G

· **利益分享**（Gain Sharing）

利潤分享是指員工根據其工作績效而獲得一部分公司利潤的組織整體激勵獎賞。

· **目標設定理論**（Goal-setting Theory）

目標設定理論是由洛克和拉珊所提出。他們認爲組織成員的行爲是有方向、有意圖的。

· **金色降落傘**（Golden Parachute）

金色降落傘係指爲保障高階經理人因公司控制權變動遽然失去工作而預訂資遣條款，屆時可得到一筆離職金、津貼及股票期權。

· **圈綠員工**（Green-circled Employee）

圈綠員工係指那些薪資低於爲該職務所確定的工資級別最低限額的在職員工。

· **圈綠工資率**（Green Circle Rate）

圈綠工資率係指低於工資幅度內最低工資率的報酬。

· **團隊獎勵計畫**（Group Incentives Plan）

團隊獎勵計畫係指每個團隊配合組織營運計畫訂有績效目標，依既定公式分享盈餘。

H

· **員工健康與福祉**（Health and Well-being）

根據國際勞工組織的闡釋，員工福祉係「與工作的所有範疇，從物理環境的質量及安全，以至員工對其工作、工作環境或公司風氣的感覺相關。」它包括生理、情緒、知識及社會層面（身心健康、心理健康、社交健康、財政健康）的整體概念。

· **人力資本**（Human Capital）

人力資本係視「人」爲一種資本財，此種資本財與物質資本在經濟發展中，居於同等的地位與重要性。

· **人力資本理論**（Human Capital Theory）

人力資本理論係指1960年美國經濟學家西奧多．舒爾茲（Theodore W. Schultz）發表〈人力資本投資〉，主張一國國民所得的增加，主要來自人力投資後促使生產效率提升所致，因此經濟發展最重要的關鍵，在於人力，而非物質。

· **人力資源**（Human Resource）

人力資源，從宏觀意義而言，是指一個社會所擁有智力與體力的總稱；從微觀意義而言，是指一個組織所擁有用以製造產品或提供優質服務的人力。

· **人力資源管理**（Human Resource Mnagement, HRM）

人力資源管理係指運用現代化的科學方法，對與一定物力相結合的人力進行合理的培訓、組織和調配，使人力、物力經常保持最佳比例，同時對人的思想、心理和行爲進行恰當的誘導、控制和協調，充分發揮人的主觀能動性，使人盡其才，事得其人，人事相宜，以實現組織目標。

· **保健因素**（Hygiene Factors）

保健因素（維持因素）係指員工並不會因爲這些因素而受到激勵，但當這些因素不足時，則會引起員工之不滿足。保健因素與工作本身並無直接關係，而多與工作環境有關，例如：薪資、工作環境、領導方式、人際關係、公司政策等。

I

- **間接人工成本**（Indirect Labor Cost）
  間接人工成本是指企業生產單位中不直接參與產品生產的或其他不能歸入直接人工的那些人工成本，如修理工人工資、管理人員工資等。
- **激勵理論**（Incentive Theory ）
  激勵理論是行爲科學中用於處理需要、動機、目標和行爲四者之間關係的核心理論。行爲科學認爲，人的動機來自需要，由需要確定人們的行爲目標，激勵則作用於人內心活動，激發、驅動和強化人的行爲。
- **影響力**（impact）
  影響力是用一種別人所樂於接受的方式，改變他人的思想和行動的能力。
- **獎工制度**（Incentive Wage System）
  獎工制度係指工資的給付，與工作人員個人或團體的實際生產效率有相關的薪酬制度。
- **通貨膨脹**（Inflation）
  通貨膨脹指貨幣發行數量上升，物價上漲是因爲需求增加或供給減少，也就是因爲貨幣發行數量上升投入消費，太多的貨幣追逐太少的財貨，使得物價上漲。對一般民衆最直接的影響是，物價持續上升，導致購買力下降。通貨膨脹亦可視爲貨幣貶值。
- **投入**（input）
  投入是指個人自覺在工作上對技能、智慧、時間和精力各方面的努力程度。
- **智慧資產**（Intellectual Capital）
  智慧資產係指由知識所創造的價值，具有無形性、獨特性及效能遞延性，透過技能、知識、資訊、經驗、創新的形式呈現，爲組織最有價值的資產及最有利的競爭力。
- **內在報酬**（Intrinsic Reward）
  內在報酬係指個人心理滿足的程度（精神形態的報酬），包括：參與決策權、從事較有興趣的工作、工作中愉快的情緒、成就感、成長機會、活動範圍的多元化等。
- **智慧資本**（Intellectual Capital）
  智慧資本是無法在傳統資產負債表中揭示其價值的資產，可藉由掌握關鍵知識、實務經驗、科技、顧客關係及專業技能而提供組織競爭優勢，舉凡商譽、商標、專利、口碑、顧客關係及專業技術等無形資產皆包含在內。

J

· **工作分析**（Job Analysis）

工作（職位）分析係指蒐集、分析某項職務內容和工作環境特點，對執行此工作的人員必須具備的生理和心理需求進行的詳細說明，以確立完成各項工作所需技能、責任和知識的系統工程。

· **工作說明書**（Job Description）

工作（職務）說明書是一種有關任務、職責與責任的表格、它描繪出某個特定工作所需具備的任務、責任、工作情況與活動、也就是等於工作分析後的書面摘要。

· **工作設計**（job Design）

工作設計是一個根據組織及員工個人需要，規定某個職位的任務、責任、權力以及在組織中工作的關係的過程。

· **工作（職位）評價**（Job Evaluation）

工作（職位）評價係指依據工作技能、責任輕重、努力程度、知識能力與工作條件等工作內容，決定一個工作在組織中的相對價值，用於訂定工作之等級及給薪（工資）的計算標準。

· **工作輪調**（Job Rotation）

工作輪調是屬於工作設計的內容之一，指在組織的不同部門或在某一部門內部調動員工的工作。目的在於讓員工積累更多的工作經驗。

· **工作滿意**（Job Satisfaction）

工作滿意係指個人在評量自己的工作或工作經驗後所產生的一種愉悅或正面的情緒狀態。

· **工作規範**（Job Specification）

工作規範是說明任職者要勝任該項工作必須具備的資格與條件（例如：教育程度、工作經驗、知識、技能、體能和個性特徵方面的最低要求），是工作說明書的重要組成部分，放置於工作說明書的後半部。

K

· **關鍵業績指標**（Key Performance Indicators, KPI）

關鍵業績指標係指衡量一個管理工作成效最重要的指標，是一項數據化管理的工具，必須是客觀、可衡量的績效指標。這個名詞往往用於財政、一般行

政事務的衡量，是將公司、員工、事務在某時期表現量化與質化的指標一種。

L

· **領導力**（Leadership Requirements）

領導力是指擔任領導者職務或角色的能力。

· **落後（隨位）政策**（Lag Pay Level Policy）

落後（隨位）政策指給薪水準居於隨位者，跟進勞動市場的薪給水準而不落後太遠，以保有維持營運的基本人力，或者，可能反映出組織對獎金和其他類型的獎勵的重視高於基本薪酬。

· **競爭（中位）政策**（Lead -Lag Pay Level Policy）

競爭（中位）政策指給薪水準居於中位者，可保有規則性之人力新陳代謝，儘管資深人力資源可能流向主位所在，但亦有新生人力資源隨時遞補而上，因此不慮人才之供需失調，這種政策使薪資水準與市場相仿，通常很容易維持具有競爭力的地位。

· **領先（主位）政策**（Lead Pay Level Policy）

領先政策指給薪水準屬於主位者，基於企業獲利能力高或人力成本所占比例低，得以率先釐定及形象所需人力素質，這種政策有助於人才的招募與聘用。

· **線性回歸**（Linear Regression）

線性回歸是統計上在找多個自變數（independent variable）和依變數（dependent variable）之間的關係建立出來的模型。只有一個自變數和一個依變數的情形稱爲簡單線性回歸（Simple Linear Regression），大於一個自變數的情形稱爲多元回歸（Multiple Regression）。

· **勞動成本**（Labor Cost）

勞動力成本是指企業生產一定產量產品所需支付的工資。

M

· **目標管理**（Management by Objectives, MBO）

目標管理係指將組織的總體目標轉換成爲組織單位各部門及個人的特定目標，而且強調目標必須是明確的，可證實的。假如每個人都達到了他們的目標，則所屬部門的目標也就達成，整體組織目標也就實現了。目標管理是利用目標來激勵而非作爲控制的工具。

· **邊際勞工**（Marginal Labor）

邊際勞工係指低技術、低學歷、身心障礙及中高齡工作者，也就是指就業競爭力比較差的勞工。

· **中位數**（Midpoint）

中位數是把所有數據由小排到大，若有奇數個數據，則正中間數值就是中位數；若有偶數個數據，則取最中間那兩數值的平均當做中位數。

· **激勵因素**（Motivator Factors）

激勵因素（滿足因素）係指當它存在，員工會因此感到滿足；當它消失，員工也不會覺得不滿足的因素。根據赫茲伯格研究，激勵因素與工作本身有直接關係，例如：工作成就感、受到賞識、工作責任感、工作挑戰性、工作發展性及升遷機會等。

· **需求層級理論**（Need Hierarchy Theory）

需求層級理論爲馬斯洛所提出。馬斯洛認爲人類所有行爲均由需求所引起。他把人類的需求依其高低層級排列爲五個。每一較低層級的需求獲得滿足後， 才能生出較高一層的需求，如果低層級需求存在，較高層次的需求就不會出現於意識。

· **目標與關鍵結果**（Objectives and Key Results, OKR）

「O」是指目標（objectives）、「KR」則是關鍵結果（key results）。目標與關鍵結果是一項溝通工具，幫助所有人瞭解最新目標是什麼，由團隊討論出一個週期內定向的大目標，用來告訴成員「我們現在要做什麼？」，接著擬定2～4 個定量的關鍵結果，輔助成員瞭解「如何達成目標的要求」。

· **所得**（Outcome）

個人由工作上付出中所得到的金錢跟精神上報酬（例如：薪資、升遷、褒獎、成就、地位等）。薪資所得之計算，以在職務上或工作上取得之各種薪資收入爲所得額。

· **等重疊**（Overleap）

等重疊係指相鄰的兩薪等間，其薪資全距之間的重疊部分。由於各薪等並非

一個薪資數額而是一個區間，所以當各薪等的中位數間距小、薪資全距大時，兩個薪等之間就會出現重疊部分。

P

· **薪資擠壓**（Pay Compression）
薪資擠壓係指不同經歷和不同表現的員工之間的給付相差無幾（工資差別很小這一狀況）。

· **薪資等級**（Pay Grades）
薪資等級係指將具有大致相同工作價值的各個職務聚合爲一個分配等級組。

· **薪資政策線**（Pay Policy Line）
薪資政策線是用來決定薪資與職位在組織中相對價值之間的關係，也可以用來比較組織內部與外部人才競爭市場薪資水準的差異分析。

· **績效**（Performance）
《牛津現代高級英漢詞典》對績效的原詞的釋義是：「執行、履行、表現、成績」。

· **績效評估**（Performance Appraisal）
績效評估是一套衡量員工工作表現的程序，用來評估員工在特定期間內的表現，時間通常是一年。在做年度績效評估的時候，員工除了需要評估自己過去十二個月來的表現，同時也要考慮在未來一年中那幾方面工作需要再加強或接受訓練。

· **績效管理**（Performance Management）
績效管理爲組織策略與員工成果產出之間的橋樑。運用有效的績效管理與策略目標連結提升員工績效表現，是造就組織未來長遠發展的關鍵作爲。

· **績效薪資制度**（Performance-related Pay, PRP）
績效薪資制度係指透過將薪資與績效掛鉤，激勵員工、提高績效，進而提升組織競爭力，在通過對員工績效的有效考核爲基礎，實現將薪資與考核結果掛鉤的薪資制度。

· **人格特質**（Personality Trait）
人格特質是指個體在其生活歷程中對人、對事、對己，以至對環境適應時，所顯示的獨特個性。

· **按件計酬制**（Piece Rate System）
按件計酬制係指按照個別員工產量的多寡來給予報酬，通常適用於製造業的生產性工作。

- **政策**（Policy）

  政策係指政府、機構、組織或個人爲實現目標而訂立的行動根據和準則。例如：一家企業預先建立達成目標的指引，以提供組織決策的方向。

- **過程理論**（Process Theory）

  過程理論是指著重研究人從動機產生到採取行動的心理過程。它的主要任務是找出對行爲起決定作用的某些關鍵因素，弄清它們之間的相互關係，以預測和控制人的行爲。

- **利潤分享計畫**（Profit Sharing Plan）

  利潤分享計畫係指公司將部分利潤用來分配給員工獎酬的制度。獎酬的方式可直接採用現金（短期激勵措施），若是高階管理，則可以採用股票選擇權（長期激勵措施）取代之。

R

- **雷尼爾效應**（Rainier Effect）

  雷尼爾效應係指管理應以人爲本，知道員工的眞正需求才能留住人才，金錢並不是最有吸引力的。

- **比率**（Ratio）

  比率通常指兩個群體或數量之間的關係比值。

- **圈紅員工**（Red-circled Employee）

  圈紅員工係指那些報酬高於企業爲該職務所確定的工資級別最高的在職人員。

- **圈紅工資率**（Red Circle Rate）

  圈紅工資率係描述比指定薪級範圍的最大值還要高的工資率。

- **增強理論**（Reinforcement Theory）

  增強理論是行爲主義心理學中的一個重要概念，將該理論運作在績效管理中，有助於主管刺激員工展現出好的工作行爲，降低不好的工作行爲，以提升工作績效。

- **限制員工權利新股**（Restricted Stock Awards, RSA）

  限制員工權利新股係發行人發給員工之新股附有服務條件或績效條件等既得條件，員工於既得條件達成前，其股份之權利受有限制。公司可依自身需求設計受限制的股票權利，例如限制股票不得轉讓之期間、不得參與表決權、不得參與配股、配息。未來員工提前離職或在職表現不符績效標準，公司可依發行辦法之規定收回股票並辦理註銷。

· **報酬**（Reward）
報酬係指對做事的人所提供的薪酬、回饋。

· **薪資**（Salary）
薪資係指受僱腦力勞動者的收入，包括：經常性薪資、延時工資（加班費）及其他非經常性薪資（獎金、福利等）。

· **薪資曲線**（Salary Curves）
薪資曲線係指薪資之折算率之斜率。依據每一職等之薪資率所折算而成的實際薪資數額，折算率愈高，薪資曲線的斜率愈大。薪資曲線可以直觀地反映公司的薪資水準與同行業相比處於什麼位置。

· **薪資政策**（Salary Policy）
薪資政策係實現企業對薪酬管理運行的目標、任務和手段的選擇，包括：企業對員工薪酬採取的競爭策略、公平原則、薪酬成本與預算控制方式等內容。

· **薪資全距**（Salary Range）
薪資全距係指同一職等最高薪與最低薪之間的差距。

· **薪資結構**（Salary Structure）
薪資結構係指組織中各種工作（職位）之間薪酬水準的比例關係，包括不同層次工作之間報酬差異的相對比值，和不同層次工作之間報酬差異的絕對水準。

· **薪資調查**（Salary Survey）
薪資調查係指針對同業或相近企業有關薪資給付標準進行調查與比較，其目的是希望能瞭解到目前同業之間的給薪水準，以確保外部公平性。

· **史堪隆計畫**（Scanlon Plan）
史堪隆計畫是由美國鋼鐵工人聯合會領袖約瑟·史坎隆（Joseph Scanlon）提出的提高勞動生產率的計畫，是一種利益分享的概念。

· **技術**（Skill）
技術係指人類動作達到速度、準確、協調之要求所必須具備的技巧。

- **人力派遣**（Temporary Work）

  人力派遣是一種新興的工作型態，將傳統的人事管理制度轉至具較高彈性運用的委外制度。藉由外部資源（如人力仲介業）的承攬，提供勞務的服務。

- **按時計酬制**（Time Rate System）

  按時計酬制係指依工作時間的長短來計算工資，主要是用在勞力或以工作時數計算的工作上。時薪通常是基本工資，不包含加班費、夜班津貼或生產獎金。

- **三需求理論**（Three Needs Theory）

  三需求理論是由大衛·麥克利蘭所提。他提出一個非常重要的觀察：要能推動人類持續進步，就必須滿足其渴望，也就是成就、歸屬和權力這三個需求。

- **全面薪酬**（Total-Compensation）

  全面（總體）薪酬不僅包括企業向員工提供的經濟性的報酬與福利，還包括爲員工創造的良好的工作環境以及工作本身的內在特質，組織的特徵所帶來的非經濟性的效用（例如：績效與認可、工作與生活的平衡、發展與職業機會）。

- **全面回報**（Total Rewards）

  全面回報係指突破了有形的「金錢」與「物質」的範疇，納入了無形的回饋和一些非經濟性報酬，如學習和發展、績效與認可，它適應了現有員工的工作理念和追求。

- **庫藏股**（Treasury Stock）

  庫藏股係指用公司的資金買回公司自己的股票。買回之後，這些股票不再在外流通。換句話說，就是不對公衆開放，不計入上市流通股總量的股份。

- **效標**（Validity Criterion）

  效標是一種衡量測驗有效性的參照標準。在工業與組織心理學的領域裡，校標對於判定員工、計畫、組織中的部門或是組織本身的好壞，是最重要的一環。

· **變動薪酬**（Variable Compensation）

變動薪酬係指薪酬體系中與績效直接掛鉤的經濟性報酬（按件計酬制、佣金制、利潤分享計畫等）。例如：高階經理人除了本薪之外，主要就是變動薪資，後者通常與年度績效緊密相關。

· **浮動工資方案**（Variable Pay Programs）

浮動工資方案其具體形式有計件工資、獎金、利潤分成、銷售提成等。由於浮動工資不是固定工資，它隨著績效好壞波動，因此，它對提高員工積極性具有積極作用。

W

· **工資**（Wage）

依據《勞動基準法》第2條定義之工資，係指勞工因工作而獲得之報酬；包括工資、薪金及按計時、計日、計月、計件以現金或實物等方式給付之獎金、津貼及其他任何名義之經常性給與均屬之。在日本，工資習慣上被認爲市場體力勞動者的收入。

管理叢書

實用薪酬管理學

作　　者／丁志達
出 版 者／揚智文化事業股份有限公司
發 行 人／葉忠賢
總 編 輯／閻富萍
特約執編／鄭美珠
地　　址／新北市深坑區北深路三段 258 號 8 樓
電　　話／(02)8662-6826
傳　　真／(02)2664-7633
網　　址／http://www.ycrc.com.tw
E-mail／service@ycrc.com.tw
ISBN／978-986-298-416-1
初版一刷／2023 年 6 月
定　　價／新台幣 500 元

國家圖書館出版品預行編目（CIP）資料

實用薪酬管理學=Compensation management : theory and practice / 丁志達著. -- 初版. -- 新北市 ：揚智文化事業股份有限公司, 2023.06

面； 公分（管理叢書）

ISBN 978-986-298-416-1（平裝）

1.CST: 薪資管理

494.32 112001218

Note...

Note...

Note...